iCourse·教材

高等学校创新创业系列

大学生
创新基础

（第2版）

主　编　冯　林

副主编　张　崴　刘凡儒　石丽红

高等教育出版社·北京

内容提要

本书是教育部高等学校创新方法教学指导分委员会承担的科技部创新方法工作专项"创新方法高等教育人才培养研究与示范"（2020IM030100）项目的系列成果之一，是在第1版（首届辽宁省教材建设奖）基础上修订而成的。全书共分四部分：绪论（第一章）、创新思维（第二至五章）、创新方法（第六至十二章）、创新设计思维（第十三章）。

本书从创新思维、创新方法和创新设计思维入手，引入大量应用案例，详细介绍创新思维与批判性思维、形象思维与方向性思维的基本知识和实践应用，重点阐述图解思维法、团体创新方法、设问型创新方法、类比型创新方法、列举型创新方法、组分型创新方法和TRIZ等创新方法的基本理论与实践应用，特别引入创新设计思维的基本知识和最新理念。全书既注重基础理论的阐述，又注重一般知识的介绍，有助于读者突破思维定势，培养创新思维能力和批判性思维能力，训练创新方法应用实践能力，拓展设计思维视野。

本书配套大量数字化教学资源，包括主要知识点的教学视频、扩展阅读、思考与练习等内容，具有较强的实用性。本书编者主讲的在线开放课程"脑洞大开背后的创新思维""脑洞大开背后的创新方法"已分别在"中国大学MOOC"和"智慧树"等在线课程平台开课，先后获评国家级线上一流课程，读者可登录上述网站浏览相关课程内容。

本书可作为高等学校创新创业教育通识或基础课程的教学用书和参考用书，也可作为有志于创新创业或关心创新创业的各界人士的参考书。

图书在版编目（CIP）数据

大学生创新基础 / 冯林主编. -- 2版. -- 北京：
高等教育出版社，2022.1（2025.5重印）
ISBN 978-7-04-057550-7

Ⅰ. ①大… Ⅱ. ①冯… Ⅲ. ①大学生－创造性思维－
高等学校－教材 Ⅳ. ①B804.4

中国版本图书馆CIP数据核字(2021)第274467号

DAXUESHENG CHUANGXIN JICHU

策划编辑	元 方	责任编辑	元 方	封面设计	李树龙	版式设计	马 云
插图绘制	黄云燕	责任校对	刘娟娟	责任印制	存 怡		

出版发行	高等教育出版社	网　址	http://www.hep.edu.cn
社　址	北京市西城区德外大街4号		http://www.hep.com.cn
邮政编码	100120	网上订购	http://www.hepmall.com.cn
印　刷	肥城新华印刷有限公司		http://www.hepmall.com
开　本	787mm×1092mm 1/16		http://www.hepmall.cn
印　张	22.25	版　次	2017年2月第1版
字　数	450千字		2022年1月第2版
购书热线	010-58581118	印　次	2025年5月第8次印刷
咨询电话	400-810-0598	定　价	44.80元

大学生
创新基础
（第2版）

1　计算机访问 http://abook.hep.com.cn/1250946，或手机扫描二维码、下载并安装 Abook 应用。

2　注册并登录，进入"我的课程"。

3　输入封底数字课程账号（20位密码，刮开涂层可见），或通过 Abook 应用扫描封底数字课程账号二维码，完成课程绑定。

4　单击"进入课程"按钮，开始本数字课程的学习。

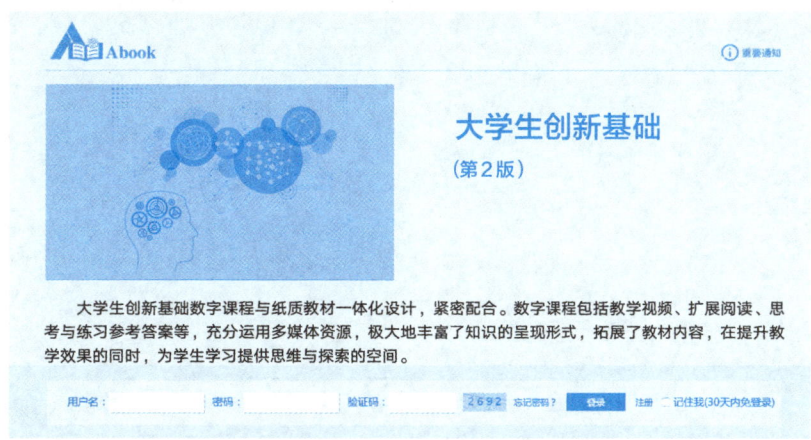

课程绑定后一年为数字课程使用有效期。受硬件限制，部分内容无法在手机端显示，请按提示通过计算机访问学习。

如有使用问题，请发邮件至 abook@hep.com.cn。

扫描二维码
下载 Abook 应用

http://abook.hep.com.cn/1250946

第 2 版前言

创新是人类的一项伟大而持续的活动。通过创新，人类获得了更高的物质文明和精神文明，国家获得了经济社会的持续发展。我国一直把创新摆在国家发展全局的核心位置，围绕实施创新驱动发展战略，提出了一系列的新思想、新论断和新要求，我国的国家创新实力正在逐年提升。世界知识产权组织最新发布的全球创新指数报告显示，中国已经从2011年的第29位跃升至第14位，充分体现了我国创新活力和创新能力的显著提升。

党的十九届五中全会提出，"十四五"时期经济社会发展以推动高质量发展为主题，要坚定不移贯彻创新、协调、绿色、开放、共享的新发展理念。随着创新型国家建设的持续推进，高等学校需要培养越来越多的创新型人才，因此高校创新思维、创新工具、创新方法的教学和推广应用变得尤为重要。自《大学生创新基础》第1版出版以来，创新思维和创新方法的教学与应用越来越受到关注和重视，许多高校相继开设了创新思维与创新方法相关的创新类课程，一部分高校还系统构建了初级、中级、高级的多层次创新方法课程体系，将创新方法贯穿本科—硕士—博士各阶段，为培养学生的创新思维、创新精神和创新实践能力提供了有力的支撑。

本教材第1版在2017年出版后，受到国内多所高校师生和社会读者的关注与喜爱，得到广泛的认可和好评，并获得首届辽宁省教材建设奖，在此我们对广大读者表示深深的感谢。

在创新思维和创新方法教学和应用的迭代过程中，《大学生创新基础》教材也需要不断地更新内容和资源。本版教材在吸收借鉴国内外一流教材和广泛听取高校师生及读者的反馈意见、建议的基础上，保留了第1版原有的经典创新思维和创新方法内容，修改并调整了存在的部分问题，补充和替换了章节中部分内容、案例、思考题和扩展阅读，增加了"互联网＋"背景下的本土创新案例，强化了"大国工匠精神""创新驱动发展""中华传统文化"等课程思政元素的融入，并且对教材配套的全部视频资源进行了更新，使教材内容更符合时代要求，具有更强的可读性和实践性。

本教材配套的在线开放课程"脑洞大开背后的创新思维""脑洞大开背后的创新方法"（又名"TRIZ创新方法"）已在"中国大学MOOC""智慧树""超星尔雅"等在线课程平台开课，并先后获评国家级线上一流课程，作为本教材内容的补充，为线上线下的教学提供了丰富多样的教学资源。

我们正处在一个不断变革的时代，无论是个体、团体还是组织的创新活动日益频繁和复杂，创新思维与创新方法知识体系的完善、教学内容的改革和教学方法的创新还需要持续不断地开展探索和实践，希望广大读者能够继续对本教材给予关注，提出宝贵的意见和建议，以便本教材不断完善。

本教材的修订得到科技部创新方法工作专项"创新方法高等教育人才培养研究与示范"（2020IM030100）的经费资助。参加本次修订工作的除冯林以外，还有大连理工大学张崴、刘凡儒，大连海事大学石丽红、侯登凯、李佳等。

本教材的许多案例、图片、思考题、扩展阅读等参考了相关著作和部分网络资源，谨向这些资料的所有者表示衷心感谢。

编　者

2021 年 7 月

第 1 版前言

创新是一个国家发展的动力，是人类社会进步的源泉。21世纪是知识经济占主导地位的时代，对创新创业型人才的呼唤使人们比以往任何时候都更加关注教育。随着我国创新型国家体系建设的不断深入，我国高校创新创业教育面临着新的挑战，需要培养大量具有创新精神、创业意识和创新创业能力的新型人才。在2015年的政府工作报告中，李克强总理提出了"大众创业、万众创新"的号召。同年5月，国务院办公厅印发的《关于深化高等学校创新创业教育改革的实施意见》中提出，到2020年建立健全创新创业课堂教学、自主学习、结合实践、指导帮扶、文化引领融为一体的高校创新创业教育体系，人才培养质量显著提升，学生的创新精神、创业意识和创新创业能力明显增强，投身创业实践的学生显著增加。

创新创业教育以培养具有创新精神、创业意识和创新创业能力的人才为目标，创新方法教学是创新创业教育的重要手段和内容之一，涉及科学思维、科学方法和科学工具等方面。创新方法教学工作是加强创新创业人才培养的重要基础，因此推动高校创新方法的应用实践工作、构建高校创新方法培养体系势在必行。2013年5月，教育部成立了高等学校创新方法教学指导分委员会，负责开展全国高校创新方法教学的研究、咨询、指导、评估和服务等工作。2015年，作为教指委一项重要工作，同济大学牵头，大连理工大学、东北大学、山东大学、中国科学院大学、西南交通大学、哈尔滨工程大学、河北工业大学、浙江工业大学、沈阳师范大学等高校共同参与申报并获批科技部创新方法工作专项"大学生创新创业方法训练体系构建与应用示范"（2015IM040200）项目。在该项目的支持下，教指委提出了面向学生的三层次《大学生创新方法训练及应用基本要求》，编制了大学生创新方法应用能力等级规范国家标准（分初、中、高三个等级）（报批稿），并组建了编写团队，着手编写高等学校创新方法系列教材（初级、中级、高级）。其中《大学生创新基础》是面向大学生的通识课程教材，培养学生的创新思维，让学生了解基本的创新方法；《大学生创新方法》让大学生系统地掌握创新方法，能够运用创新方法解决简单问题；《大学生创新实践》面向大学高年级学生及研究生，让学生掌握比较复杂的创新方法，能够运用创新方法解决较复杂的实际问题。

本教材为系列教材的第一本，共14章，分为4个主要部分，其中第1章为导论部分，第2章至第5章为创新思维部分，第6章至第12章为创新方法部分，第13章、第14章为创新设计思维和创新工具部分。各章主要内容如下，绪论、创新思维与思维定势突破、逻辑与批判性思维、形象思维、方向性思维、图解思维法、团体创新方法、设问型创新方法、类比型创新方法、列举型创新方法、组分型创新方法、TRIZ入门、创新设计思维、创新工具。

本教材吸收了国内外创新创业教育教学研究的最新成果，凝聚了编写团队在各自课程教学实践中的内容精华，从创新思维和创新方法入手，引入了大量创新知识和应用案例。本教材力求打破学科界限，注意紧密结合当前社会实际，既注重基础理论的阐述，又注重一般知识的介绍，尽量突出其指导性、实用性和可读性，通过大量通俗易懂的实例将理论融于实践，寓教于学，寓学于用，最大限度地激活学生的创新思维，激发每一位读者的潜在创新能力。

本教材在编写过程中参考了大量专家学者的文献和研究资料，除参考、选取了列举于书后"参考文献"中的部分内容外，还参考了其他著作、书籍、报刊及网络资料，吸收了其中不少有益的见解和精彩的案例。在此一并表示感谢！限于水平和时间，书中难免有疏漏之处，敬请各位专家、老师和同学不吝赐教。

本教材配套的在线开放课程"大学生创新基础""创造性思维与创新方法"已分别在"中国大学MOOC"和"智慧树"等在线课程平台开课，其丰富的数字化教学资源是纸质教材内容的补充和完善，可供读者进行线上线下的混合式学习。本教材不仅可以作为普通高等学校创新创业教育通识或基础课程教材，也可用于企事业单位和政府部门进行创新能力培训，同时也适用于不同职业、不同年龄、不同学历的各界人士阅读，是开发人们创新思维、掌握创新方法、提高创新能力、培养创新型人才的一本较为系统的教材。

编　者

2016年8月

目　录

第一章 绪 论

良好的方法能使我们更好地发挥天赋的
才能，而拙劣的方法则可能阻碍才能的发挥。

——［法］贝尔纳

发明创造不是拍脑袋

患者因病住院需要输液（如图1-1所示），在气温较低的环境下，通过输液管对患者进行输液时，冰冷的药水直接进入人体会造成四肢发冷，甚至麻木疼痛，严重时会出现血管痉挛，对身体刺激很大，导致患者很不舒服。

相信大多数人都会想到解决这个问题的方法，即在输液管外面加上一个电加热装置（如图1-2所示），可以对液体进行加温。但是，如果没有电源怎么办？能否发明一种不用电的加热器？可能许多人对这个问题束手无策，冥思苦想，采用试错法设想了多种方案，也找不到一个好办法。

扩展阅读1-1
困惑与思考

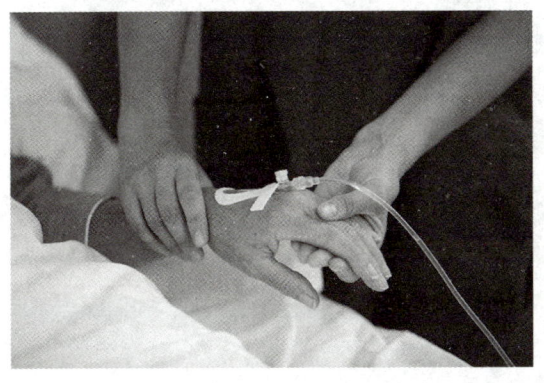

图1-1　患者输液

图1-2　输液温控器

市面上已经有了一种不通电也能加热的产品，比如发热贴。发热贴原料层是由铁、石、活性炭、无机盐、水等合成的聚合物，可在空气中氧气的作用下发生放热反应，达到给身体部位（如手）加热的目的（见图1-3）。我们能否利用发热贴这个现有解决方案来解决上述问题呢？目前已有厂家根据这个原理发明了不用电的一次性输液加热器（见图1-4），其原理是将上述发热贴原材料装在一个密封的圆筒内，圆筒外侧有一条螺旋状的凹槽，输液管通过螺旋凹槽缠在圆筒外表面，圆筒内部发热材料在空气中氧气的作用下发热，对圆筒外侧输液管中液体进行加温。这个解决方案与发热贴的原理是一样的。

图1-3　发热贴

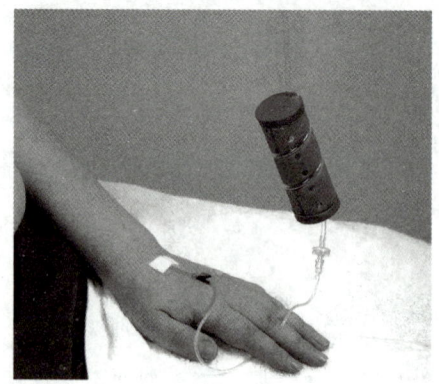

图1-4　一次性输液加热器

　　我们在学习和生活中积累了丰富的知识和经验，如果遇到熟悉或者简单的问题，很容易利用所学知识和经验解决，但是如果遇到稍微复杂的问题时，按照惯性思维采用试错法不断尝试，尽管答案很简单，可能我们也不能立即找到答案，说明我们学习的知识和经验没有转化为解决实际问题的能力。研究表明，我们面对的99%以上的问题，已于其他地方解决过，都有相似解决答案。如果我们将解决问题的模式抽取出来，遇到类似问题可以给我们提供参考，指明解决问题的方向，就不会盲目地通过试错法或者靠直觉去寻找答案，这样可以大大地提高解决问题的效率。

　　以上案例说明发明创新不是拍脑袋，是有方法可循的。我们在学习知识的过程中，除了注重知识的积累外，还应该注重思维方式和创新方法的训练。

【思考与练习1-1】

　　大家是否有过这样的经历，生病输液时最痛苦的就是液体快输完的时候要时刻盯着输液管，唯恐一不小心就过了头。怎样解决这个问题？

第一节　新时期的创新创业教育

一、创新创业教育含义

1. 创新创业教育的概念

对创新创业教育的理解有别于孤立地理解创造教育、创新教育、创业教育等这些传统概念，需要在时代背景下，对创新创业教育进行横向和纵向的深入梳理，才能深刻地理解创新创业教育的内涵。

创新教育是以培养创新意识、创新精神、创新思维、创新能力或创新性人格等创新素质及创新人才为目的的教育活动。创业教育狭义上理解是一种培养学生开创精神的、能够从事商业活动的综合能力的教育，广义上理解是培养具有开拓精神的个人，其重点在于培养个体的创业精神，侧重于培养创新创业型人才。创业其实就是创造价值，创业教育本质是引导学生找到一种创造价值的思维和方法。创新创业教育是一种兼顾创新教育和创业教育的新的教育理念。随着现代科技的发展，以及国际间经济竞争的日趋激烈，在工程技术设计和产品生产中，提高产品设计水平、掌握设计规律的创新方法，已成为增强产品竞争能力、取得创新创业成功的根本措施和手段。创新创业教育也被赋予了更多的内涵。

创新创业教育是以培养学生的创新精神、创业意识和创新创业能力为基本价值取向的一种新的教育理念，它将创新和创业的理念相融合，以创新为基础、以创业为载体，使创新和创业有机结合、密不可分，其目的是培养创新创业人才。

创新教育也是随知识经济兴起而出现的一种新的教育理念，要求教育以创造为本位，培养学生的创新意识、创新能力、创新人格。

从全球来看，我们正处在一个"3C"世界之中：change，变化构成了当今世界的一个基本特征；compete，竞争渗透到社会生活的每一个领域；customer，顾客在经济生活中起着主导作用。

创新成为世界经济增长的发动机，创新教育应以培养学生的创新精神和创新能力为教育目标，使学生对自己的能力自信，行动上独立，能较好地调控自己的情绪，成就动机水平高，善于自我激励，具有高度的挫折容忍力，不盲从，能够用自己的观点来判断问题，对事物有持久的探究欲。

随着以生物技术、大数据、物联网、人工智能、虚拟现实、数字多媒体为代表的新技术成为当今时代的特征，提升或改革社会各方面的新产品、过程、服务和系统开发是刺激经济增长的最有效的方法之一。创业成为未来的主流趋势。创业教育应以激发学生创业意识、培养与开发学生创业素质与能力为核心，以培养可能的未来企业家为最高目标。创业教育强调教育应注重培养受教育者的创业意识、创业心理品质、创业能力和创业知识结构，通过培训为受训者提供创业所需的知识、技能、技巧和资源，使其能开创自己的事业。

创业教育与创新教育的关系非常密切，创新创业教育是一种兼顾创新教育和创业教育，并以创新教育为重点，注重培养受教育者的创新能力、创新意识、创新思维，为受教育者创业奠定良好基础的新型教育思想、观念、模式。创新教育是创业教育的基础与起点，创新教育的质量在很大程度上决定了创业教育的质量。创业教育不仅需要创新教育的思想和方法，还需要创新教育获得的成果。创业教育目的在于培养学生运用新思维、新方法将学到的知识付诸实践的勇气和能力。创新教育目的在于特别重视培养学生尊重实际但不拘泥于实际的精神和勇气，特别强调创新思维和创新方法的训练。创业教育的基础是创新教育，而创业教育是创新教育的实现形式，本质上是创新教育的延伸。

2. 国内外创新创业教育的开展现状

国外的创新创业教育始于西方发达国家，美国是最早在大学中开展创新创业教育的国家之一，许多知名大学都十分重视创新创业教育。早在20世纪中叶，哈佛大学和斯坦福大学就相继开展了创新创业教育相关教学活动，还有一些美国大学先后设立了专门的创新创业类管理学课程，并专注于创新创业研究和创新创业教育教学。近20年来，国外大学和教育机构更是将创新创业教育放在了战略发展的层面上，更强调创新创业教育在学生个体全面发展中的作用，突出培养学生的自学能力、原创能力、创业能力，重视个体潜能的挖掘，创新创业教育日益成为国际教育发展的主流理念之一。

目前，国外典型的创新创业教育模式有如下几类。

① 美国百森商学院模式——以培养创新创业意识为主，新生班级分成若干小组，在教师指导下各组制订出创业计划。

② 美国哈佛大学模式——以培养实际管理经验为主，针对创业管理建立完整的资料和案例库，将知识、技能、实践三位一体。

③ 美国斯坦福大学模式——以培养系统的创业知识为主，注重应用导向和学科间的优势互补，教会学生评估创业机会。

④ 英国、加拿大、澳大利亚都采用"合作教育"的方式，指导学生在社会实践中进行科学研究和发明创造活动。

⑤ 日本提出的创新教育，主张教育不仅是让学生学到一些创新方法，更是要全面培养学生创新精神。在课程改革中重视学生基础知识学习，并注重创设创新环境；在教学方法上倡导启发式教学，鼓励学生进行探究学习。

总的来说，国外创新创业教育模式体现了创新思维、创业意识和创造价值，这三个方面是创新创业教育的核心教育内容。

国内创新创业教育始于20世纪80年代初，随着改革开放和社会经济发展的现实驱动，创新创业相关研究与教育教学在国内日渐兴起。中国科学技术大学、上海交通大学、大连理工大学、东北大学等一批高校最早组织开展创造发明、创新方法相关内容的课程或校内活动。其中，一些高校组织成立了创造发明协会、创造发明学校、创造小组等校内创造发明活动组织，在一定程度上带动了国内创新教育的发展。2002年前后，随着创业浪潮的逐步兴起，创业教育在国内正式启动，清华大学、上海交通大学等9所高校率先被确定为开展创业教育的试点高校，有力推动了创新创业教育的发展。

近年来，随着国内社会经济发展和国家创新战略的发展需要，迫切需要培养大量创新创业人才，政府推出了一系列鼓励创新创业教育的政策，带动了新一轮创新创业教育的发展浪潮，国内各高校对创新创业教育的研究、教学及相关实践活动的投入不断加大。主要体现在：一是开设了一大批创新创业课程，如创造学、创新教育基础与实践、创造性思维与创新方法、创业基础、创业实务、创业实训等；二是采用多样化的创新创业教育教学方法和手段，通过教师讲授、案例讨论、师生互动、角色模拟、团队讨论等多种形式提高学生的创新创业能力；三是创新创业理论与实践相结合，许多高校将创新创业理论课程与大学生创新创业训练计划、大学生创新创业竞赛、科技创新实践活动等相结合，极大地丰富了创新创业教育的教学活动内容；四是一些高校设立了专门的大学生创新创业实训和转化基地，如创新创业中心、创业咖啡、创客空间、大学生创业园等，为创新创业教育实践和训练提供了有力支持；五是开展专创融合，将创新创业教育观念与专业教育相融合，将创新创业教育融入人才培养全过程。

二、"大众创业、万众创新"下的创新创业教育

随着创新型国家体系建设的不断深入，创新创业教育面临着新的挑战，需要培养大量具有创新精神、创业意识和创新创业能力的创新创业型人才。《国家中长期教育改革与发展规划纲要（2010—2020年）》提出，"着力提高学生服务国家服务人民的社会责任感、勇于探索的创新精神和善于解决问题的实践能力"。

2010年5月，教育部在《关于大力推进高等学校创新创业教育和大学生自主创业工作的意见》中指出，"在高等学校开展创新创业教育，积极鼓励高校学生自主创业，是教育系统深入学习实践科学发展观，服务于创新型国家建设的重大战略举措；是深化高等教育教学改革，培养学生创新精神和实践能力的重要途径；是落实以创业带动就业，促进高校毕业生充分就业的重要措施"。

2015年3月，国务院办公厅发布了《关于发展众创空间推进大众创新创业的指导意见》，提出了"大众创业、万众创新"的精神，重点强调了营造大众创新创业氛围，培育创新创业的多种方式和渠道，建立健全创新创业政策和服务体系，培养大批创新创业人才等重要任务。

2015年5月，国务院办公厅印发《关于深化高等学校创新创业教育改革的实施意见》。实施意见提出，到2020年建立健全课堂教学、自主学习、结合实践、指导帮扶、文化引领融为一体的高校创新创业教育体系，人才培养质量显著提升，学生的创新精神、创业意识和创新创业能力明显增强，投身创业实践的学生显著增加。

因此，在新时代背景下，如何落实创新驱动战略，真正实现"大众创业，万众创新"的新局面，需要充分认识创新创业教育的紧迫性和必要性。目前，中国高校与西方发达国家高校相比，创新创业教育的发展还相对滞后，在创新创业教育教学模式、方式、方法上还存在着相当大的差距，需要有更务实性的思考和切实的行动计划。深入推进创新创业教育的发展，需要着力培养一大批具有社会责任感、创新精神、创业意识、创新创业能力的高素质人才，将大批创新创业成果转化为现实生产力，为推动社会经济发展、经济结构调整、科技进步、管理创新转变提供有力的人才和智力支持。

三、创新方法在创新创业教育中的作用

"自主创新，方法先行。"早在2006年，我国著名科学家王大珩、刘东生、叶笃正等三位院士联名向温家宝总理提出了《关于加强创新方法工作的建议》。院士们指出，我国创新方法工作相对薄弱是制约自主创新、建设创新型国家的源头问题。温总理对此做出重要批示："自主创新，方法先行……创新方法是自主创新的根本之源。"

2008年4月，科技部、国家发展和改革委员会、教育部和中国科学技术协会联合发布了《关于加强创新方法工作的若干意见》，希望通过加强创新方法的研究与开发工作，切实推进创新方法的普及和应用，从源头上推进创新型国家建设，提高技术创新水平，培育创新型人才。意见指出，"创新方法工作要强化机制创新、管理创新与

体制创新，积极营造良好的创新环境，形成全社会关注创新、学习创新、勇于创新的良好社会氛围。建立有利于创新型人才培育的素质教育体系……培养一大批掌握科学思维、科学方法和科学工具的创新型人才，催生一批具有自主知识产权的科学方法和科学工具，培育一批拥有自主知识产权和持续创新能力的创新型企业。为自主创新战略、建设创新型国家提供强有力的人才、方法和工具支撑，大幅提升国家核心竞争力。"

近年来，国内高校开展创新方法的训练、教学工作逐渐得到教育部的重视。2013年5月，教育部成立高等学校创新方法教学指导分委员会，负责开展全国高校创新方法教学的研究、咨询、指导、评估、服务等工作。创新方法教学指导分委员会由来自同济大学、大连理工大学、东北大学、重庆大学、清华大学等二十余所创新方法工作开展较好的高校专家组成，具有丰富的创新方法教学和研究经验。目前，创新方法教学指导分委员会召开了多次会议，在高校开展创新方法教学、教材建设、师资队伍建设、与企业合作等方面取得了一些成果，为创新方法教育教学工作的开展打下了坚实的基础。

创新创业教育以培养具有创新精神、创业意识和创新创业能力的人才为目标，创新方法是创新创业教育的重要手段和内容之一，涉及科学思维、科学方法和科学工具等方面。创新方法的教育教学工作是创新创业教育的重要组成部分，是创新创业人才培养的重要基础。推动高校创新方法的应用实践工作，构建高校创新方法培养体系势在必行，同时，对创新创业人才培养、高校教育教学改革具有十分重要的意义。

第二节　创意、创造、创新与创业

一、创意

1. 创意的内涵

创意的汉语原意是指写文章有新意，也就是说有好的想法和巧妙的构思，一般是指有新意的想法、念头和打算，过去从没有过的计划和思路，创造性的意念，等等。创意有名词和动词两个词性，作为名词的"创意"是指新巧的构思与创造性的意念；作为动词的"创意"是指从无到有产生新意念的思考过程。

在英文中创意也有"creative"和"idea"两个词语，但其内涵不同于汉语，"creative"原指具有创造性的、有创新能力的、创作的、产生的，后来引申为创意，或创意人士（非正式）。"idea"是指思想、概念、意见、念头、打算、计划、想象、模糊不定的想法、观念等。

创意作为一个词语，最早出自世界著名的广告大师詹姆斯·韦伯·扬（James Web Young）的广告名著 *A Technique for Producing Ideas*（中文译为《生产创意的方法》），从此，"idea"作为创意一词便被普遍认同并被广泛使用。

2. 创意的特征

创意的主要特征是突发性、形象性、自由性和不成熟性。特别是不成熟性特征，指明了创意是灵感闪现和创新方案形成之间的那个创新意念。创意常得益于灵感，它是由灵感诱发形成的想法和念头，比灵感要完整和完善。

（1）创意的突发性

创意的突发性不仅指创意的不能确切预期的突如其来的降临，还指它的突变性，即创意是一种突变式的思考飞跃，使感性材料或灵感启示迅速升华为理性认识，也就是想法、意念。

（2）创意的形象性

爱因斯坦在回答美国数学家调查科学家的思考方式的信中说："在我的思维机制中，作为书面语言的那种语调似乎不起任何作用。好像作为思维元素的心理存在，乃是一些符号和具有或多或少明晰程度的表象。而这些表象则是能够自由地再生和组合的。"爱因斯坦所说的"思维元素的心理存在"就是一种创意。这就是说，爱因斯坦在产生创意时，他主要的思维活动是形象思维。有了创意之后，才可以用概念来审查、推论，运用批判和逻辑思维来证明或否定创意。

（3）创意的自由性

创意思考的目标是确定的，但从思考的方向来说，则是多路的、散漫的、全方位的、灵活的，具有充分的自由性。在创意的选择上，也是自由开放的。人们常常会由着自己的性子去思考自己最愿意做的事情，有时隔行的"业余爱好者"往往表现出思维开阔、自由奔放、不受拘束的特点。

（4）创意的不成熟性

爱因斯坦说的创意是"具有或多或少明晰程度的表象，而这些表象则是能够自由地再生和组合的"。正说明创意的相对模糊性和不成熟性，也许经过明晰化和再生、组合之后，才能成为创新、设计和方案。创意不等同于创新思维的最终产物，创意是灵感或经验与创新设计方案之间具有中介性质的思维存在。因此，创意诞生后，还必须有一个对创意进行验证的过程，有一个去粗取精、去伪存真、由表及里的再思维过程。

【思考与练习1-2】

图1-5是某剃须刀的创意广告，图1-6是某保险公司的创意广告，请分析这两个广告的创意体现在哪些方面。

图1-5　剃须刀创意广告

图1-6　保险公司创意广告

简而言之，创意就是具有新颖性和创造性的想法。也可以理解为：创意就是人们有与众不同的好点子。一个好的创意具有新奇、简单、实用、与众不同、能使人眼前一亮、会令人久久难忘等特点。

二、创造

1. 创造的内涵

在《辞海》中，"创造"一词被解释为"首创前所未有的事物"。

莱特兄弟发明的飞机就是首创前所未有的事物，因为飞机是从无到有的新事物。创造的对象不一定是产品，比如国内生产总值（GDP）是指一个国家（国界范围内）所有常住单位在一定时期内生产的所有最终产品和劳务的市场价值，它是一种统计方式，也是一种创造。节假日大家通过微信发红包，它是经济领域的创造（见图1-7）。同样，爱因斯坦创立相对论理论也是创造。

视频1-1

图1-7 经济领域中的创造

从以上创造实例可以看出，创造不只是新事物，新方法、新理论也是创造，在《现代汉语词典》里，创造被解释为："想出新方法、建立新理论、做出新的成绩或东西。"将创造的外延进行了扩展，也就是说三百六十行，在每个行业都可以开展创造。

实际上，能够首创前所未有的新事物的人数量比较少。现有事物不是很完美、总有这样或那样的缺点，大多数人可以针对这些不足进行改进，这也是创造。在此，我们可以给创造下一个明确的定义：所谓创造，是指人们首创或改进某种思想、理论、方法、技术和产品的活动。

2. 创造的类型

创造的领域很广，有不同的分类方式，可以按创造性的大小、创造的内容、创造过程等方面进行分类。

（1）按创造性的大小分类

创造就是首创的或改进的形形色色的事物，首创和改进的事物的创造性差别很大，有关学者根据创造性的大小将创造分为第一创造性和第二创造性。

首创属于第一创造性，它是指人类历史中出现的重大发明和创造。如中国古代发明的指南针、爱因斯坦创立的相对论、莱特兄弟发明的飞机、爱迪生发明的白炽灯等，它们都是从无到有的创造成果，创造性很高，属于第一创造性。第一创造性是少数人所拥有的活动。

改进属于第二创造性，它是指人们在理解和把握某些理论与技术的基础上，根据自身的条件加以吸收和融合，再创造出大量的具有社会价值的新事物。如工厂的技术革新、产品升级换代等。大多数人都可以开展创造发明活动，取得的成果属于第二创造性。

扩展阅读1-2
打破世界纪录
的"振超效率"

【案例1-1】大国工匠许振超：打破世界纪录的"振超效率"

许振超是中华全国总工会原兼职副主席，第七届中华技能大奖获奖者，曾荣获全国劳动模范、全国优秀共产党员、山东省有突出贡献工人技师、山东省自学成才先进个人等荣誉称号。

许振超在工作岗位上积极钻研专业知识和技术，练就了"一钩准""无声响操作"等绝活并加以推广，创造了"六连环"工作法和集装箱桥吊高效操作法，带领工友多次打破集装箱装卸世界纪录。

（2）按创造的内容分类

根据创造的内容不同将人类的创造分为物质财富的创造、精神财富的创造和社会组织的创造等。

① 物质财富的创造。物质财富的创造指创造的成果是物质领域的事物。如研究、设计、生产一种有形的物质产品，如桥梁、卫星、新产品——为盲人设计的水杯（见图1-8）等。

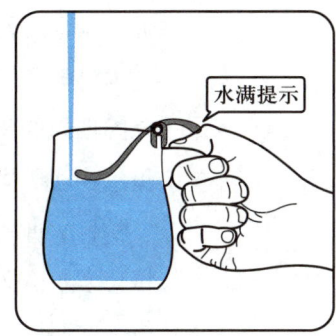

图1-8 为盲人设计的水杯

② 精神财富的创造。精神财富的创造指创造的成果是精神领域的东西，如小说家创作一本小说、剧团排演一出新话剧、画家创作一幅新作品等。莫言创作的小说《红高粱》，张艺谋将该小说改编为《红高粱》电影，郑晓龙将其改编为电视连续剧，这些都是精神财富的创造。

精神财富的创造也能够带来高额回报。据报道，2013年，36岁的幻想文学作家江南以2 550万元的年度版税收入成为万众瞩目的中国作家新首富，文坛老将莫言依然以2 400万元的版税收入稳占第二位，郑渊洁则以1 800万元的版税收入位居第三。

③ 社会组织的创造。社会组织的创造指人类为了一定目的，从社会宏观和微观等方面建立的新的组织机构，如不同的社会制度、不同的公司制度等。如当前国企改革的方向是深化混合所有制改革，混合所有制企业是指由公有资本（国有资本和集体资本）与非公有制资本（民营资本和外国资本）共同参股组建而成的新型企业形式。混合所有制企业就是社会组织的创造。

（3）按创造的表现形式分类

按照创造的表现形式将创造分为科学研究、技术发明和艺术创作等。

① 科学研究。科学研究是指人类在科学领域的探索，利用科研手段和装备，为了认识客观事物的内在本质和运动规律而进行的调查研究、试验、试制等一系列的活动。科学研究为创造发明新产品和新技术提供理论依据，它的基本任务就是探索、认识未知，这一切都需要高度的创造性，科学上的创造也称发现。

屠呦呦从中医古籍里得到启发，通过对提取方法的改进，首先发现了中药青蒿的提取物有高效抑制疟原虫的成分，她的发现在抗疟疾新药青蒿素的开发过程中起到关键性的作用。由于这一发现在全球范围内挽救了数以百万人的生命，屠呦呦于2015年获得了诺贝尔生理学或医学奖。

科学研究的主要任务是科学发现，科学发现分为两种类型。

科学发现的第一种类型是发现科学事实，是指经过研究、探索等看到或找到前人没有看到和找到的科学事物。如哥伦布发现美洲新大陆、陕西农民发现秦始皇兵马俑、紫金山天文台发现小行星等属于这一类发现。

科学发现的第二种类型是发现科学规律，如哥白尼的日心说、达尔文的进化论、爱因斯坦的相对论，均属于这类发现。2007年德法科学家发现巨磁电阻效应获得诺贝尔物理学奖。

科学研究成果最好的表现形式是发表学术论文，因此，科学研究取得成果后应该撰写学术论文，并投到相关学术刊物上发表，比如*Nature*、*Science*和*Cell*三大国际顶级学术期刊。

② 技术发明。技术发明是指人类技术领域的实践，发明的成果或是提供前所未有的人工自然物模型，或是提供加工制作的新工艺、新方法。机器设备、仪表装备和各种消费用品及有关制造工艺、生产流程和检测控制方法的创新和改造，均属于技术发明。技术发明也同样需要高度的创造性。

2009年诺贝尔物理学奖获奖者为英国华裔科学家高锟及美国科学家威拉德·博伊尔和乔治·史密斯。博伊尔和史密斯发明了半导体成像器件——电荷耦合器件（CCD）图像传感器，这个传感器好似数码照相机的电子眼，通过用电子捕获光线来替代以往的胶片成像，摄影技术由此得到彻底革新。此外，这一发明也推动了医学和天文学的发展，在疾病诊断、人体透视及显微外科等领域都有着广泛用途。可见，技术发明更接近我们的生活，能够产生很大的社会效益和经济效益。

技术发明包括新产品的研制和新方法的发明两类。我国四大发明中的火药和指南针是新产品的研制，造纸术和印刷术是新方法的发明，古人不是发明了纸和印刷机，而是发明了造纸的方法和印刷的方法。纳米技术、克隆技术也分别是20世纪60年代和90年代发明的新技术方法。

当然，技术上的创造也有不同层次，按创造性由低到高可分为技术革新、方案设计、发明和技术创新等。技术发明成果的表现形式是专利，因此，在取得技术发明成果后应该申请专利，比如国家发明专利，还可以申请国际专利，如专利合作条约（PCT）。

③ 艺术创作。艺术创作是指艺术家以一定的世界观为指导，运用一定的创作方法，通过观察、体验、研究现实生活，分析、选择、提炼、加工生活素材，塑造艺术形象，创作艺术作品的创造性劳动。如吴京导演的3D动作战争系列电影《战狼》就是深受观众喜爱的艺术作品。

艺术创作是人类为自身审美需要而进行的精神生产活动，是一种独立的、纯粹的、高级形态的审美创造活动，它是一个复杂的过程，通常分为生活积累、创作构思、艺术表达三个阶段。如画家列宾在涅瓦河畔遇到一群衣衫褴褛的纤夫，而产生了创作《伏尔加河上的纤夫》的灵感。

3. 创造的主观动因

创造的主体也称创造者，一般是指进行创造的国家、团体或个人。创造者会源于各种不同需求而进行创造。如想要一种新服装而进行服装设计，想写一本小说而进行创造性写作，想要开发一种新产品而进行产品创造，如此等等。因此，人们的创造活动归根到底是为了满足需求的。

如图1-9所示，正是因为人们有了创造性需求，才会引起创造者进行创造的动机，投入一定的资源进行创造性活动，经过努力，暂时达到了创造性目标，人们会感到满足。但是，人们对一种新事物不会总是感到满足的，随着时间的推移、条件的变化，会导致新的创造性需求，从而进入下一轮创造活动，这样不断循环，不断产生新的发明创造，推动社会的进步。

图1-9 创造的主观动因

比如，躺在床上看书需要举起双手，一会儿手就酸了，很不舒服，那么能不能躺在床上很舒服地看书呢？这就是一个创造性的需求。有了需求，就有人去行动，发明了一种折射眼镜（见图1-10），满足了躺在床上很舒服地看书这个需求。当然，这个发明能够彻底满足人们的需求吗？不见得，比如戴上这个眼镜人们只能平躺着看书，能不能发明一种侧着身体也能看书的装置呢？这又是新的创造性需求，促使人们继续发明。正是因为人们不断地产生创造性需求，促使大量的创造发明诞生，推动着社会不断向前发展进步。

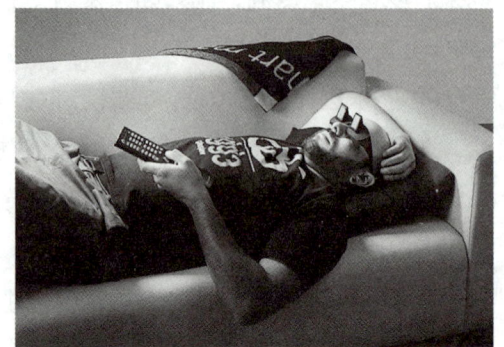

图1-10　躺在床上看书的眼镜

【思考与练习1-3】
　　请对图1-10所示折射眼镜进行改进，发明一种可以躺在床上很方便地看书的装置。

三、创新

1. 创新的内涵

　　创新，顾名思义，创造新的事物。创新一词我国史书早有记载，《广雅》里有"创，始也"。新，与旧相对。创新一词出现很早，如《魏书》中有"革弊创新"，《周书》中有"创新改旧"。和创新内涵相近的词汇有维新、鼎新等，如"咸与维新""革故鼎新""除旧布新""苟日新、日日新，又日新"等。

　　英语中innovation（创新）这个词起源于拉丁语，它原意有三层内涵：第一，更新，就是对原有的东西进行替换；第二，创造新的东西，就是创造出原来没有的东西；第三，改变，就是对原有的东西进行发展和改造。

　　人们对创新的理解最早主要是从技术与经济相结合的角度，探讨技术创新在经济发展过程中的作用，主要代表人物是现代创新理论的提出者美籍经济学家约瑟夫·熊彼特。熊彼特在其著作《经济发展概论》中提出：创新是指把一种新的生产要素和生产条件的"新结合"引入生产体系。它包括五种情况：引入一种新产品，引入一种新的生产方法，开辟一个新的市场，获得原材料或半成品的一种新的供应来源，实现一种工业的新的组织。熊彼特的创新概念包含的范围很广，如涉及技术性变化的创新及非技术性变化的组织创新。

熊彼特的创新概念过于强调经济学上的意义，创新应具有多个侧面，根据所强调的侧面不同，对创新会有各种不同的定义，但大体上人们可以认为：创新是对已有创造成果的改进、完善和应用，是建立在已有创造成果基础上的再创造。这说明已有创造成果可以是有形的事物，如各种产品，也可以是无形的事物，如理论、技术、工艺、机构等。

20世纪60年代，随着新技术革命的迅猛发展，美国经济学家华尔特·罗斯托提出了"起飞"六阶段理论，将"创新"的概念发展为"技术创新"，把"技术创新"提高到"创新"的主导地位。

2. 创新的基本类型

创新可以从不同角度进行分类。按创新的内容可分为产品创新、技术创新、工艺（流程）创新、服务创新和商业模式创新五大基本类型。

产品在传统意义上的定义是有形的、物理的物品或原材料，从日用品（如牙膏）到工业材料（如钢管），所有这些都可以成为产品。在企业产品生命周期的初期，市场未形成产品的主导设计，企业产品的变动情况较大，成功的产品创新必须在外观、质量、安全性能等各方面不断改进以满足顾客的需求，从而争取更多的顾客基础，实现企业的市场竞争优势。产品创新又可分为元器件创新（比如自行车各个组成部件）、架构创新（比如功能手机到智能手机的转变）和复杂产品系统创新（比如航空航天系统、高铁等）三类。

技术创新指生产技术的创新，包括开发新技术，或者将已有的技术进行应用创新。如创造一种新的激光技术，或者以现有的激光技术为基础开发一种新产品或新服务。科学是技术之源，技术是产业之源，技术创新建立在科学原理的发现基础之上，而产业创新主要建立在技术创新基础之上。技术创新和产品创新有密切关系，又有所区别。技术的创新可能带来但未必带来产品的创新，产品的创新可能需要但未必需要技术的创新。

工艺（流程）创新是指生产和传输某种新产品或服务的新方式（如对产品的加工过程、工艺路线及设备所进行的创新）。对制造型企业来说，工艺（流程）创新包括采用新工艺、新方式，整合新的制造方法和技术以获得成本、质量、周期、开发时间、配送速度方面的优势，或者提高大规模定制产品和服务的能力。例如，在生产洗衣机时采用了新钢板材料，或者把生产洗衣机的生产线设备从传统机床更换为数控机床，从而降低50%成本，或提高生产效率3倍以上，就是工艺创新。

现代经济发展一个显著的特征是服务业迅猛发展，服务业在国民经济中的地位越来越重要，已经成为世界经济发展的核心，是世界经济一体化的推动力。越来越多的企业和服务行业开展服务创新，以提高服务生产和服务产品的质量，降低企业的成本，发展新的服务理念。服务创新是企业为了提高服务质量和创造新的市场价值而发生的服务要素变化，是对服务系统进行有目的、有组织的改变的动态过程。

【案例1-2】海底捞的服务创新

《快公司》（Fast Company中文版）接触和评估了数千家中国公司，努力发现那些能够改变未来的观点、创意、人物、设计及技术元素，挑选出拥有伟大想法及强烈愿景的公司，推出了"2015年中国最佳创新公司50强"，其中与餐饮相关的企业有三家：海底捞、合纵文化和亚洲吃面。海底捞上榜理由：不仅通过全球开店走向国际化，2015年，海底捞持续通过对社区店的管理和运营优化，以更高的服务标准，针对不同社区需求，实现差异化服务（见表1-1）。

表1-1 海底捞商业模式特征

就餐阶段	可复制的服务创新项目
就餐前	指引停车和代客泊车服务，等位服务（包括美甲、擦鞋，以及提供免费水果和小吃、饮料、各种棋牌玩具等），洗手间服务（提供洗手液、毛巾、化妆品、母婴用品等）
就餐中	点菜建议（可点半份菜、可退菜），赠送眼镜布、手机套、头绳，更换热毛巾，涮菜捞菜服务，送果盘或菜品，为顾客过生日，现场甩面条，为带小孩的客人提供专门服务，为孕妇提供专门服务，等等
就餐后	酌情打折或免单，赠送果盘或礼物、口香糖，雨天借伞，寄存酒类，代客取车，等等

资料来源：李飞、米卜、刘会，《中国零售企业商业模式成功创新的路径——基于海底捞餐饮公司的案例研究》，《中国软科学》，2013年第9期，第97-111页。

管理学大师彼得·德鲁克曾经说过："当今企业之间的竞争，不是产品之间的竞争，而是商业模式之间的竞争。"商业模式创新指对目前行业内通用的为顾客创造价值的方式提出挑战，力求满足顾客不断变化的要求，为顾客提供更多的价值，为企业开拓新的市场，吸引新的客户群。一个简单的例子，与传统书店相比，亚马逊公司和当当网的图书销售业务就是一种商业模式创新。

此外，根据创新的程度不同，技术创新可以分为渐进性创新与突破性创新；根据创新的连续性可以分为连续性创新和非连续性创新；还可以分为维持性创新和破坏性创新。

3. 创意、创造及创新之间的关系

通俗地说，创意、创造和创新三者之间的关系是：创意产生思路、创造产生作品、创新产生效益。产生一个好的想法是创意，将这个想法付诸实践产生作品是创

造，将作品转化为产品产生效益就是创新。有位学者这样总结，目前社会上经常将科研和创新两个词语含义混淆了，科研是将金钱转换为知识的过程，而创新则是将知识转换为金钱的过程。

从历史上重大技术创新实例可看出，创造发明与技术创新之间通常存在滞后期，先有创造，后有创新，一个创造性成果的诞生不一定马上产生经济效益，它们之间存在滞后期，有的滞后期还很长。如日光灯早在1859年就发明出来了，但是直到1938年才走向市场，产生效益，滞后期为79年。

【思考与练习1-4】

曾经如日中天的诺基亚公司为什么在短短几年内手机业务一落千丈？为什么诺基亚公司每年投入巨额研发经费，仍然无法保持竞争优势？

四、创业

1. 创业的内涵

在我国，"创业"一词自古有之，最早出现于《孟子·梁惠王下》："君子创业垂统，为可继也。若夫成功，则天也。"这里"创业"的意思就是"开创基业"。而与此含义相同的另一个出处则是在《出师表》中，"先帝创业未半而中道崩殂"。所以，《辞海》对"创业"的解释是：创立基业。"基业"是指事业的基础。《现代汉语词典》对"创业"的解释是：创办事业。而"事业"是指人们所从事的，具有一定目标、规模和系统并对社会发展有影响的经济活动。由此可见，创造价值是创业的本质。实际上，"创业"是一个与"守成"相对应的概念。"守成"是指保持前人已有的成就与业绩，而"创业"则是指创立基业或创办事业，是自主地开拓和创造成就与业绩。

创业有广义和狭义之分。广义的创业是指个人、群体或组织以创新和独特的方式追求机会、创造价值和谋求增长，而不顾及资源限制的精神和行为；一般认为狭义的创业特指个人或团队自主创办企业，创业就是创业个人或创业团队通过寻找和把握各种商业机会，投入已有的知识、技能和社会资本，调动并配置相关资源，创建新企业，为消费者提供产品或服务，具有创新或创造性的、以增加财富为目的的活动过程。

2. 创业的要素

通常来说，创业的关键要素包括创业机会、创业团队和创业资源三个方面。

创业机会是指创业者可以利用的商业机会。从创业者角度来说，机会是创业的起点，创业过程是围绕机会进行识别、开发与利用的过程。

创业团队是指在创业初期（包括企业成立前和成立早期），由一群才能互补、责任共担、愿为共同目标而奋斗的人组成的特殊群体。

创业资源是指新企业在创造价值的过程中需要的特定资产，包括有形与无形的资产，它是新企业运营的必要条件，主要表现在创业人才、创业资本、创业技术和创业管理中。

没有机会，创业活动就成了盲目的行动；机会虽然普遍存在，但是如果没有创业团队去识别和开发，创业活动也不可能发生；创业团队不仅需要把握机会，还需获得资源，否则机会将无法被开发利用。

3. 创业的类型

（1）按照创业动机来划分

机会型创业——指创业者把创业作为其职业生涯的一种选择。创业动机出于个人抓住现有机会的强烈愿望，即通常意义上的创业动机。对这类创业者来说，创业活动是一种个体的偏好，并将其作为实现某种目标（如实现自我价值、追求理想等）的手段。

生存型创业——指创业者把创业作为其不得不做出的选择。创业动机是出于别无其他更好的选择，即不得不参与创业活动来解决其所面临的困难。这种创业行为是一种被动的行为，而不是个人的自愿行为，也是一种无奈的选择。

（2）按照新建企业建立的方式来划分

独立创业——指创业者个人或创业团队白手起家进行创业。

母体脱离——是公司内部的管理者从母公司中脱离出来，新成立一个独立企业的创业活动。母体脱离的创业者拥有创业所需的专业知识、经验和关系网络，生产与原公司相近的产品或提供类似的服务。母体脱离的原因可能是创业者与管理者不合而分离出来，或者是创业者发现了商业机会但原管理者不认同或不重视。

企业内创业——企业内创业的驱动力来自企业内的创新。

（3）按对市场和个人的影响程度来划分

克里斯汀（Christian）认为，根据创业者个人改变的需求和新创造价值的多少，可以把创业分为四种类型。

复制型创业——指复制原有公司的现有模式而创立新的企业，这种创业的创新成分很低。

模仿型创业——对市场无法带来新价值的创造，创新的成分也很低，但创业过程对创业者来说具有很大的风险性。

　　安定型创业——为市场创造了价值，但对创业者而言变化不大，风险多来自市场。强调创业精神的实现，也就是创新的活动，而不是创造新的企业。能够体现稳健的创业精神。企业内创业多属于此种类型。

　　冒险型创业——无论从市场还是个人来说面临的不确定性都最大，难度也最高。

4．创新与创业的关系

　　从经济学范畴讲，创业主要是指为了创建新企业而进行的，以创造价值为目的，以创新方法将各种经济要素综合起来，创造出新产品或服务而获得利润的一种经济活动。创业与创新有着密不可分的联系，可以说，创新贯穿于创业的全过程，是创业的基础，是影响创业成功与否的重要因素。

扩展阅读1-3
创意、创造、创
新和创业之间的
关系

　　第一，创新是创业的基础。创业是把创新成果转化为生产力的过程，是一个创造新价值、开辟新道路的过程。

　　第二，不断创新可以保护创业成果。一个新的模式出现后，很快就有人模仿和复制，要想维护品牌的领先地位，必须要有不断创新的理念。

　　第三，创新可以推动创业持续发展。改革创新是企业活力的源泉，创业者有了较强的创新意识和能力，就会引导企业不断地创新，这些创新是创业者的成功之道，是企业的生命之源。

【思考与练习1-5】

什么是创业者？创业者应具备哪些素质？简述创业的概念，并举出几个成功者的创业实例。

第三节　创新方法及其演化

创新需要方法吗？当然！"自主创新，方法先行。"创新有方法吗？"工欲善其事，必先利其器。"创新有方法！

【案例1-3】创新需要方法吗

如图1-11所示，如果要求你把一枚钉子钉到木板上，你会怎么做？

很显然，你会想到用锤子把钉子砸进去。当然，你也可以用螺钉旋具，也可能选用射钉枪。当没有这些工具的时候，你可能"就地取材"找一块砖头或石头。如果你愿意，也可以用你的手机来砸……一般来说，你不会选择用你的手掌来"拍"钉子，除非你有"铁砂掌"的功夫。

图1-11　钉钉子示意图

这个简单问题给我们两点启示：第一，如果没有工具可以选用，像"钉钉子"这样简单的实践活动都是难以完成的。第二，采用不同的方法、选择不同的工具，完成同一实践活动的效果、效率、成本与代价常常会存在较大的差别。

众所周知，创新也是一种实践活动，而且是一种高级别的、复杂的实践活动。根据上面的两点启示，我们可以得出以下两点结论：

① 如果没有工具可以选用，创新实践是难以完成的。

② 采用不同的方法、选择不同的工具，完成同一创新实践的效果、效率、成本与代价常常会存在较大的差别。

《论语》有云："工欲善其事，必先利其器。"显然，创新是需要方法、需要"工具"的。

一、创新方法的内涵

创新方法是人们在创造发明、科学研究或创造性解决问题的实践活动中，所采用的有效方法和程序的总称。其根本作用在于根据一定的科学规律，启发人们的创造性思维，提升人们的创新效率。如果把创造、创造活动比喻成过河的话，那么方法就是过河的桥或船。国家标准《创新方法应用能力等级规范》（GB/T 31769—2015）中给创新方法的定义是：应用一种或多种科学思维、科学方法、科学工具实现创新的技术。

视频1-2

自近代科学产生，尤其进入20世纪以来，思维、方法和工具的创新与重大科学发现之间的关系更加密切。据统计，从1901年诺贝尔科学奖设立以来，大约有60%~70%是由于科学观念、思维、方法上的创新而取得的。

例如，1941年，"分配色层分析法"的发明解决了青霉素提纯的关键问题，使医学进入了抗生素防治疾病的新时代；20世纪70年代，我国科学家袁隆平提出了将杂交优势用于水稻育种的新思想，并创立了水稻育种的三系配套方法，从而实现了杂交水稻的历史性突破；20世纪70—90年代，哈勃望远镜的设计与应用揭开了人类对星系研究的序幕，为人类的宇宙观带来新的革命。

英国著名哲学家卡尔·皮尔逊曾将创新方法看作是"通向绝对知识或真理的唯一道路"。法国著名的生理学家贝尔纳曾经说过："良好方法能使我们更好地发挥天赋的才能，而笨拙的方法则可能阻碍才能的发挥。"法国科学家笛卡儿认为："最有用的知识是关于方法的知识。"我国近代教育学家蔡元培先生在评价当时中国科学落后的原因时曾说过："中国没有科学的原因在于没有科学的方法。"可见创新方法的重要性。

二、创新方法发展历程

创新方法按照发展历程分为尝试法、试错法和现代创新方法三个阶段。

第一阶段是尝试法。

在人类发展早期，由于没有科学理论和科学试验仪器，人们从事发明创造活动所采用的方法主要是效率极低的尝试法。"神农尝百草，日中七十毒"，便是尝试法的生动写照。意思是，上古时候，五谷和杂草长在一起，药物和百花开在一起，哪些粮食可以吃，哪些草药可以治病，谁也分不清。神农于是尝百草，每天中毒70余次，为黎民百姓找到了充饥的五谷和医病的草药（如图1-12所示）。这是效率极其低下、也十分危险的方法。

图1-12 神农尝百草

第二阶段是试错法。

试错法是解决问题、获得知识常用的方法，即根据已有经验，采取系统或随机的方式，去尝试各种可能的答案。在试错的过程中，选择一个可能的解法应用在待解问题上，经过验证后如果失败，再选择另一个可能的解法接着尝试下去。整个过程在其中一个尝试解法产生出正确结果时结束。当问题相对比较简单或求解范围比较有限时，试错的方法有一定效果。如果对一个复杂问题，则效率很低，代价很大。总

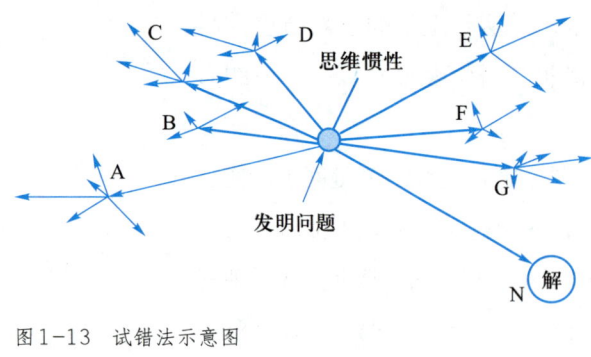

图1-13 试错法示意图

之，试错法是非常单调、乏味且使人厌烦的。

比如，在产品设计中，设计人员经常采用试错法根据已有的产品或以往设计的经验提出新产品的工作原理，通过持续的修改和完善，然后做出样件。如图1-13所示，设计人员根据经验或已有的产品沿方向A寻找解，如果扑空，就调整方向，沿着方向B寻找，如果还找不到，再变换到方向C，如此一直调整方向，直到第N个方向碰到一个满意的"解"为止。这就是试错法。

由于设计人员不知道满意的"解"所在的位置，在找到该"解"或较满意的"解"之前，往往要扑空多次、试错多次。试错的次数取决于设计者的知识水平和经验，或者来自灵感。所谓创新是少数天才的工作，创新的成功取决于灵感，正是试错法的经验之谈。

对于发明创造而言，多少年来人们采用的是试错法，只有少数聪明人经过艰苦不懈的努力取得成功，这种成功没什么规律可言，也无法传授。应该说，直至今天，试错法仍是创新活动中经常使用的方法：为找到一个需要和有效的解决方案，要做大量的无效尝试。青蒿素的发现也来自试错法。

【案例1-4】190次失败之后，发现青蒿素

时间追溯到20世纪60年代。彼时，因疟原虫对奎宁类药物已产生抗药性，所以，疟疾的防治重新成为世界各国医药界的研究课题。

1969年，屠呦呦被任命为"523"项目中医研究院科研组组长。通过翻阅历代本草医籍、四处走访老中医，屠呦呦终于在2 000多种方药中整理出一张含有640多种草药、包括青蒿在内的《抗疟单验方集》。可在最初的动物试验中，青蒿的效果并不出彩。屠呦呦的寻找也一度陷入僵局。

到底是哪个环节出了问题？她再一次转向中国古老智慧，重新在经典医籍中细细翻找，突然，葛洪《肘后备急方》中的几句话牢牢抓住屠呦呦的目光："青蒿一握，以水二升渍，绞取汁，尽服之。"一语惊醒梦中人，她马上意识到问题可能出在常用的"水煎"法上，因为高温会破坏青蒿中的有效成分，她随即另辟蹊径采用低沸点溶剂进行实验。

在190次失败之后，他们终于成功了。1971年，屠呦呦课题组在第191次低沸点实验中发现了抗疟效果为100%的青蒿提取物。1972年，该成果得到重视，研究人员从这一提取物中提炼出抗疟有效成分青蒿素。

摘自2015年10月6日《南方日报》（广州）

第三阶段是现代创新方法。

在漫长的人类发展历史上，曾产生过无数的创造发明和创新技术，涌现过无数的科学家、发明家。他们的创新实践、创新经验和所取得的丰硕成果，对后来的创造者具有重要的借鉴意义，而创新方法正是从前人成功的创造经验中总结出来的、被用于实践而得到证实的方法。

创新方法在美国叫"创造工程"，在日本叫"创造工法"，在苏联叫"发明技法"。人们从事创造活动，必然要运用各种技巧和方法。各种创新方法的运用，对推动创造活动的开展有着十分广阔的应用价值。它能根据一定的科学规律启发人们的创造性思维，开发人们的创新能力，指导人们怎样去创造发明，指出一条创新成功的捷径；它可以使人们的创新实践少走弯路和不走大的弯路，越过创新障碍，顺利到达创新的目的地。

创新方法已被越来越多的人重视，也被越来越多的人总结和完善，诞生了不少创新方法。有的文献称目前创新方法已有340多种，还有的文献记载，目前世界上创新方法已有1 000余种。

本教材对创新方法进行了系统的分析，将常用的创新方法分为七大类：智力激励型创新方法、列举型创新方法、设问型创新方法、类比型创新方法、组分型创新方法、思维导图和发明问题解决理论（TRIZ理论）。下面以TRIZ理论为例，说明创新方法的优势。

与试错法等传统方法相比，TRIZ理论具有显著的特点和优势。总的来说，TRIZ理论对研发或解决问题的思路有明确的指导性。这种指导性避免了盲目试错，让问题解决变得有律可循、有术可依，给技术创新留下了巨大的、易操作的空间，让创新不再是一个概念或一句口号。TRIZ理论创建者阿奇舒勒曾说过："你可以等待100年获得顿悟，也可以利用这些原理15分钟解决问题。"

图1-14给出了TRIZ理论的解题过程。从图中可以看出，TRIZ理论的最终理

图1-14　TRIZ理论解题过程

想解指明了系统的终极目标，而创新者将在技术系统进化法则、发明问题解决算法（ARIZ）、标准解法、发明创新原理、效应知识库等理论和工具的引导下逐步接近最终解，避免了盲目试错，大大地缩小了求解范围，少走很多弯路，可以快速找到最终解或接近最终解。

【思考与练习1-6】

如何设计在太空中使用的锤子？在地球上，由于锤子有重力，当用锤子钉钉子时，锤子的重力抵消了钉子对锤子的反作用力，锤子不会反弹伤人。如果将该锤子带入太空，锤子没有重力，在用锤子钉钉子时锤子容易反弹伤人。怎么解决这个问题？

第四节　创新能力开发与测评

一、创新能力的内涵

创新能力，也称创造力、创造商数（创商），英文也称作"CQ"，即英语"creativity quotient"的简称。它是一个人的能力智商，与智商（IQ）和情商（EQ）一起构成人类的三大商数。

创新能力一般包括创新意识、创新思维、创新知识、创新人格等多个方面，而所有这些方面表现出来就是，"面对任何未知的问题、未知的领域，有勇于尝试的冲动，有不断探索、勤于思考、善于发现并提出问题、求新、求异的兴趣和欲望"。

创新能力是指每个正常人或群体在支持的环境下运用已知的信息发现新问题，并对问题寻求答案，以及产生出某种新颖而独特、有社会价值或个人价值的物质或精神产品的能力。也可以通俗地解释为发现和解决新问题、提出新设想、创造新事物的能力。

创新能力是人类特有的一种综合性本领。《创造学》认为，创新能力是人人皆有的一种潜在的自然属性，即人人都有创新能力，但属于隐性的能力，因此人人都具有开发的潜能。我国教育学家陶行知先生曾说，"处处是创造之地，天天是创造之时，人人是创造之人"。

此外，人们的创新能力可以通过科学的教育和训练而不断被激发出来，将隐性的创造潜能转化为显性的创造能力，并不断得到提高。一些所谓"无创新能力"的人，其实他们并不是真的没有创新能力，而是其创新能力没有得到应有的开发。只要进行科学开发，人们的创新能力是完全可以被激发并转变为显性创新能力的。

二、创新能力的构成

创新能力是人类大脑思维功能和社会实践能力的综合体现。因此，可以说"创新能力是人们进行创造性活动的心智能力与个性素质的总和"。我国学者根据创新能力与智力的密切关系，提出了如图1-15所示的创新能力要素构成图。

美国创造心理学家格林提出创新能力由10个要素构成，即知识、自学能力、好奇心、观察力、记忆力、客观性、怀疑态度、专心致志、恒心、毅力等。

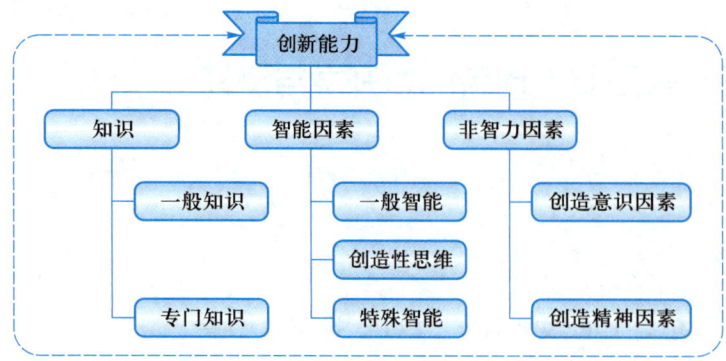

图1-15 创新能力要素构成图

日本创造学家进藤隆夫等人提出创新能力是由活力、扩力、结力及个性等4个要素构成。其中活力是指精力、魄力、冲动性、热情等的集合；扩力是指发展行为、思考、探索性、冒险性等因素的共同效应；结力是指联想力、组合力、设计力等的综合。

我国学者提出了如下创新能力的表达公式：

$$创新能力 = K \times 创造性 \times 知识量^2$$

视频1-3

式中：K 为一个变量，亦可视为个体的潜在创新能力，每个人创新潜力不同，因此 K 值也不一样；创造性主要包括创造者的创新人格、创新思维、批判性思维及其所掌握的创新方法的总和；为了突出知识储备的重要性，式中采用知识量的平方。因此，该公式又可表示为

$$创新能力 = K \times (创新人格 + 创新思维 + 批判性思维 + 创新方法) \times 知识量^2$$

因此，开发创新能力的途径是：在掌握大量知识和经验的基础上，塑造创新人格、开发创新思维、培养批判性思维，掌握创新方法，并将这些应用于解决问题之中。

三、创新人格

所谓创新人格，也称为创造性人格，是指主体在后天学习活动中逐步养成，在创造活动中表现和发展起来，对促进人的成才和促进创造成果的产生起导向和决定作用的优良的理想、信念、意志、情感、情绪、道德等非智力素质的总和。

创新人格对个人的成才、对创造活动的成功和创造成果的产生能起导向作用、内在动力作用、长期坚持最终成功的作用。在科学和艺术史上，有一类重大成果，需要创造者数十年的奋斗才能够获得。在这一类长时间的创造过程中，持之以恒、坚持到底的创新人格，对创造活动起到了促使它最终成功的积极作用。

发明大王爱迪生只上了三个月的小学，他和他的团队能够取得2 000多项发明专利，他的成功很大程度上取决于他非凡的创造性人格。他在发明电灯泡寻找合适的灯丝材料时先后做了6 000多项试验，主要得益于他持之以恒的创造性人格。

四、创新能力测评

扩展阅读1-4
如何塑造孩子的
坚毅（grit）性格

20世纪50年代，吉尔福特等心理学家发现，智力测验不能测量人的创新能力，创新能力测评需要独立的测试方法。创新能力的测评就是为了确定一个人创新能力的大小而采用科学方法对人们的创新能力进行测量和评价的过程，是一项非常有意义的工作。

到目前为止，虽然国内外学者已经开发出了十多种创新能力测评的方法，但是尚无一种公认、客观且适合各类人才的测评方法。这些方法大多面向以下几个方面：创造性人格测评，创新能力倾向与行为测评，创造性产品的特征测评，以及培养创新能力的环境属性测评，等等。

本章部分四色
插图

一般来说，面向学生的创新能力测评，主要分为教学前期的试探性测评和教学过程中的阶段性测评。无论是试探性测评，还是阶段性测评，都需要采用现有的较为成熟的创新能力测量方法和量表工具，以反映学生创新能力的实际水平。

视频1-4

创新能力测量典型方法有南加利福尼亚大学发散性思维测验、托兰斯创造性思维测验、芝加哥大学创新能力测验和普林斯顿法等。

【思考与练习1-7】

创新能力（创造力）测评。

思考与练习1-7
创新能力（创造
力）测评

第二章　创新思维与
思维定势突破

人与人之间最大的区别是脖子以上的区别——大脑决定一切。

——［美］比尔·盖茨

模式错，步步错

图2-1是一个相当特别的木头方块设计图。有人将此设计图拿给一个木匠，要求他做一个这样的木块。木头方块的上下部分要分别用不同材质的木材，以鸠尾榫头结合，木头方块的其他面也都要像设计图上的一样。问题是：木匠有没有可能制造出这样的木头方块。

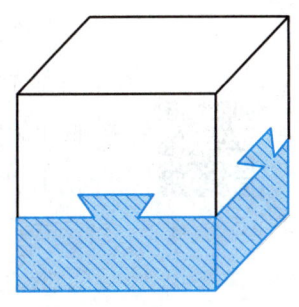

图2-1　特殊木头方块设计图

乍看之下，似乎不可能。我们想象，榫头的切线应该如图2-2所示。上、下两个木块不可能组合，就算它们能以某种方法组合起来，以后也不可能拆开。用这种模式思考，我们应该会拒绝这一设计图。

而事实上这个木头方块是可以制作的，而且组合起来之后，也可以将上下两部分拆分开。但是这个模式不对，一般大家想象的榫头切线是直角交叉，如图2-2所示。但这里的榫头切线是斜线方式，如图2-3所示。采用这一方式，上、下两部分便可以轻易地结合或拆开。

制作这个特殊的木头方块，看上去是不可能完成的工作，实际上是我们头脑中原有的模式将我们引入歧途。如果能够换一种思路或模式，这个问题就会迎刃而解。使用原有模式解决新问题是大脑思维的正常活动，而且头脑中建立的固有模式越少，就越不会出现模式引用错误的现象。

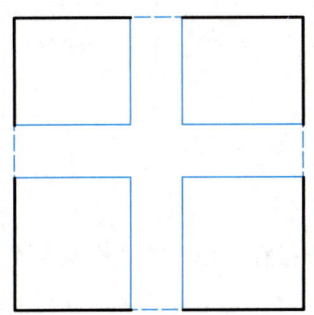
图2-2　榫头接口的横切面

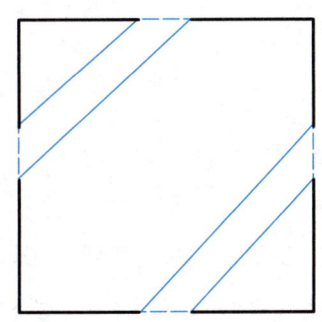
图2-3　榫头接口的另一种横切面

第一节　创新思维及其特征

一、认识思维

视频 2-1

什么是思维？长期以来，哲学、心理学、认知科学和人工智能科学等领域的很多学者都先后研究和讨论过这个问题。如果将"思维"两字分开来看，其"思"字可从字面上解释为"想"或"思考"；其"维"字可从字面上解释为"序"或"方向"。从字面上解释就是：思维是按一定顺序地想，或是沿着一定方向的思考。也就是说，思维是有方向的，比如，我们经常说的线性思维。

思维对于我们来说既熟悉又陌生。说其熟悉，是因为对于一个正常人来说，我们每天都在进行大量思维活动；说其陌生，是因为思维是非常复杂的现象，至今没有人能清楚地说明什么是思维及思维活动的机制。人们对思维存在不同的认识，如哲学观点认为，思维是具有意识的人脑对客观现实的本质属性、内部规律的、自觉的、间接的和概括的反映；信息论观点认为思维是人接受信息、存储信息、加工信息及输出信息的活动过程，而且是概括地反映客观现实的过程；生理学观点认为思维是一种高级生理现象，是脑内一种生化反应的过程，是产生第二信号系统的源泉。

【案例 2-1】岛上推销鞋

两个推销员到一个岛屿上去推销鞋子。一个推销员到了岛屿上之后，非常失望，他发现这个岛屿上每个人都是赤脚。他很气馁，这个岛屿上的人没有穿鞋的习惯，怎么推销鞋子呢？于是他马上告诉公司不要运鞋子来了。第二个推销员来了，他高兴得几乎晕过去。不得了，这个岛屿上鞋子的销售市场太大了，每个人都不穿鞋啊，要是一个人穿一双鞋，那要销出多少双鞋啊！于是他立刻告诉公司赶紧空运鞋子过来。

同样一个问题，不同的思维得出的结论是不同的。

对于一般读者来说，可能并不需要了解思维在理论上的严格概念界定，只是想初步地认识一下思维。美国著名哲学家、教育学家约翰·杜威曾在《我们如何思维》一书中对思维由广到窄的四种含义进行了描述，有助于加强我们对思维的理解。

1. 凡是脑子里想到的，都可以说是思维

这是一种广泛的，甚至可以说是不严谨的用法。任何偶然的和随便的想法，做白

日梦、建空中楼阁、闲暇无事之际偶尔漂浮过脑际的星星点点遐思，均被视为漫无定规的思维。在这个定义里，思维只是随心所欲、毫不连贯地东想西想。

2. 思维是指我们对于自己并未直接见到、听到、嗅到、接触到的事物的想法

这一定义强调思维不应该是万花筒式的杂乱缤纷，而是要有一定的连贯性，但并不强调环环相扣的严密逻辑。如编故事，一个好的故事一般具有精彩的情节和巧妙的高潮，需要极具想象力的构思，这些构思往往会成为更为严谨思维的前奏，但故事并不致力于获取知识或关于事实与真理的信念。

3. 思维是立足于某种根据的信念

这种根据并非直接感受到的事物，而是真实的知识，或是被信以为真的知识。这种思维的特点是接受看来可信的事物或者拒绝看来不可信的事物，以确立自己的信念。但信念所赖以确立的根据可能是充足的，也可能是不充足的。

4. 思维是建立在某种经过检验的根据之上的信念

一个信念会给另一些信念及行动带来十分重要的后果。因此，人们应该认真考虑自己的信念有无根据或理由，其合乎逻辑的后果又将是怎样的。这就意味着思维要进入到更深的层次。对任何一个信念或假定的知识，均以积极的、执着的、用心的态度考虑它所依据的根据是否成立，若能成立，再考虑它所导致的进一步的结论，这就构成思考。前面所说的三种思维都有可能引出思考，但思考一旦开始，它就是一种自觉的和自愿的思维活动，是要在可靠理由的基础之上树立起信念。

扩展阅读2-1
思维的概念

思维的对象都是想到但并未观察到的事物。一个思维活动的启动往往是受到外界信息的刺激，然后，这些信息与大脑已存储信息结合，从一个事物推断出另一个事物，并将前者作为对后者的信念的依据或基础，在必要时，主动向外界获取额外信息。

从理论意义上解释，思维则是人脑对客观事物一般特性和规律间接的、概括的反映。思维是以感觉和知觉为基础、以已经具有的知识为中介的高级复杂的认知心理活动。

思维具有间接性，思维不是直接反映客观事物的，而是借助事物的其他媒介来反映事物本身。人们凭借已有的知识经验或其他事物为媒介，理解那些没有被直接感知过的，或者根本不可能被感知的事物，以推测事物的过去、现在和将来。同时，思维也具有概括性，思维反映的既不是个别事物，又不是事物的个别特性，而是一类事物的共同本质的特性。

【思考与练习2-1】

将下列各项事物放在一起，编写一个故事：瘸腿的狗、警察、一块口香糖、两个身穿制服的护士。

仔细体会并记录这一过程中你的思维活动。

二、何谓创新思维

创新思维是以新颖独特的方式对已有信息进行加工、改造、重组和迁移，从而获得有效创意的思维活动和方法。从这个概念中可以看出，创新思维是一个相对的概念，是相对于常规思维而言的。在创新过程中，当应用常规方法和途径无法解决新遇到的问题，或应用常规方法解决问题成本过高时，往往需要新的思维指导人们寻找解决问题的新方法和新途径。这种新的思维必然要有别于常规的思维，以一种新的、独特的方式处理（加工、改造、重组和迁移）信息，或重新定义问题，从而引导人们获得有效的创意并解决问题。创新思维往往需要打破常规思维形成的思维定势，属于思维的高级形式，是人类探索事物本质，获得新知识、新能力的有效手段。

【案例2-2】自动摘收番茄问题的解决

发达国家在20世纪就已经实现了农业机械化。然而，能自动摘收番茄的机器始终可望而不可即。主要是因为番茄的皮太柔嫩，任何机械都可能因为抓得过紧而将番茄夹烂。那么，怎样才能实现自动摘收番茄呢？解决这个问题一般有两种不同的思维方式。

第一种方式是致力于研究控制机器的抓力，使其既能抓住番茄又不会将番茄夹烂。但是始终未能成功。这种思考问题的方式是常规思维，即利用现有信息进行分析、综合、判断、推理而产生解决办法，即将所需解决的问题与头脑中已储存的过去曾经用过的问题进行比较，以寻找解决问题的办法，其本质是通过学习、记忆和记忆迁移的方式去思考问题。

第二种方式则采用了一种从问题的源头进行解决的办法，即研究如何才能培育出韧性十足、能够承受机器夹摘力的番茄，沿此思路人们成功培育出一种"硬皮番茄"。这种思考问题的方式是创新思维，它是在已有知识和经验的基础上，寻找另外的途径，从某些事实中探求新思路、发现新关系、创造新方法以解决问题。

典型的创新思维活动主要包括：分析和综合、比较和概括、抽象和具体、迁移、判断和推理、想象等，人们总是通过这些思维活动获得对客观事物更全面、更本质的认识。

1. 分析和综合

思维的过程总是从对事物的分析开始的。所谓分析，就是通过思想把客观事物分解为若干部分，分析各个部分的特征和作用；所谓综合，是通过思想把事物的各个部分、不同特征、不同作用联系起来。通过分析和综合，可以发现客观事物的本质，并通过语言或文字把它们表达出来。人类的语言、文字也正是在思维分析、综合中逐步形成的。

2. 比较和概括

在分析和综合的基础上，通过对事物各个部分外观、特性、特征等的比较，把诸多事物中的一般和特殊区分开来，并以此为基础，确定它们的异同和之间的联系，这就是概括。在创造过程中，经常采用科学概括，即通过对事物比较，总结出某一事物和某一系列事物的本质方面的特性。宇宙、自然界、动物、植物、矿物、有机物、无机物的分类，就是按其本质特征加以概括分类的。

3. 抽象和具体

比较和概括是抽象的前提，通过概括，事物中的本质和非本质的东西已被区分，舍弃非本质的特征，保留本质的特征，这就是抽象。与抽象的过程相反，具体是指从一般抽象的东西中找出特殊的东西，它能使人们对一般事物中的个别得到更加深刻的了解。抽象和具体是在创新思考中频繁使用的思维。

4. 迁移

迁移是思维过程中的特有现象，是人的思维发生空间的转移。人们对一些问题的解决经过迁移往往可以促成另一些问题的解决，如掌握了数学的基本原理，有助于了解众多普通科学技术规律；掌握了创新的基本原理，有助于了解人工制造产物的演变规律。

5. 判断和推理

人们对某个事物肯定或否定的概念，往往都是通过一定的判断和推理过程形成的。判断分为直接判断和间接判断。直接判断属于感知形式，无须深刻的思维活动，通过直觉或动作就可以表达出来，如两个人比较身高，直接就可以判断出来。间接判断是针对一些复杂事物，由于因果、时间、空间条件等方面的影响，必须通过科学的推理才能实现的判断，其中因果关系推理特别重要。判断事物首先要把外在的影响分离出去，通过一系列的分析、综合和归纳，找出隐蔽的内在因素，从而对客观事物做出准确的判断和推理。

6. 想象

想象是人们在原有感性认识的基础上，在头脑中对各种表象进行改造、重组、设想、猜想而形成新表象的思维过程。爱因斯坦认为，想象比知识更重要、更可贵。知识是有限的，而想象是无限的。正是有了想象，人们才能不断地创造出世界上前所未有的新事物。人们已经逐步认识到，世界上的一切没有做不到的，只怕想不到。想象分为再造性想象和创造性想象两类。人有修改头脑记忆中表象的能力，根据已有的表述和情景的描述（图样、说明书等）在头脑中形成事物的形象称为再造性想象；不依靠已有的描述，独立地、创造性地产生事物的新形象称为创造性想象。把想象视为超现实的观念并不正确，想象总是在人类改造世界的同时产生的，是对现实表象的优化和提升。

三、创新思维的特征

视频 2-2

创新思维不是天生就有的，也不是少数天才人物的专属，它是一种技能，就像开汽车一样，可以通过人们的学习和实践而不断培养和发展起来的。学习和掌握创新思维，应从了解创新思维的典型特征开始。

1. 对传统的突破性

创新思维的结果体现为创新。从创新思维的本质看，它是打破传统、常规，开辟新颖、独特的科学思路，升华知识、信念和观念，发现对象间的新联系、新规律，具有突破性的思维活动。可以说，突破性是创新思维一个最明显的特征。

首先，突破性体现为创造者突破原有的思维框架。

创新思维要求人们在思考问题时，要有意识地抛开头脑中以往思考类似问题所形成的思维程序和模式，排除以往的思维程序和模式对寻求新的设想的束缚，对那些默认的假设、陈腐的观点和固化的模式提出挑战和质疑，就可能取得意想不到的成功。

比如，20世纪中期，美国和苏联都已具备了把火箭送上太空的物质和技术条件，相比之下，当时美国在这方面的实力比苏联更强。但双方都存在一个"卡脖子"的关键问题：火箭的推动力不够，摆脱不了地心的引力，不能把人造卫星送入运行轨道。当时大家都认为，办法只能是再增加所串联的火箭的数量，以进一步增强推动力。美苏两国的专家都各自设法增加火箭的数量。尽管火箭数量增加了不少，但还是解决不了问题。后来，苏联的一位青年科学家摆脱了不断增加串联火箭的思维框架，产生了一个新的设想：只串联上面的两个火箭，下面的火箭改为用20个发动机并联，经过严密的计算、论证和实践检验，这个办法终于获得成功。1957年，苏联抢在美国之前，首先将人造卫星送入太空。

原有的思维框架对人们思考问题有很多好处，它能使我们省去许多摸索、试探的思考步骤，提高思考效率，但原有的思维框架不利于人们进行创造性思考。因此，无论是解决新问题，还是解决旧问题，都需要人们跳出原有的思维框架，用新的思考程序和思考步骤进行试探和尝试。

其次，突破性还体现为突破已有的思维定势。

思维定势是在过去某一阶段的经验总结，是经过成功的经验或失败的教训验证的"正确思维"。但是当事物的内外环境变化时，仍然固守"正确的"定势思维却行不通了，它们常常对形成创新思维产生消极的作用。可见，不突破思维定势，就只能被原有的框架所束缚，就不可能激发出创新思维和取得新的成功。

最后，突破性也体现在超越人类既存的物质文明和精神文明成果上。

从超越既存的物质文明成果看，产品的更新换代就是科技研发人员思维上敢于去超越原有产品的结果。从超越既存的精神文明成果看，爱因斯坦突破了牛顿经典力学的静态宇宙观去思考，创立了狭义相对论。无论是狭义相对论的建立，还是哥白尼日心说的提出、牛顿万有引力定律的发现等，历史上重大发现或重要理论的提出无不体现了对既存的物质文明或精神文明成果的突破。

2. 思路上的新颖性

创新思维是以求异、新颖、独特为目标的。思路上的新颖性是在思路的选择和思考的技巧上都具有独特之处，表现出首创性和开拓性。思路上的新颖性表现在不盲从、不满足现有的方式或方法，需要更多地经过自己的独立思考，形成自己的观点和见解，突破前人成果的束缚，超越常规，学会用新的眼光去看待问题，从而产生崭新的思维成果。如果缺少独立自主的思考，一切循规蹈矩、照章办事，就不可能产生新颖的思路，更谈不上创新。

比如，亚默尔肉食品加工公司的创始人、亿万富翁菲利普·亚默尔17岁的时候，加利福尼亚发现了大金矿，亚默尔也和其他人一样到西部淘金。包括亚默尔在内的所有人都拼命地干活，似乎掘金是大家生存的唯一信念，谁也没有想到过其他。太阳火辣辣的，水在这里成了最金贵的宝贝，矿工们渴得难以忍受，于是有人说：如果有谁马上让我痛饮一顿凉水，我送他两块金币！花一块金币买一壶凉水，我也干！人们太需要水了，水就是金子，卖水照样能换回金子，何不去难求易地赚钱呢？亚默尔放弃了掘金，而挖了一条水渠，把附近清澈的河水引了过来，灌满了挖好的水池，然后装成一壶一壶的水，拉到矿场上去卖。许多掘金人日复一日地挖掘，终于不堪劳累之苦，要么命归黄泉，要么另谋生路，而亚默尔一枝独秀，靠卖水发了大财，迈上了亿万富翁的征途。

地面下的黄金诚然不会少，但地面上的黄金则会更多。据有关资料记载，当年进军加州的掘金人中发财者寥寥无几，相反，却有数千人沦为乞丐，更有甚者命丧他乡。可是，贫穷的亚默尔却"不同凡响"，他凭借了地面上别人看不见的黄金而富甲一方。

3. 程序上的非逻辑性

创新思维往往是在超出逻辑思维、出人意料的、违反常规的情形下出现，它不严密或暂时说不出什么道理。因此，创新思维的产生常常省略了逻辑推理的许多中间环节，具有跳跃性。

创新思维的非逻辑性，由于中间环节的省略而呈飞跃式，显得离谱、神奇。有时，创造者自己对其也感到不理解。例如，当德国科学家普朗克首创量子假说时，连他自己也感到茫然不知所措，甚至怀疑这个假说的真实性。

计上心来、急中生智就是创新思维非逻辑性的典型表现。唐代大诗人李白被称作诗仙，他常常借酒助兴诗如泉涌；词作家乔羽在书房写作，抬头忽见一只蝴蝶飞来，瞬间又飞去，他借助这一现象触发灵感，创作了著名的歌曲《思念》。

在创造活动中，常常要用到直觉思维的形式。事实上，许多伟大发现都使用了直觉思维的方式，当然这种非逻辑性的思维也是以丰富的知识和经验为基础的。需要指出的是，创新思维的过程，往往是既包含逻辑思维，又包含非逻辑思维，是两者相结合的过程。

在创新思维活动中，新观念的提出、问题的突破，往往表现为从"逻辑的中断"到"思想的飞跃"。这通常都伴随着联想、想象、直觉和灵感，从而使创新思维具有超常的预感力和洞察力。

4. 视角上的灵活性

创新思维表现为视角能随着条件的变化而转变，能摆脱思维定势的消极影响，善于变换视角看待同一问题，善于变通与转化，重新解释信息。它反对一成不变的教条，能够根据不同的对象和条件，具体情况具体对待，灵活应用各种思维方式。

创新视角是多种多样的，我们要学会转化视角，不同的视角会得出不同的结论。俗话说"公说公有理、婆说婆有理"就是这个道理。换一个角度，换一种思维，或许一切都会有所不同，或许整个世界都明亮了。

每一个失败都包含着成功。一件失败的事，只需转换一下视角，就是一件成功的事。历史上有不少的新发明都是在犯了错误之后而"将错就错"的产物。一百多年前，德国某个造纸厂因为配方出错，造出的纸太洇而没法写字。有位技师却用肯定的视角看待这件事，开发出了吸墨纸。还有一位发明家，他研制的高强度胶水生产出来之后黏性很低。他不认为失败，沿着"黏性低"的视角造出了不干胶。

所以，当众人都在欢呼成功的时候，你采用"肯定视角"，那没有什么大的意义；而当众人都在叹息失败的时候，你能够采用"肯定视角"，这本身就是一种创新思维。

5. 内容上的综合性

创造性活动是在前人基础上进行的，必须综合利用他人的思维成果。科学技术发展史一再表明，谁能高度综合利用前人的思维成果，谁就能取得更多的突破，做出更多的贡献。在技术领域由综合结出的硕果更是到处可见。据统计，松下电视机就是在综合了各国400多项技术的基础上发展起来的。因此，我们可以说：综合就是创造。

比如，第一次世界大战中，英国随军记者斯文顿发明了坦克，坦克就是履带拖拉机与枪炮的组合，这个组合很好地起到了1+1>2的效果。在我们的现实生活中，综合创造的例子比比皆是。伟大的科学家牛顿曾说过：如果说我比别人站得更高些，那是因为我是踩在巨人的肩膀上。牛顿三定律就是在伽利略等人的研究基础上完成的。

【案例2-3】"阿波罗"登月计划

美国在1969年7月16日，实现了阿波罗登月计划。参加这项工程的科学家和工程师超过30万人，历时约11年，耗资255亿美元。美国阿波罗登月计划总指挥韦伯曾指出，阿波罗计划中没有一项新发明的技术，都是现成的技术，关键在于综合。

可以说，阿波罗计划是充分运用综合性思维方法进行的最佳创新。

【思考与练习2-2】

马路上的井盖为什么是圆的？

第二节　创新思维过程

视频 2-3

从问题的提出到找到解决方案，创新思维经历了一个漫长的思维组织过程。美国教育学家约翰·杜威（John Dewey）认为每一思维的两端，开始是一个迷惑、纷乱或困难的情境，结果是一个澄清、统一或解决的情境，思维就在这两端之间进行着。在这两端之间，思维的过程经历了五个步骤：感受到困难或难题，即有疑难的情境引发思维的冲动；定位和定义困难或难题，即确定疑难究竟在什么地方；提出解决问题的种种假设，想到可能的答案或解决办法；对联想进行推理，看哪个假设能解决当前困难；通过进一步观察、试验和证实，肯定或否定自己的结论，即树立信念或放弃信念。在实际应用的过程中，有的阶段可以拼合，有的阶段则历程甚短，甚至没有被人察觉。因此，五个步骤并非固定不变的方式，应随具体情况而定。

美国心理学家华莱士1926年出版了《思想的艺术》一书，书中通过对许多创造发明家自述经验的研究，提出了创新思维过程的四个阶段——准备、酝酿、顿悟和验证，如图2-4所示。

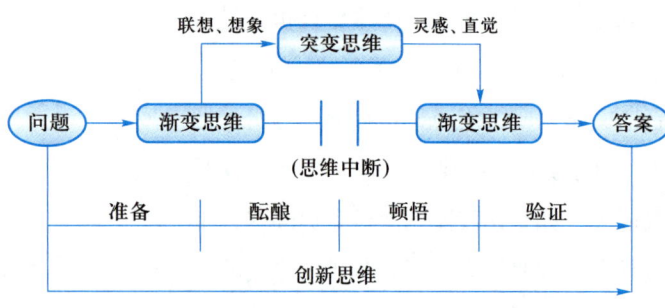

图2-4　创新思维过程

1. 准备阶段——问题提出

这是提出问题、分析问题，并为解决问题搜集各种材料的过程，也就是有意识积累相关背景知识的阶段。

扩展阅读 2-2
产生创新思维的四个条件

从事创造或创新活动，首先要提出有价值的问题，问题的深度决定着创新的意义和价值，引导着思维的方向。因此，提出有意义、有价值的问题成为这个阶段的重要一环。提出问题后，接下来就是进行周密的调查研究，搜集与问题有关的研究成果，然后进行资料分析、信息识别，同时进行一些初步的试验，认识问题的特点，通过反复思考和尝试来努力解决问题。

2. 酝酿阶段——问题求解

假如直接的解决方案不能立即得到，酝酿阶段随即来临。这个阶段重点是对前一阶段所获得的各种信息、资料加以研究分析，从而推断出问题的关键所在，并提出解决问题的假想方案。

酝酿在其性质和持续时间上变化很大，它可能只需要几分钟，也可能要几天、几星期、几个月，甚至几年。在此阶段，非逻辑思维和逻辑思维互补、潜意识和显意识交替，采用分析、抽象与概括、归纳与演绎、推理与判断等逻辑思维方法，经过反复思考、酝酿，有些问题仍未达到理想的解决方案，出现一次或多次"思维中断"。创造者此时往往处于高度兴奋状态，给人如痴如醉和狂热的感觉。这一过程可能是短暂的，也可能是漫长的，甚至进入"冬眠"状态，孕育着灵感和突变思维的降临。

扩展阅读 2-3
训练和培养直觉思
维的方法与技巧

日本创造心理学家高桥浩认为这一阶段创新思维的特点是："和造酒一样，需要有个酝酿期。在第一阶段中，经有意识的努力而得到的东西大都是勉勉强强、比常识稍胜一筹的东西，不能有大作用。到了下一步的酝酿期，和酿造名酒一样，新的思想方案才逐渐成熟起来。一般的人不能忍耐这个酝酿期，也没想到有经历这一个时期的必要，因而总是在第一阶段里徘徊。"

3. 顿悟阶段——问题突破

这一阶段又称为"豁朗"或"启发"阶段。顿悟一般不是通过有意识的努力而得到的，它常出现在长期深度思索不得而小憩休息之后，或转移注意力于其他事情，却被一件毫不相干的事触动。这种顿悟一出现，就不同于别的许多经验，它是突然的、完整的、强烈的，以致会脱口喊出"是这样的！""哈！没错儿！"华莱士把这种经验称为"尤瑞卡经验"（Eureka experience）。如阿基米德终于找到了希腊国王向他提出的检验王冠含金量问题的解答时，从浴盆里跳出来狂喜地大喊，向世界大声宣告："我已经找到它了！我已经找到它了！"

这个阶段是创新思维的关键阶段，一般是通过联想、想象、直觉和灵感实现的，新观念、新思想、新方法，以及整个解决方案都是在这个阶段提出的。需要注意的是，一个闪光的新观念和新假说的提出可能很快，甚至是一瞬间的事情，但要形成完整方案，还必须经历整理、修改和完善的逻辑加工过程，这个过程往往又是一个漫长的过程。

4. 验证阶段——成果证明、验证

这一阶段多采用逻辑思维方法，是有意识地进行的。对于科学上的新理论，验证的主要手段是设计、安排观察或试验，所要检验的是由新假说所推演出来的新结论，验证时间一般比较长。门捷列夫花了十几年时间验证化学元素周期律；哥白尼的日心说验证时间长达三百多年。对于工程技术上的创新成果——新工艺、新技术、新产品，检验的基本方法是实践，就是看它在实践中能否提高产品的质量和生产效率，能否大规模推广，从而产生社会经济效益。

第三节　思维定势及其类型

【案例2-4】阿西莫夫的故事

　　美国科普作家阿西莫夫曾经讲过一个关于自己的故事。阿西莫夫从小就聪明，年轻时多次参加智商测试，得分总在160左右，属于"天赋极高者"之列，他一直为此洋洋得意。有一次，他遇到一位汽车修理工，是他的老熟人。修理工对阿西莫夫说："嗨，博士！我来考考你的智力，出一道思考题，看你能不能回答正确。"阿西莫夫点头同意。修理工便开始说思考题："有一位既聋又哑的人，想买几根钉子，来到五金商店，对售货员做了这样一个手势：左手两个指头立在柜台上，右手握拳做出敲击的样子。售货员见状，先给他拿来一把锤子；聋哑人摇摇头，指了指立着的那两根指头。于是售货员就明白了，聋哑人想买的是钉子。聋哑人买好钉子，刚走出商店，接着进来一位盲人，这位盲人想买一把剪刀。请问，盲人将会怎样做？"阿西莫夫顺口答道："盲人肯定会这样。"说着，伸出食指和中指做出剪刀的形状。汽车修理工一听笑了："哈哈，你答错了吧！盲人想买剪刀，只需要开口说'我买剪刀'就行了，他干吗要做手势呀？"

　　智商160的阿西莫夫，这时不得不承认自己确实是个"笨蛋"。而那位汽车修理工人却得理不饶人，用教训的口吻说："在考你之前，我就料定你肯定要答错，因为，你所受的教育太多了，不可能很聪明。"实际上，修理工所说的受教育多与不可能聪明之间的关系，并不是因为学的知识多了人反而变笨了，而是因为人的知识和经验多了，会在头脑中形成较多的思维定势。这种思维定势会束缚人的思维，使思维按照固有的路径展开。

一、思维定势的概念

视频2-4

　　心理学家认为，思维是人脑对客观事物概括的、间接的反映。从字面上理解思维的含义，思就是思考，维就是方向，思维可以理解为沿着一定方向进行思考。人的大脑思维有一个特点，就是一旦沿着一定的方向、按照一定的次序思考，久而久之，就会形成一种惯性。也就是说，这次这样解决了一个问题，下次遇到类似的问题或表面看起来相似的问题，会不由自主地还是沿着上次思考的方向或次序去思考，这种情况称作思维惯性。就像物理学里的惯性一样，思维惯性也很顽固，不容易克服。

　　如果对于自己长期从事的事情或日常生活中经常发生的事物产生了思维惯性，多次以这种惯性思维来对待客观事物，就形成了非常固定的思维模式，即思维定势。

　　思维定势存在积极的一面，表现为思维活动的稳定性、模式化、一致性和趋同性。在环境不变的条件下，思维定势使人能够应用已掌握的方法迅速解决问题或形成良好的秩序。如"红灯停、绿灯行"是全世界普遍遵循的交通规则，通过长时间的训练，人们逐渐形成了一种惯性心理，即一看到红色就会自然地产生"停止"的行为反应。这类思维定势对于规范个体的行为、形成良好的秩序是非常必要的。而思维定势消极的一面表现为思维活动的惰性、僵化、求同性、封闭性和单向性，在情境发生变化时，它会妨碍人采用新的方法。法国生理学家贝尔纳说，"构成我们学习最大障碍的是已知的东西，而不是未知的东西"。这种已知的东西构成思维定势，往往成为我们认识、判断事物的思维障碍。思维定势的力量是很强的，而且难以察觉，在解决问题时，潜意识中的抑制力促使人们沿着"思维惯性的方向"去做事，将人的思维方式局限在已知的、常规的解决方案上，从而阻碍了新方案的产生。因此，从创新的观点看，思维定势是有害的。

扩展阅读2-4
群体思维定势

二、思维定势的产生

思维定势是在创新思维活动中，妨碍创新目标实现的客观和主观因素。人们一般从主观层面认识造成思维定势的因素。造成思维定势的主观因素主要有以下几点。

1. 传统观念和固定观念

传统观念和固定观念是造成思维定势的前提。

传统观念是思维创新的重要障碍，它顽强地维护着它赖以存在的实践和社会基础，反对思维对现存事物进行超越。受传统观念的影响，人们会因循守旧、墨守成规，用老眼光、老套路、老办法去面对新问题。传统观念使人的思维受原有的思维空间的限制，跳不出原有的框框，因而就无法实现对原有认识和现存世界的超越。因此传统观念是阻碍思维创新的重要因素，是思维创新的大敌。

固定观念是人们在特定的实践领域和学科领域内形成的观念。在特定的实践领域和学科范围内某种观念是适用的，但是超出这个范围，它们就可能变得不适用了，但是由于观念在思维中的惯性作用，人们总是习惯于用现有的观念去认识、评价面对的问题，而不管这个问题是否超出了现有实践和经验的范围，于是就产生了所谓的固定观念。固定观念也是思维创新的大敌，因为在经验范围以内解决那些常规性问题是不需要思维有什么创新的，一旦思维超出了原有的实践和学科的范围而进入了一个新的领域，那么只适用于原领域的固定观念只会排斥新思想、扼杀新观念。

2. 信息障碍

我们在进行创新的时候，最容易忽略的，也是最容易解决的就是信息障碍。它是指没有利用有关的情报资料来考察自己想法的新颖性，没有查阅与项目或题目相关的资料而面对这样的障碍，我们可以在确定项目或者有了想法后，在图书馆、专利网站或相关网站搜索关键字进行查找，看是否有和自己想法一致的创意，这样就可以避免重复创造，或者因为未掌握同类的技术信息而导致做不出最好的创造。信息障碍有两种现象：一是信息缺乏，二是信息过量而无从判断。信息的缺乏与过量都会成为创新思维的障碍。

3. 已有的知识经验

知识和经验是创新思维产生的基础，创新是对前人工作的一种"否定"和超越，创新思维过程实际上是对已有信息进行再加工的过程。因此，知识和经验是创新思维产生的基础，同时也决定创新思维的水平和质量。知识和经验越丰富，观察问题越敏锐，越容易开辟创新思维活动的新领域；知识经验的层次越高，创新思维的水平和层次也越高。然而，知识和经验有时也会使人们形成思维的惯性，甚至形成一种习惯性的思维定势，从而导致人们思维的教条和僵化，影响限制人们的创新思维，对创新思维的形成产生负面影响。

4. 人格因素

人格因素是个体区别于他人的因素。在社会生活过程中，人们会形成不同的人格特质，如开放与封闭、独立与依从、自我中心与社会化等。自我中心思维定势是指人想问题、做事情完全从自己的利益与好恶出发，主观武断地不顾他人的存在和感觉。在日常的思维活动中，人们自觉或不自觉地按照自己的观念、用自己的目光、站在自己的立场上去思考问题，由此产生了自我中心的思维定势。

三、思维定势的主要类型

简单说，思维定势就是人脑中形成的一些固定思维模式，这些模式的形成可能来自习惯、所接受的教育、亲身经历或经验、某些领域权威专家或大众等，因此，也就相应地形成了习惯定势、书本定势、经验定势、权威定势和从众定势等类型。

1. 习惯性思维定势

习惯性思维也被称为定势思维，通俗地说就是"习惯成自然"。是指人们按习惯的、比较固定的思路去考虑问题、分析问题，仿佛物体运动的惯性，如短跑运动员冲过终点后仍然会向前冲一样。

视频2-5

习惯性思维几乎人皆有之，可以说是一种常见现象。习惯性思维对问题解决有积极的一面。对于一般的问题，人们总是依照已有的套路和模式去解决问题，通常情况下能很轻松地把问题解决掉。但特别值得注意的是，大量事例表明，这些约定俗成的套路和模式常常会造成思考的盲点，阻碍人们去解决出现的新问题，因此习惯性思维定势对问题解决也有较大的负面影响。

【案例2-5】马屁股宽度决定美国铁轨的宽度

美国铁路两条铁轨之间的标准距离是4.85英尺。为什么是这个奇特的标准呢？"惯性"的力量有时强大得简直令人不可思议：今天世界上最先进的铁路运输系统的设计，竟然取决于两千年前两匹战马屁股的宽度。

原来美国最早的铁路是由英国人设计建造的，而英国的铁路是由建造电车的人设计的，可最先造电车的人以前是造马车的，他们习惯性地把马车的轮距搬到了电车上。据查，英国老路的辙迹是罗马战车形成的，而罗马战车的轮距恰恰是两匹拉战车的马屁股的宽度。

美国航天飞机的火箭推进器从犹他州厂区到航天飞机发射地要通过一些火车隧道，由此可见，航天飞机的两个火箭推进器直径不会超过古罗马两匹马屁股的宽度。

事实说明，人们依照已有的套路和模式去解决问题，通常情况下都能很轻松地把问题解决。但正是这些约定俗成的套路和模式阻碍了人们去解决新出现的问题。所以，当我们感到无路可走时，换一种思维方式，跳出习惯性思维，也许马上就能找到一条新的道路、一个新的目标、一种新的境界，从而使问题得以解决。

2. 书本式思维定势

书本是人类获取知识的主要来源，前人的研究成果和经验总结大部分是通过书本传递给后人的。而书本定势是指认为书本上的一切都是正确的、动不得的，必须严格按照书本上说的去做，不能有怀疑和违反。这是一种把书本知识夸大化、绝对化的片面、有害的观点。

罗马时代伟大的医学家盖伦一生写了256本书，医学家们都把他的书奉为经典。盖伦的书上说，人的大腿骨是弯的。后来有人通过解剖发现大腿骨是直的。按理说，该纠正盖伦书上的错误了。可是人们太崇拜盖伦了，深信他不会错，大家找到了一种说法：因为在盖伦那个时代人们都穿长袍，人弯曲的大腿骨得不到校正，所以是弯的。后来人们开始穿裤子，这样长期穿裤子的结果，才逐渐把人的大腿骨弄直了。现在看这是多么可笑的一种解释，但在当时却得到人们的普遍认同！

孟子曰：尽信书，则不如无书。这就是告诉我们，要读书，更要独立思考，有自己的判断。也就是说，书本知识是重要的，但是，书本知识毕竟是经验的总结，时代发展了，情况变化了，书本知识也可能过时。

正确的态度应当是，既要学习书本知识，接受书本知识的理论指导，又要防止书本知识可能包含的缺陷、错误或落后于现实的局限性。

3. 经验式思维定势

我们生活在一个需要经验的世界中，所谓经验就是人们通过大量实践获得的知识、掌握的规律或技能。通常情况下，经验对于我们处理日常问题是有好处的。要是没有个体与群体经验的积累，人类和社会的进步是不能想象的。经验又有局限性，常常会妨碍思考，成为创新的枷锁，会形成经验式思维定势。

经验定势是指理解、处理问题时往往不由自主地按照以往的经验解决的一种思维习惯，实际上是把经验绝对化、夸大化的表现，忽视、忘记了经验的相对性和片面性。

比如，爱迪生发明的电灯是用直流电，但直流电由于导线的电阻消耗的电力很大，输送距离有限。美国发明家威斯汀豪斯（George Westinghouse）发现了交流电的突出优势。而爱迪生限于经验定势，要反复证明直流电系统优于交流电系统，甚至不惜采用1 000V交流电将猎狗电死的试验来向人们宣传交流电的不安全性，以此来造成人们的恐惧心理，从而抵制使用交流电。后来，交流电的应用证明爱迪生的经验定势是不可取的。为此，爱迪生被迫退出通用电气公司，而威斯汀豪斯公司却发展成为一个国际电气公司。

在科学史上有着重大突破的人很多都不是当时的名家，而是经验不足的年轻人，因为他们的大脑拥有无限的想象力和创造力，什么都敢想，什么都敢做。下面这些人就是最好的例证：爱因斯坦26岁提出狭义相对论；贝尔29岁发明电话；西门子19岁发明电镀术；帕斯卡17岁写成关于圆锥曲线的著作。

那么，怎样才能突破经验定势呢？要有"初生牛犊不怕虎"的精神。

初生的牛犊之所以不怕虎，是因为不知老虎为何物，在它头脑中没有"老虎会吃人"的经验定势，因此见了老虎，敢于本能地用牛角去顶。而这时，带着"牛见了我会逃跑"经验式思维的老虎反倒不知所措，往往落荒而逃。

【思考与练习2-3】

现有一瓶橄榄油和一瓶白醋，假设从油杯里取出一勺油并倒进醋杯里，把醋杯搅拌均匀后再取出一勺搅拌好的混合物倒回油杯里，请问这个时候是醋杯里的油多，还是油杯里的醋多？或者还有其他什么答案？（尽管关系不大，我们仍可以假设一勺的容量少于一杯容量的1/5。）

思考与练习2-3
参考答案

4. 权威型思维定势

随着社会化分工越来越细，一个人不可能通晓所有的事情，这时就需要领域的专家或权威充当导师、顾问、领导与教练等角色。在一个尊重知识、崇尚科学的社会，权威是应该得到人们尊重的。

权威型思维定势是指不管专家或权威说的对与不对，唯领导和专家权威之命是从，把权威作为判断是非或处理一切问题的唯一标准。这是一种思维惰性的表现，是对权威的迷信、崇拜与夸大，属于权威的泛化。权威定势不是人类先天固有的，而是在社会中经历了一个长期过程逐渐建立起来的。

【案例2-6】罗素的问题

有一次，罗素来中国讲学，听讲的多数是研究部门的学者。哲学家罗素登上讲台，首先在黑板上写了一个"2+2=？"，接着向听讲者寻求答案。会场上鸦雀无声，他们心里暗暗琢磨：黑板上写的绝不是简单的算术题，大哲学家可能发现了鲜为人知的哲学新观点。尽管罗素一再希望有人将答案告诉他，但是无人贸然回答。当罗素邀请台下一位先生谈谈自己的答案时，这位先生竟面红耳赤、支支吾吾地说尚未考虑成熟。罗素见状笑着说："2＋2就是等于4嘛！"。崇尚创新的大哲学家罗素并非在故弄玄虚，而是幽默地告诫人们：过于崇拜权威会使人失于迷信，会束缚人的思想，扼杀人的智慧，在权威面前连简单的事实都分不清楚。

科学无禁区，这是科学发现的逻辑。但是，由于历史的局限和人们思维的封闭，在科技领域却又形成一些禁区。对创造者来说，如果一味迷信权威划定的禁区而不敢越雷池半步，或将权威的理论视为不可逾越的顶峰而止步不前，是不可能做出开创性贡献的。

英国皇家学会的会徽上镶嵌着一行耐人寻味的字：不要迷信权威、人云亦云。我国著名画家齐白石曾说：学我者生，似我者死。这就告诉我们，对于权威，应当学习他们的长处，以他们的理论或学说作为基础和起点，但不可一味模仿。

5. 从众型思维定势

从众，就是服从大众、随大流，别人怎么做我也怎么做，别人怎么想自己也怎么想。因此，从众不仅表现在行为层次，也表现在感情态度层次和价值观念层次。它是思维定势中最常见、最重要的表现之一。从众定势产生的原因主要有三个。

首先，从社会学角度分析，作为社会群体的一员，个人与个人之间总存在着差异性及冲突性，而一旦发生这种情况，为维持群体的相对稳定，要么是服从群体中的权威（如首领、宗教领袖、思想家），要么是少数服从多数，与多数人保持一致。因此，这一生存的行为准则在长期的社会生活中逐步泛化和内化为普遍的社会实践准则和个人思维准则。

其次，从心理学角度分析，人们内心都需要一种归属感和安全感，对孤独的恐惧是普遍的心理。和他人不一致，意味着没有归属感和认同感，意味着被孤立，饱尝孤独与寂寞，因此随大流、以众人的是非为是非、人云亦云不失为一种安全的处世原则，即使错了也与多数人站在一起，"法不责众"，无须自己一人承担。

最后，社会环境也会强化从众行为。文化传统，尤其是统治阶级的意识形态是社会强化的主要力量和方式。千百年来，封建社会统治者通过社会意识形态宣传占统治地位的思想，以维持社会的统一，铲除异端和言行独立的异己分子。并且，心理孤立也是社会强化的另一方面，一个不从众的人，可能被人讥笑为"古怪""不合群"，从而被人孤立和排挤。

张三开了个面馆，生意红火，利润丰厚。李四看到也开了个面馆，王五同样开面馆……大家效仿张三开面馆，结果是谁的生意也不好。著名经济学家吴敬琏说："一哄而起，一哄而上，一哄而乱，一哄而散。"只会跟在别人后面的人永远成就不了事业，反倒是不盲目从众、坚持独立思考的人能出类拔萃，获得成功。

正确的态度是抛弃从众思维，养成独立思考的习惯，形成自己的观点。

6. 局限性思维定势

站在不同的角度进行思维会得到不同的结论。人的思维是还原于周围环境的，所以人的思维有局限性。但问题的关键在于，我们的思维如果只着眼于事物的一部分，就会错失了重要的全貌或本质。思维局限性让人只见树木不见森林，只见石头不见高山，只见静止不见变化，孤立地、片面地、静止地看问题，没有全局观念和变化观念，会让人变成一个狭隘的形而上学主义者。盲人摸象就是典型的局限性思维。

每个人的经验、周围的环境、读过的书、接触过的人都在限制我们的思维，我们的思维很难突破这个圈子。这样，随着我们的经验越来越多，思维就受到了越来越大的局限性。那么，必须突破思维的局限性，全面地分析问题。一旦思维突破了局限

视频2-6

性，就会有了创意。

7. 循规蹈矩式思维定势

循规蹈矩式思维的本质是思考不足，就是对既定成规或上司的指示机械地执行，循规蹈矩，不愿开动脑筋，就像被驯化的动物，丧失了独立思考和生存的能力。

循规蹈矩式思维在日常工作中表现为凡事拘谨而保守，每天只知埋头工作、学习，缺乏生活情调，缺少朋友，心理症状表现为焦虑、畏难、心慌、心跳、失眠，常常感到力不从心，注意力不集中。

既定成规不见得就是对的，要敢于怀疑、挑战和反叛。很多诺贝尔奖得主的身上有很多相似的地方，他们都强调好奇心，强调打破陈规的思维方式，不迷信权威，也不让自己的学生迷信自己。爱因斯坦非常重视培养青少年勤于思考的习惯，曾经说："学习知识要善于思考、思考、再思考，我就是靠这个方法成为科学家的。"乔布斯给年轻人的62个人生忠告中很重要的一条是——35岁前不要循规蹈矩。

然而，在人类历史上，真理在最初发现时常常是与传统水火不容的。文明在于创新，而创新往往就是离经叛道的代名词。思想上的创新尤其如此。

8. 偏执型思维定势

偏执型思维是一种以猜疑和偏执为主要特点的人格障碍。这类人非常多疑敏感，常怀疑别人不怀好意，或责难别人有不良动机，或自以为是、自命不凡；对自己的能力估计过高，惯于把失败和责任归咎于他人，在工作和学习上往往言过其实；同时又很自卑，总是过多过高地要求别人，但从来不信任别人的动机和愿望，认为别人心存不良；不能正确、客观地分析形势，看问题易从个人感情出发，主观片面。

偏执型思维的人有的喜欢钻牛角尖，明知这条道路走不通，非要往前闯，直到碰得头破血流才罢休，不知道及时转弯。他们喜欢跟别人唱对台戏，人家说东他偏往西，好赌气，费了好大力气，走了许多弯路还不愿回头。

【案例2-7】老鼠钻牛角尖

老鼠钻到牛角尖里去了。它跑不出来，却还拼命往里钻。

牛角对它说："朋友，请退出去，你越往里钻，路越窄了。"

老鼠生气地说："哼！我是百折不回的英雄，只会前进，决不后退！"

牛角说："可是你的路走错了啊！"

"谢谢你。"老鼠还是坚持自己的意见，"我一生从来就是钻洞过日子的，怎么会错呢？"

不久，这位"英雄"便活活闷死在牛角尖里了。

钻牛角尖的结果不只是死路一条。正确的做法是："进退有度地钻牛角尖"。

9. 直线型思维定势

【案例2-8】谁先跳

如果三个科学家乘坐一只热气球，一位是粮食科学家，他能解决未来世界100亿人口吃饭的问题；一位是核物理学家，他能解决核污染问题；第三位是环境科学家，他能解决全球生态平衡、人与自然和谐共存的问题。

非常不幸，热气球出了故障，必须有一位科学家跳下去，才能使另外两位科学家的生命得救。谁先跳？

如果我们按照常规直线型思维方式来考虑这个问题，我们的答案是：对人类贡献小的科学家先跳。正确答案是一个九岁的小孩子给出的：最胖的那个科学家先跳。

直线型思维是指一种单维的、定向的、视野局限、思路狭窄、缺乏辩证性的思维方式，但同时也被认为是以最简洁的思维历程和最短的思维距离直达事物内部最深层次的一种思考方式。

由于在解决简单问题时人们只需考虑一就是一、二就是二，或因为$A=B$、$B=C$，所以得出结论$A=C$，这样直线型的思考方式就可以奏效，往往在解决复杂问题时仍用简单的非此即彼或者按顺序排列的直线的方式去思考问题。在学习时，虽然也遇到过稍微复杂的数学问题、物理问题，但多数情况下是把类似的例题拿来照搬。对待需要认真分析、全面考虑的社会问题、历史问题或文学艺术方面的问题，经常是死记硬背现成的答案。久而久之，就形成了直线型思维定势。

第四节　思维定势的突破

从上一节的分析可以看出，以固定的模式分析和处理信息是大脑运作的自然状态，这种运作在处理日常事务时给人们带来很多便利，为此，我们并不需要时时、事事打破思维定势，只有在我们尝试了主要的常规思维不能解决当前问题时，才会想到要突破思维定势。

一、利用突破性思维，突破思维定势

用于突破思维定势的方法有很多，其中，爱德华·德·波诺博士提出的水平思维（lateral thinking）、由美国纳德拉教授和日本日比野省三教授提出的突破性思维（breakthrough thinking）都是非常有效的方法。

突破性思维的过程可以用"先展开、后整合"来形容。"先展开"即首先将解决问题要达成的目的展开，不断地思考"解决这一问题的目的是什么""这一目的背后的目的是什么"……不断进行这种深入的挖掘，直到找出远超过现有问题的直接目的背后的目的为止。"后整合"即从展开的最深、最大目的开始收敛，逐步确定在现实情境下首先能够达到的目标。这种思维模式既避免了"就问题论问题"的单因素思维的局限性，使问题的解决与整体的、长远的目标联系在一起，又不是只停留在远大的、但目前还一时难以达到的理想中，而是回到现实，一步一个脚印地向理想趋近。同时，这一过程将发散思维与收敛思维结合起来加以运用，取众家之长。

突破性思维提供了打破思维定势的七个原则。

1. 独特性原则

人们在解决问题过程中倾向于使用过去曾经成功的方法。过去的成功经验是一笔宝贵的财富，往往能使人们迅速解决新遇到的问题。但进入信息社会后，事物的复杂性和变化性表现得越来越突出，那种在稳态社会中运用有效的方法开始频频失效。独特性原则表明，任何问题都有其独特性。具体而言就是，问题与问题之间虽有相似之处，但并不是简单的重复，而是向更高、更深、更复杂的方向演变，因此，任何解决问题的方法都不是放之四海而皆准的，在寻求问题解决方案时，不能过分依赖过去的经验，而是要把其当成一个新问题、一个没有遇到过的问题来对待，这样就不会犯想当然的错误。

实施独特性原则的关键是在解决问题时要确定其所在的时间和空间，以及问题的主角是谁，谁是受影响最大者，问题产生于什么地方和什么时间。同时，在思考解决方案时则要考虑到，该方案随着时间和地点的变迁，其影响会有什么改变。

2. 展开目的原则

该原则就是对目的进行深入思考。最初的目的只是起因，如果仅仅看到起因就会陷入短视的困境中，甚至所用的解决方案会导致日后更为严重的后果。只有展开目的背后的目的，才有利于人们开阔思路，从整体上思考问题。

3. 追求"应有状态"的原则

寻找解决问题的方案是为了达到为事物设定的"应有状态"。对应于不同层级、不同时间框架下的目的，一个事物的"应有状态"是不一样的，所以"应有状态"是一个系列，是一个不断发展的过程。由于问题的"应有状态"与解决问题的目的有密切关系，所以"应有状态"始终聚焦于问题的主要方面，而不在枝节问题上打转。它不是几个人聚在一起讨论有哪些可能的意外，以及找到防止其发生的对策，也不是防止那些可能性很小的意外发生，而是集中注意力于应有的状态，追求更好的目标。

"应有状态"的建立一方面是冷静的理性思维的结果，另一方面也是创造性与人生价值相结合的产物，它鼓励人们展开想象，去捕捉心灵深处能够让自己激动不已的梦想世界，它承认人们有追求完美的权利，并为此激发出巨大的创造力。

4. 系统性原则

系统性原则即系统思维，主要表现为能以整体的、动态的眼光分析与洞察事物之间的互动关系，以及这种互动所导致的发展变化趋势与特征。系统思维在处理动态性复杂系统时最为有效。当遭遇如下现象时，就意味着所面对的正是动态性复杂系统，只有用系统思维才能抓住问题的本质：

① 相同的行动在短期和长期有截然不同的结果；
② 同样的行动在系统的一部分引起的效果与其在另一部分引起的效果大相径庭；
③ 看似明显正确的对策却产生了不合理的后果。

5. 收集必要信息原则

该原则是指当遇到问题时，要将注意力集中在对有关上述各种原则的信息的收集上。在当前"信息爆炸"的时代，被过多信息包围对寻求问题解决方案并不是好事。

不加区分地收集信息，不但是人力、物力与财力的浪费，而且思维容易被其所限制，不利于创造性地解决问题。

在实施收集必要信息原则时，要始终围绕下面几点展开：在认识问题时，是否被面面俱到的"完美主义"所束缚？为何种目的收集信息？是否将时间浪费在收集所有事实上？是否只收集解决问题所必需的信息？

6. 参与介入原则

该原则强调，在解决问题过程中，不要只是几个上层人物闭门造车，而是要尽可能多的人参与进来。这样做的目的是发挥大部分人的智慧和积极性，使所形成的方案更加全面、有效。同时，人们通过参与能更好地理解方案，从而在方案确定后更好地执行它。

研究表明，人们对自己参与制定的东西，会更自觉、更主动地执行。参与让参与者更容易形成共同的目标意识，达成良性的沟通，并激发其创造力，使团体协作变得更容易、更有效。

7. 继续变革原则

世界处在无止境的发展过程中，原来的新事物会变成旧事物，原来的成功方案也会变得不再有效。因此，在实施解决方案时，就要想到其时效性，并准备好变革和改良方案的计划，在为现有目标行动时，就要策划将来目标及其实施方案。具体而言，人们创造的所有价值迟早都会失去其意义，甚至走向其初衷的反面；其次，现有的方案仅仅是实现"应有状态"的一个步骤、一个环节，随后还应有一个接一个、更深入、更完美的"应有状态"及其实现方案。

【思考与练习2-4】

根据下列关于鞋子的论述，你能得出什么新想法？你觉得哪些论述更有创造性？

- 鞋子磨损很快
- 鞋子很好吃
- 高跟鞋对脚踝有伤害
- 鞋子应该有自己的声音
- 每个人应该穿一样的鞋子

二、转换思维视角，突破思维定势

视频2-7

思维定势抑制着人们的思考，使人们的创造力难以得到进一步的提高。要提高创造力，就应该突破思维定势，而突破思维定势的关键就是转换思维视角。

人们将思维开始的切入角度称为思维视角。对同一事物以不同的切入角度进行思考，其结果是大相径庭的。就像我们切苹果一样，我们以通常的角度竖着切下去看到的只是几粒籽，而横着切下来我们将看到一个可爱的五角星。

视角指看事物或思考问题的角度、层面、路线或立场。我们应该尽量多地增加头脑中的思维视角，学会从多种角度观察同一个问题。换个位置，换个角度，换个思路，也许我们面前是一番新的天地。转换视角就是把当前或即将到来的事情放在一个更大的或新的参照系中进行思考。更换视角就是更换参照系统，进行换位思考。

【案例2-9】是非对错取决于视角

有两个园丁在菜园里为主人干活。园丁甲看见白菜叶上生了虫，便把虫子捉了踩死。园丁乙看到了，就埋怨他不该踩死虫子。于是，两个园丁便吵了起来。这时，主人带着管家走了过来，责问他俩为什么吵架。

园丁甲说："主人，我看到虫子在吃白菜，就把虫子捉了踩死。我觉得，不踩死虫子，怎么能保护白菜呢？"主人点点头："你说得对，完全对！"

园丁乙说："主人，虫子也是一条生命，它不吃白菜怎么能活下去呢？而园丁甲却把虫子捉了踩死，我要是不阻止他，怎么能保护虫子的生命呢？"主人也点点头："你说得对，完全对！"

站在一旁的管家有些迷惑不解，他悄声地问："主人，根据逻辑学上的道理，要是两种观点发生矛盾的话，其中必有一错，而不可能都是对的。"主人又点点头："你说得对，完全对！"

1. 改变万事顺着想的思路

从古到今，大多数人对问题的思考都是按照常情、常理、常规去想的，或者按照事物发生的时间、空间顺序去想，这就是所谓的万事顺着想。万事顺着想容易找到切入点，解决问题的效率比较高，大家都是这么想的，彼此之间的交流就比较方便。但是在互相竞争的情况下，很难出奇制胜。更重要的是，客观事物本身并不是那么简单的，而是很复杂的、千变万化的，顺着想不可能完全揭示事物内部的矛盾，发现客观规律。

（1）变顺着想为倒着想

在顺着想不能很好地解决问题时，倒着想是一种新的选择。

【案例2-10】怎样给网球充气

网球与足球、篮球不一样，足球、篮球有打气孔，可以用打气针头充气。网球没有打气孔，漏气后球就软了、瘪了。如何给瘪了的网球充气呢？专业人士首先分析了网球为什么会漏气？气从哪里漏到哪里？我们知道，网球内部气体压强高，外部大气压强低，气体就会从压强高的地方往压强低的地方扩散，也就是从网球内部往外部漏气，最后网球内外压强一致了，就没有足够的弹性了。怎么让球内压强增加呢？采用逆向思维，专业人士考虑让气体从球外往球内扩散。怎么做呢？那就是把软了的网球放进一个钢筒中，往钢筒内打气，使钢筒内气体的压强远远大于网球内部的压强，这时高压钢筒内的气体就会往网球内"漏气"，经过一段时间，网球便会硬起来了。让气体从外向里漏的逆向思维让没有打气孔的网球同样可以实现充气。很显然，通过逆向思维，把不可能变为了可能。

（2）从事物的对立面出发去想

遇到问题时可以直接跳到事物中矛盾一方的对立面去想。因为对立的双方既对立又统一，改变这一方不行，改变另一方则可能有助于问题的解决。

【案例2-11】熊田长吉改进锅炉

日本科学家熊田长吉在从事锅炉改造研究工作中，开始时主要考虑怎样在炉内加热，但热效率总是提高不了。后来他想到，冷和热是对立的，不能只考虑热的方面，不考虑冷的方面，只加热水管，热水就上升，但没有考虑冷水的下降，冷热水循环不畅，热效率当然不高。他又进一步试验，把原来的许多热水管加粗，在粗管内再安装一根使冷水下降的细管。这样，粗管里的热水上升，细管里的冷水下降，水流和蒸汽的循环加快，热效率果然提高了。按照他的设计生产的锅炉，在实际使用时，热效率提高了10%。

（3）思考者改变自己的位置

改变思考者自己的位置，从另外角度看问题，这就是换位思考或易位思考。如果你是思考社会问题，你可以把自己换到其他人的位置上，特别是应当换到你考察的对象的位置上；如果你研究的是科学技术问题，你可以更换观察的位置，从前后、左右、上下等各个方向去分析问题。伟大的发明家爱迪生在研究了6 000多种不适合做灯丝的材料后，有人问他：你已经失败了6 000多次，还继续研究有什么用？爱迪生说，我从来都没有失败过，相反，我发现了6 000多种不适合做灯丝的材料。换一个角度思考，问题就截然不同了。

2. 转换问题获得新视角

虽然我们遇到的问题是多种多样的，但彼此之间有相通的地方。对于难以解决的问题，与其死盯住不放，不如把问题转变一下，如把几何问题转换为代数问题，把物理问题转换为数学问题。

（1）把复杂问题转化为简单问题

一些人的思考方式是凡事总爱往复杂的地方想，认为解决问题的方式越复杂就越好，以致钻进牛角尖里出不来。事实上，学会把问题简单化才是一种大智慧。有句话说得好，聪明人可以把复杂的问题越搞越简单，不聪明的人可以把简单的问题越搞越复杂。也可以说，把复杂的问题简单化是大智慧，把简单的问题复杂化是添麻烦。曹冲称象的故事中，曹冲之所以能够把称大象这么一个复杂的困难问题变得简便易行，关键是他把"称大象"这一复杂问题变成了"称石头"这一简单问题。

（2）把生疏的问题转换成熟悉的问题

对于从未接触过的生疏的问题，可能一时无法下手，找不到切入点，但不要望而却步，试着把它转换成自己熟悉的问题，可能就会有新的视角，也许还会有出色的成果诞生。

【案例2-12】钢筋混凝土的发明

19世纪末，法国园艺学家莫尼哀想设计一种牢固坚实的花坛，可是，他只熟悉园艺，对于建筑结构和建筑材料一窍不通。经过思考，他发挥了自己的特长：他对植物结构再熟悉不过了。他把花坛的构造转换成植物的根系进行思考，植物根系是盘根错节的，牢牢地和土壤结合在一起，非常结实。于是他把土壤转换为水泥，把根系转换为一根一根的钢筋，并用水泥包住钢筋，就制成了新型的花坛。这样，不仅花坛造出来了，而且，建筑史上具有划时代意义的新型建筑材料——钢筋混凝土，也由这个建筑业的门外汉发明出来了。

钢筋混凝土的问世引起了建筑材料的一场革命。然而，令人惊奇的是，发明钢筋混凝土的既不是建筑业的科学家，也不是著名的材料学家，而是一个和建筑不搭界的园艺师。

（3）把不能办到的事情转化为可以办到的事情

世间有些事情是能够办到的，有些是难以办到的，有些根本就是不能办到的。但是，不能办到的就不能转换成能够办到的吗？如果能够，我们就多了一种新的观察和解决问题的视角。

【案例2-13】我能抽烟吗？

有两个基督徒都喜欢吸烟。有一天，他们一起去向牧师询问在祈祷的时候能不能吸烟。第一个基督徒见到牧师之后，问道："在祈祷的时候能吸烟吗？"牧师生气地告诉他："不可以！那是对上帝的不敬。"这个基督徒很遗憾地退了下去。

第二个基督徒走上前问道："在吸烟的时候能不能做祷告？"牧师高兴地说："当然可以！吸烟的时候都不忘做祷告，可见你很虔诚。"

3. 把直接变为间接

在解决比较复杂、比较困难的问题时，直接解决往往遇到极大的阻力，这时就需要扩展视角，或退一步来考虑，或采取迂回路线，或先来设置一个相对简单的问题作为铺垫，为最终实现原来的目标创造条件。

（1）先退后进

这在军事上是很重要的一个策略。在解决其他方面的问题时，如果遇到了困难，暂时退一步，等待时机，就可能使情况朝着有利的方向转化。这时再前进，问题的解决可能就要容易得多。退绝不是逃避，而是积极地转移，是以最小的代价取得最大成果的手段。

（2）迂回前进

迂回前进是指我们解决问题遇到难以逾越的障碍时，用直接的方法得不到解决，就必须相应地采取迂回的方法，设法避开障碍，取得成功。

创意思考有时带有一定的模糊性，一下子就能将事物看穿的情况并不多见。这就要求我们一方面要保持解决问题的毅力和耐心；另一方面在必要时采取另辟蹊径、转而进取，甚至以退为进的方式，使难题迎刃而解。如爬坡时 Z 字形走法就是典型的迂回前进。

（3）先做铺垫，创造条件

在面对一个不易解决的问题时，有时要先设置一个新的问题作为铺垫，为解决问题创造条件。这也是采取变直接为间接的新视角。

第三章 逻辑与批判性思维

知识不是单方面靠老师向学生传授，提供知识并不是教育的根本目的。获得探索方法，培养思维能力，具有创造性和批判性精神，才是教育所要追求的目标。

——［法］弗雷内

灰姑娘的故事可以这样教

老师先请一个学生上台给同学讲一讲灰姑娘的故事。这个学生很快讲完了，老师对他表示了感谢，然后开始向全班提问。

老师：你们喜欢故事里面的哪一个人？不喜欢哪一个人？为什么？

学生：喜欢辛德瑞拉（灰姑娘），还有王子，不喜欢她的后妈和后妈带来的姐姐。辛德瑞拉善良、可爱、漂亮。后妈和姐姐对辛德瑞拉不好。

老师：如果在午夜12点的时候，辛德瑞拉没有来得及跳上她的南瓜马车，你们想一想，可能会出现什么情况？

学生：辛德瑞拉会变成原来脏脏的样子，穿着破旧的衣服。哎呀，那就惨啦。

老师：所以，你们一定要做一个守时的人，不然就可能给自己带来麻烦。

……

老师：孩子们，下一个问题，辛德瑞拉的后妈不让她去参加王子的舞会，甚至把门锁起来，她为什么能够去，而且成为舞会上最美丽的姑娘呢？

学生：因为有仙女帮助她，给她漂亮的衣服，还把南瓜变成马车，把狗和老鼠变成仆人。

老师：对，你们说得很好！想一想，如果辛德瑞拉没有得到仙女的帮助，她是不可能去参加舞会的，是不是？

学生：是的！

老师：如果狗、老鼠都不愿意帮助她，她可能在最后的时刻成功地跑回家吗？

学生：不会，那样她就可以成功地吓到王子了。（全班大笑）

老师：虽然辛德瑞拉有仙女帮助她，但是，光有仙女的帮助还不够。所以，孩子们，无论走到哪里，我们都是需要朋友的。

下面，请你们想一想，如果辛德瑞拉因为后妈不愿意她参加舞会就放弃了机会，她可能成为王子的新娘吗？

学生：不会！那样的话，她就不会到舞会上，不会被王子遇到、认识和爱上她了。

老师：最后一个问题，这个故事有什么不合理的地方？

学生：（过了好一会儿）午夜12点以后所有的东西都要变回原样，可是，辛德瑞拉的水晶鞋没有变回去。

老师：天哪，你们太棒了！你们看，就是伟大的作家也有出错的时候，所以，出错不是什么可怕的事情。我担保，如果你们当中谁将来要当作家，一定比这个作家更棒！你们相信吗？

孩子们欢呼雀跃。很棒的老师！

从全新的角度讲解传统的灰姑娘故事，能够启发学生独立思考、主动思考，培养学生批判性聆听、批判性思维、批判性阅读的能力。

第一节　逻辑思维

一、逻辑思维的定义

通过逻辑（把意识按照顺序进行排列）进行思考就叫作逻辑思维。

逻辑思维是人们在认识过程中借助于概念、判断、推理等思维形式能动地反映客观现实的理性认识过程，又称理论思维。它是作为对认识的思维及其结构和起作用的规律进行分析而产生和发展起来的。只有经过逻辑思维，人们才能达到对具体对象本质规律的把握，进而认识客观世界。它是人类认识的高级阶段，即理性认识阶段。

逻辑思维同形象思维不同，它以抽象为特征，通过对感性材料的分析思考，撇开事物的具体形象和个别属性，揭示物质的本质特征，形成概念，并运用概念进行判断和推理来概括地、间接地反映现实。社会实践是逻辑思维形成和发展的基础，社会实践的需要决定人们从哪个方面来把握事物的本质、确定逻辑思维的任务和方向。实践的发展也使逻辑思维逐步深化和发展。逻辑思维是人脑对客观事物间接概括的反映，它凭借科学的抽象揭示事物的本质，具有自觉性、过程性、间接性和必然性的特点。逻辑思维的基本形式是概念、判断、推理。逻辑思维方法主要有归纳和演绎、分析和综合及从抽象上升到具体等。

逻辑思维也称抽象思维，是思维的一种高级形式。其特点是以抽象的概念、判断和推理作为思维的基本形式，以分析、综合、比较、抽象、概括和具体化作为思维的基本过程，从而揭露事物的本质特征和规律性联系。抽象思维既不同于以动作为支柱的动作思维，又不同于以表象为凭借的形象思维，它已摆脱了对感性材料的依赖。抽象思维一般有经验型与理论型两种类型。前者是在实践活动的基础上，以实际经验为依据形成概念，进行判断和推理，如工人、农民运用生产经验解决生产中的问题，多属于这种类型；后者是以理论为依据，运用科学的概念、原理、定律、公式等进行判断和推理，科学家和理论工作者的思维多属于这种类型。经验型的思维由于常常局限于狭隘的经验，因而其抽象水平较低。其实逻辑思维也是训练随机应变、快速反应的一种方法。

二、逻辑思维的内涵

逻辑思维是人们在认识过程中借助于概念、判断、推理反映现实的过程。它与形象思维不同，是用科学的抽象概念、范畴揭示事物的本质，表达认识现实的结果。

逻辑思维要遵循逻辑规律，主要是形式逻辑的同一律、矛盾律、排中律，辩证逻辑的对立统一、质量互变、否定之否定等规律，违背这些规律，思维就会发生偷换概念、偷换论题、自相矛盾、形而上学等逻辑错误，认识就是混乱和错误的。逻辑思维是分析性的，按部就班的。做逻辑思维时，每一步必须准确无误，否则无法得出正确的结论。我们所说的逻辑思维主要指遵循传统形式逻辑规则的思维方式，常称它为抽象思维或"闭上眼睛的思维"。

在逻辑思维中使用"否定"来堵死某些途径。如果说，逻辑思维是在深挖一个洞，"否定"就是为了把洞挖得更深的工具。

逻辑思维是人脑的一种理性活动，思维主体把感性认识阶段获得的对于事物认识的信息材料抽象成概念，运用概念进行判断，并按一定逻辑关系进行推理，从而产生新的认识。逻辑思维具有规范、严密、确定和可重复的特点。

三、逻辑思维的素养

逻辑思维的素养与逻辑学基础知识相关。但掌握逻辑知识不等于自然地具有逻辑素养。一般来说，在逻辑素养的构成中，相关的知识不是以知识形态存在，而是以直觉形态存在的。人作为一种理性动物，天生就会逻辑思维。对于未受过专门训练的普通人来说，有些逻辑知识无师自通，属于强直觉，有些是弱直觉，有些有待于转化为直觉。掌握知识，需要学习；把知识转化为直觉，需要训练。逻辑更需要的是训练而不是记忆。通过学习和训练，掌握相关知识，把知识转化为直觉，把较弱的直觉思维转化为较强的直觉思维，这就是提高逻辑素养的含义，也是培养逻辑思维的主旨。

【案例3-1】Puzzles和"脑筋急转弯"

有一种趣题，在国外被称为Puzzles（智力趣题）。还有一种趣题，在国内被称为"脑筋急转弯"。

这是两种不同类型的趣题。Puzzles训练与测试批判性思维能力。设计精致的Puzzles是提高逻辑思维素养不可多得的训练素材。"脑筋急转弯"从某种角度看也许有利于启发思维的灵活性与想象力，但它在本质上不会测试逻辑思维能力。有些"脑筋急转弯"的趣味效应，恰恰建立在思考者的逻辑含混与疏漏之上，与逻辑思维和批判性思维无关。

【思考与练习3-1】

以下是一道 Puzzles，请思考：

两个淘金者分平坦石板上的一堆金沙，没有任何量具。如何分配，才能使每个人都不觉得吃亏？

思考与练习3-1
参考答案

第二节　逻辑思维方法

逻辑思维方法是一个整体，它是由一系列既相互区别又相互联系的方法组成的，主要包括：演绎推理法、归纳推理法、实验法、比较研究法、证伪法、分析和综合法、从具体到抽象和从抽象上升到具体的方法、逻辑和历史统一的方法等。

一、逻辑思维方法分类

1. 演绎推理法

演绎推理就是由一般性前提到个别性结论的推理。按照一定的目标，运用演绎推理的思维方法，取得新颖性结论的过程，就是演绎推理法。例如，一切化学元素在一定条件下发生化学反应。惰性气体是化学元素，所以，惰性气体在一定条件下确实能够发生化学反应。这里运用的就是演绎推理方法。

演绎推理的主要形式是三段论法。三段论法就是从两个判断中进而得出第三个判断的一种推理方法。上面的例子就包含着三个判断。第一个判断是"一切化学元素都在一定条件下发生化学反应"，提供了一般的原理原则，叫作三段论式的大前提；第二个判断是"惰性气体是化学元素"，指出了一种特殊情况，叫作小前提；联合这两种判断，说明一般原则和特殊情况间的联系，因而得出第三个判断，"惰性气体在一定条件下确定能够发生化学反应"，即为结论。

只要作为前提的判断是正确的，中间的推理形式是合乎逻辑规则的，那么，必然能够推出"隐藏"在前提中的知识，这种知识尽管没有超出前提的范围，但毕竟从后台走到了前台，对我们来说，往往也是新的，而且由于我们常常是为了某种实际需要才做这种推理，其结论很可能具有应用价值。这样演绎推理的结论就可能既具有新颖性，又具有实用性。

2. 归纳推理法

（1）完全归纳推理

从一般性较小的知识推出一般性较大的知识的推理，就是归纳推理。在许多情况下，运用归纳推理可以得到新的知识。按照一定的目标，运用归纳推理的思维方法，取得新颖性结果的过程，就是归纳推理法。

（2）简单枚举归纳推理

简单枚举归纳推理是列举某类事物中一部分对象的情况，根据没有遇到矛盾的情况，便做出关于这一类事物的一般性结论的推理。

例如，花开的时间、天鹅的颜色。虽然其结论是或然的，但不一定是错误的，有的正确，也就可以提供新的知识。在其结论的基础上，可以继续研究。如果证明是正确的，就得到了新的知识；即使证明了是错误的，也从另一方面给了我们新的收获。

（3）科学归纳推理

科学归纳推理是列举某类事物一部分的情况，并分析出制约此情况的原因，以此结果为根据，从而总结出这类事物的一般性结论的推理方法。

演绎法和归纳法是人们对客观现实的两种对立的认识方法的总结。两者既是对立的，又是统一的，缺少任何一面都无法认识真理。演绎法和归纳法，看上去是相反的两种方法，实际上在人们的认识过程中，两者是辩证的统一，没有归纳就没有演绎，因为演绎的出发点正是归纳的结果，演绎必须以可靠的归纳为基础。没有演绎同样也没有归纳，因为归纳总是在一般原理、原则或某种假说、猜想的指导下进行的。

弗兰西斯·培根在《新工具》书中也写道："我们不能像蚂蚁，单只收集，也不可像蜘蛛，只从肚子中抽丝，而应像蜜蜂，既采集又整理，这样才能酿出香甜的蜂蜜。"培根强调的"既采集又整理"，指的就是要善于运用归纳和演绎的科学思维方法。

3. 实验法

实验是为了某一目的，人为地安排现象发生的过程，以此为依据研究自然规律的实践活动。实验的特点是必须能重复，能够在相同条件下重复地做同一个实验，并产生相同的结果，这是一个实验成功的标志。不能重复的实验就不是成功的实验，其结果就没有可信度，不能作为科学依据，这是符合逻辑思维原理的。

实验法研究的优点有很多：实验能够纯化研究对象；能够人为地再现自然现象；可改变现象的自然状态；可以加速或延缓对象的变化速度；可以节约费用，减少损失。

4. 比较研究法

比较研究法，简称比较，是通过两个或两个以上对象的异同来获得新知识的方法。在比较研究中，主要起作用的还是逻辑思维中的演绎推理、归纳推理和类比推理，所以，比较研究是运用逻辑思维进行创新的一种方法。

比较可以有很多种类，如空间上的比较（横向比较）、时间上的比较（纵向比较）、直接比较、间接比较等。

通过比较，人们可以鉴定真伪，区分优劣；明察秋毫，解决难题；确定未知，发现新知；取长补短，综合改进；追踪索骥，建立序列。

5. 证伪法

根据形式逻辑中的矛盾律，在同一时间、同一关系上，不能对同一对象做出不同的断定。用一个公式来表示就是：A不能在同一时间、同一关系上是B又不是B。根据形式逻辑中的排中律，在同一时间、同一关系上，对同一事物两个相互矛盾的论断必须做出明确的选择，必须肯定其中的一个。用一个公式来表示就是：A或者是B，或者不是B，二者必居其一，不可能有第三种选择。

根据以上两个规律，运用逻辑思维方法，可以在证明一个结论是错误的同时，证明另一个结论是正确的。用这种方法来取得正确答案的方法就是反证法，或称证伪法。证伪法在许多情况下可以帮助我们解决疑难问题，取得创新结果。例如，纸上写的是谁的名字的问题。

6. 分析和综合法

分析是把事物分解为各个属性、部分和方面，对它们分别研究和表述的思维方法。综合是把分解开来的各个属性、部分和方面再综合起来进行研究和表述的思维方法。在毕业论文写作的过程中，无论研究和表述论点，还是研究和表述分论点，都时常运用分析和综合的方法。例如，毛泽东的《中国社会各阶级的分析》一文，开头先提出问题，革命的首要问题是分辨敌、我、友问题；中间，逐个分析组成中国社会整体的各个阶级；结尾，综合以上分析，解决问题，回答开头提出的中国革命的敌、我、友问题。

思考与练习3-2
参考答案

【思考与练习3-2】

如图3-1所示，有10个不同的字母，代表0—9这10个不同的数字，已知D=5，那么其余字母各代表什么数字？

DQNALD

+ GERALD

―――――――

RQBERT

图3-1　10个不同字母的组合

7. 从具体到抽象和从抽象上升到具体的方法

从具体到抽象，是从社会经济现象的具体表象出发，经过分析和研究，形成抽象的概念和范畴的思维方法。从抽象上升到具体，是按照从抽象范畴到具体范畴的顺序，把社会经济关系的总体从理论上具体再现出来的思维方法。在毕业论文的写作过程中，从总体上说，也要运用从具体到抽象和从抽象上升到具体的方法，即在搜集整理资料的基础上，经过分析研究，找出论点论据，在头脑中大体形成论文的体系，然后按照从抽象上升到具体的顺序，一部分一部分地把论文写出来。当然，也有的论文不一定采取此种方法。

8. 逻辑和历史统一的方法

从抽象上升到具体的方法就是逻辑的方法。所谓历史的方法，就是按照事物发展的历史进程来表述的方法。逻辑的发展过程是历史的发展过程在理论上的再现。不过，一篇论文从总体上运用逻辑和历史统一的方法，是不多见的，在经济学专著和教科书中往往在总体上运用这种方法。

二、逻辑思维方法与创新

自1912年西方经济学家熊彼特在经济学领域规定，创新是把一种从未有过的关于生产要素和生产条件的"新组合"引入生产体系以来，创新理论得到了持续丰富和发展，其应用也已从生产领域延展到社会领域，创新主体也已包括个人、企业、组织乃至国家。创新的本义是指主体创造出前所未有的新事物，指发现和创造新事物、新理论、新方法。创新不仅指技术、组织等层面的创新，还包括创新精神。本质上，创新是自主思考与逻辑论证相结合的过程，逻辑是创新得以实现的基础。在创新的各个阶段，逻辑都发挥着重要的作用，各个领域的创新都必须以具备很强的逻辑思维能力为前提。在创新过程中，逻辑思维为问题的提出、确定、分析及解决方案的验证等方面提供了基础、手段与保证，从思维形式、逻辑思维基本规律和逻辑方法的角度可以清晰展现逻辑思维在创新过程中的作用。

无论在创新的哪个阶段，如果概念意义模糊、似是而非，就会影响恰当判断的形成，进而导致推理的无效，最终就会出现错误的思考、无谓的争论或者不理智的盲从。因此，对于创新所研究问题涉及的关键概念必须要清晰、明确和一致。在此基础上，人们才能进一步做出恰当的判断，进行有效的推理，并对提出的解决问题方案的正确性展开有说服力的论证。此外，在创新过程中对于问题的提出、分析与解决都必然要运用逻辑思维判断做出恰当的描述，也就是要在观察研究的基础上对事物的情况有所断定，从而为推理的运用奠定基础。

推理作为逻辑思维的基本形式之一，它的运用可以促使创新主体深刻认识问题的本质，找到解决问题的方案，并在不断猜想与反驳的过程中逐渐逼近真理。推理在创新过程中发挥的作用主要是利用论据进行有力的逻辑论证，涉及的类型包括演绎推理、归纳推理、类比推理、回溯推理等。

首先，运用演绎推理人们可以解释或预测事实，演绎推理是从已知的一般性前提推出新的个别性结论，即前提蕴含结论。如爱因斯坦建立广义相对论后，推出光线通过太阳边缘的偏转应为1.7弧秒的预测事实，1919年5月，英国科学工作者利用一次日全食的机会通过观测证实了爱因斯坦的这一预言，这对整个物理学的发展产生了极其深远的影响。运用演绎推理还可以对理论进行论证与评价，如牛顿结合公理方法、实验方法与数学方法，运用演绎推理构造出了公理系统。此外，运用演绎推理也可以发现原有理论存在的谬误，为提出新问题奠定基础，如伽利略自由落体定律的提出，就是运用演绎推理发现了亚里士多德自由落体定律自相矛盾的问题所在，在此基础上他提出了自己的假说。

其次，归纳推理是从个别现象中推出一般性前提的结论，即其结论超出了前提的范围，它是对原有知识的创新与发展，对于科学理论的发现和检验起重要作用。例如，能量守恒定律的提出运用的就是归纳推理，从18世纪末到20世纪40年代，6个国家的十几位科学家分别从化学、医学、物理学等不同角度提出了能量守恒观点，揭示了力、热、电、化学等各种运动间的统一性，这条重要定律使得物理学最终融为一体。然而，由于归纳推理的结论是或然的，所以运用时要尽量提高结论的可靠性程度，如对于简单枚举归纳推理要做到前提数量尽可能多、范围尽可能广，而对于科学归纳推理则要尽可能揭示现象背后的真正原因。

再次，类比推理本质上是通过比较事物进而形成新的知识，它可以激发研究者的想象力，开阔其研究思路，在形成和提出假说时起重要作用，是人们认识世界、改造世界、进行创新的重要思维形式。在科学史上很多科学发现都源于类比，这样的例子不胜枚举。如欧姆把电流的传导与傅立叶的热传导定理相类比，提出了欧姆定律；惠更斯观察声音和光的传播，类比后发现二者都具有直线传播、反射性、折射性、干扰性等属性，除此之外声音还有波动性传播的特点，由此，惠更斯推断光也具有波动性传播的特点，提出了光的波动说；达韦纳在研究炭疽病的过程中类比了巴斯德关于发酵现象的研究成果，最终解释了炭疽病的病因。此外，由于类比推理的结论是或然的，为了提高类比推理结论的可靠性，类比过程中我们要以类比对象具有的本质属性为依据，同时比较的相同属性要尽可能多，这才有利于提高创新的可能性与可靠性。

最后，回溯推理是从结果推测原因的推理，是沿着现象的特征回溯产生此现象的原因的推理，可以看作是一种假说推理法，展现的是某种猜测性推理的程序，这种推理有助于人们突破旧的理论框架，运用新的理论概念。此外，回溯推理的结论也是或然的，相比于演绎推理和归纳推理，回溯推理具有较大的灵活性，是形成和验证假说的重要推理形式之一。如开普勒发现行星运动规律的过程中就运用了回溯推理，开普勒是从第谷的观测资料出发推出关于椭圆形轨道的假设，即从被解释的对象陈述出发回溯到解释性的假设。在创新过程中，尤其是在验证阶段，各种类型推理的正确运用至关重要。

创新活动离不开逻辑思维基本规律的规范与制约。逻辑思维基本规律是关于思维形式的基本规律，是人们在正确运用概念、判断、推理等思维形式过程中起决定性作用的规律，包括同一律、矛盾律和排中律。逻辑思维基本规律是人们正确思维的必要条件，对逻辑思维具有普遍的规范作用。人们在思维过程中，既涉及思维形式和逻辑方法的规则，又涉及逻辑思维的基本规律，二者比较来说，所起的规范和制约作用的范围不同。思维形式和逻辑方法的规则只在局部范围内起作用，逻辑思维基本规律则普遍适用于人们的思维。例如，性质命题推理规则只对性质命题推理有制约作用，并不适用于其他类型的推理；定义、划分等明确概念逻辑方法的逻辑规则也只适用于自身，而逻辑思维基本规律则适用于所有的思维形式。

人们无论是运用概念、做出判断，还是进行推理、论证、创立假说，都要求思维必须保持自身同一、前后一致、论证充分，也就是说，必须使思维具有同一性、一贯性和明确性，最终才能保证思维的确定性。为了避免语言和思维本身陷入混乱和困境，也为了使理性的交流能够顺利进行，人们必须遵守逻辑思维基本规律。

需要说明的是，虽然我们是从思维形式、逻辑思维基本规律和逻辑方法角度分别展现了逻辑在创新过程中的作用，但在实际创新过程中，概念、判断和推理等思维形式、逻辑思维基本规律及各种逻辑方法的运用不是孤立的，而是相互交织共同起作用的。此外，创新活动是逻辑思维与非逻辑思维的综合运用，我们在创新过程中要恰当处理好二者之间的关系。但总体上，逻辑思维是创新思维的基础，创新离不开逻辑思维的运用。

【思考与练习3-3】

在8个同样大小的杯中有7杯盛的是凉开水，1杯盛的是白糖水。你能否只尝3次，就找出盛白糖水的杯子来？

思考与练习3-3
参考答案

第三节　批判性思维

一、批判性思维的由来

批判性思维最初是由德国法兰克福哲学学派提出与倡导的一种思维方式和教育价值观。从20世纪60年代开始，西方教育界兴起了一场大范围内的研究批判性思维的思潮，它提倡在大、中、小学的课程大纲中都开设有关批判性思维的课程，以锻炼、强化学生的批判性思维能力和精神，并将其作为一项重要的教学培养目标。1990—1992年，美国哲学协会（American Philosophy Association，APA）在Facione的指导下发起了Delphi研究。1995—1998年，来自巴西、加拿大、英国、冰岛、日本、韩国、荷兰、泰国等8个国家和美国的23个州的专家进行了5轮的Delphi法研究，研究结论表明批判性思维的关键概念包括两个部分：认知技能（智力技能）与情感倾向（批判精神）。认知技能包括分析、逻辑推理、解释或说明、归纳、演绎、评价、自我调控等，它可以体现在以下方面：抓住事物的中心思想和议题；判断证据的准确性和可靠性；判断推理的质量和逻辑的一致性；识别出那些明确或隐含的偏见、立场、意图、假设及观点；评价价值和意义；预测可能的后果；等等。情感倾向则体现为：习惯性质疑；知识渊博、思想开明；推理可信、善于反思；具有创造性；善于联想；寻求相关信息时勤奋努力；选择标准时合理；做出判断时谨慎、能反复考虑、有序处理复杂问题；在评价时观点客观、公正地寻求结果时不轻易放弃；等等。

扩展阅读3-1
典型的批判性
思维模型

二、批判性思维的含义

批判性思维也称为批判思考或批判性思考，是critical thinking的直译。Critical thinking在英语中指那种怀疑的、辨析的、推断的、严格的、机智的、敏捷的日常思维，审慎地运用推理去判定一个断言是否为真。当我们在判断某个创意好不好的时候，我们就在进行批判性思维。

批判性思维不是指断言的真假本身，不是否定性思维，而是指对我们面临的断言进行评估。由于思想决定行动，我们如何评判自己的思想和观念往往就决定了我们的行动是否明智。在现代社会，批判性思维被普遍确立为教育、特别是高等教育的目标之一。

三、批判性思维的三个基本要素

构成批判性思维的基本要素是断言、论题和论证。识别、分析和评价这些构成要素是批判性思维的关键。

1. 断言

从理解论证的角度考虑，我们把有真假可言的语句称为陈述，对陈述的断定称为断言。断言是口头或书面交际中传递出来的信息、表达的意见或者信念。比如："黑妹牙膏具有美白牙齿的作用""上海是全国人口最多的城市"，等等。这样的表述是真是假，就要通过批判性思维来进行检查和评估。批判性思维的关键就是检查和评估断言及各断言之间的关系。

2. 论题

当我们探究断言的真假时，我们就提出了一个论题，解决论题就是对断言的真假做出回答。在实际的情况中，重要并且困难的是准确识别什么断言是有问题的，即论题到底是什么。也就是说，当对一个断言进行批判性思维的时候，我们称之为面临一个问题或出现一个论题。

3. 论证

根据理由进行的推理活动，我们称之为论证。所以，论证是批判性思维中的重要组成部分。批判性思维考察一个信念的合理性，首先要看它是否有理由，然后再来分析和判定这个理由是否充分，能否支持信念和行动。批判性思维的方法和标准，多是围绕分析和评价论证这个中心要素而来的。

通常从三个方面来考察论证：逻辑、辩证和修辞。

从逻辑的角度来考察，论证是否合乎逻辑规范，是否在逻辑的意义上有效。即辨别、抽取、分析理由和结论之间的推理形式，考察它们的一致性等。

从辩证的角度来考察，论证是否考虑到问题的所有方面，是否对这些方面做了公正的、批判的和综合的分析。辩证的思考强调论证是认识过程，所以需要了解事物的各个方面，收集不同的信息，分析证据的质量，考察不同立场的观点，发掘可能的替代解释或推论，确认检验的结果，等等。

从修辞的角度来考察，论证能否有效地说服它的特定对象，是否达到交流的目的，对象是否容易接受，以及是不是它所关注的痛点。论证者需要了解对象的知识、倾向和环境，寻求能说服对象的出发点。

四、批判性思维的操作流程

完成一个批判性思维需要做哪些工作？

一般来说，开展批判性思维活动需要秉持四个原则：

① 发现和质问基础假设；

② 检查事实的准确性和逻辑一致性；

③ 说明背景和具体情况的重要性；

④ 想象和开创替代选择。

除此以外，开展批判性思维还需要掌握一定的技巧，包括：了解讨论的议题、立场；分析论证的结构要素；质询其他依据的假设；澄清关键词的含义；考虑对立的观点；运用合适的例子来支持自己的理由，并以此来论证自己的立场。

这些工作可以详细表述为以下八个步骤：

① 理解主题：理解论证涉及的论题、关键问题、立场和论点；

② 分析论证结构：辨别和分析论证及其结构；

③ 澄清观念意义：澄清观念的意义，定义关键词；

④ 审查理由质量：分析和综合所有可能得到的信息，评估它们的真假或可接受性；

⑤ 评价推理关系：厘清和评价推理关系，审视它们的相关性和充足性；

⑥ 挖掘隐含假设：挖掘和分析隐含的前提、假设、含义和后果；

⑦ 考察替代论证：创造、考察不同的观点、论证和结论，进行竞争、比较、排除；

⑧ 综合以上工作开展论证：综合各方论证的优点，形成一个全面和合适的结论。

五、批判性思维的理智规范

首先，敢于怀疑，保持开放的头脑。政客和广告商都会千方百计地试图说服人们，甚至某些媒体的研究报告也难免有失偏颇。把敢于怀疑纳入个人信条，在亲自验明查实之前，不要随便相信某种真理。运用批判性思维应遵循的基本原则有：校验术语的定义；谨慎地从证据中得出结论；注意对研究证据的选择性解释；不要过分简化；不要过分泛化；将批判性思维运用于生活的各个领域。

怀疑的态度和对证据的渴求，并不仅仅只是在学术界有用，在生活的每个领域中都是有价值的。我们常常听到"研究表明"，也许这些说服是可信的，但问问自己：是谁在进行这些研究？这些从事研究的科学家是中立的吗？他们会不会对某些结论过于偏爱？

其次，运用批判性思维解决生活中遇到的各种问题，应该有如下的思维品质或倾向：

① 求真。对寻找知识抱着真诚和客观的态度。若找出的答案与个人原有的观点不相符，甚至与个人信念背道而驰，或影响自身利益，也在所不惜。

② 开放思想。对不同的意见采取宽容的态度，防范个人偏见的可能。

③ 分析性。能鉴定问题所在，以理由和证据去理解症结和预计后果。

④ 系统性。有组织、有目标地去努力处理问题。

⑤ 自信心。对自己的理性分析能力有把握。

⑥ 求知欲。对知识好奇和热衷，并尝试学习和理解，就算这些知识的实用价值并不直接或明显。

⑦ 认知成熟度。审慎地做出判断，或暂不判断，或修改已有判断。有选择地去接受多种解决问题的方法。

在有以上两个方面的内容为基础后，当我们批判性地思考问题时，会确定问题，检视事实，分析假设，综合考虑其他因素并最终确定支持或反对某个观点的理由。要进行批判性思考，就必须进入一定的心理状态，这种心理状态包括客观、谨慎和挑战他人观点的意愿，这可能是最困难的，即将自己深信不疑的信念置于仔细检视之下的意愿。换而言之，必须像科学家一样思考问题。以下就是我们检查自己所获信息并在这种检查的基础之上进行批判和决策的过程：

① 确定正在研究的问题或者疑问；

② 收集并检视所有可获得的证据；

③ 根据数据提出理论或合理的解释；

④ 分析假设；

⑤ 避免过度简单；

⑥ 谨慎地得出结论；

⑦ 考虑每一个替代解释；

⑧ 认识到研究对时间和环境的适用性。

【思考与练习3-4】

甲和乙进行100 m赛跑。结果，甲领先10 m到达终点。之后，乙再和丙进行100 m赛跑，结果，乙领先10 m取胜。现在甲和丙进行同样的比赛，结果会是怎样呢？

思考与练习3-4
参考答案

第四节　批判性思维与科学创新

批判性思维与科学创新二者之间联系密切，可以说在很大程度上，科学创新和批判性思维之间相互作用，形影不离。

批判性思维对创新具有重要作用。一方面，科学创新离不开批判精神的支持和帮助。在面对旧思想观念和旧技术时，创新者要破旧立新，实现理论突破和技术革新，就必须具有独立思考、敢于怀疑的胆略；具有寻根究底的强烈好奇心和舍我其谁的高度自信心；具有善于批评和自我批评的勇气……这就是典型的批判精神。没有批判精神的话，创新意识就难以孕育成形，创新过程就不能启动并持续下去，创新成果也就不能最终完成。科技史上数以万计的科学创新都离不开创新者的批判精神。另一方面，一个人如果偏见成癖、思想懒惰、唯命是从、人云亦云的话，这个人也就思维僵化，毫无批判性思维可言了，那么无疑将会对创新起阻碍作用。人类社会不断进步和发展离不开科学创新，而科学创新离不开批判性思维。批判性思维，尤其是冲破传统习俗观念的批判性思维，是科学创新的前提。可以认为，没有批判性思维，便没有科学创新。

一、科学创新过程中需要批判性思维

科学创新始于问题的提出，终于问题的解决。英国心理学家澳勒斯提出，科学创新过程包含四个阶段，即准备阶段、酝酿阶段、明朗阶段和验证阶段。

1. 准备阶段

准备阶段的主要工作是发现问题，提出创造性问题，并搜集与问题相关的信息材料，对这些信息材料进行整理和加工。发现问题、提出创造性问题需要思维者具备灵活、敏捷、细致、全面的发现和推理能力，需要思维者用怀疑和批判的眼光去看待已知的观点或论证，对其进行积极主动的思考，去发现理由、解释、推理中的不合理性因素。可见，这里所需要的正是批判性思维。若对他人观点或论证毫不批判地被动接受，没有批判性意识和眼光，发现问题几乎是不可能的。搜集与问题相关的信息材料并对之进行整理加工也需要批判性思维。获取、选择与问题相关的有价值的材料，审查所搜集材料的可靠性、真实性，对它们进行解释、分析等都需要运用批判性思维的方法和技巧。

2. 酝酿和明朗阶段

酝酿阶段的任务是在第一阶段搜集材料、加工整理的基础上，对问题做试探性解决，提出各种试探方案。明朗阶段的工作是提出新的认识成果、新的观念、新的思想。虽然想象力、直觉、灵感、顿悟等方式在这两个阶段起着非常重要的作用，但这两个阶段同样需要批判性思维。对各种可能的试探方案进行评价、比较、分析，并在各种方案中进行优化选择，以促进新思想、新认识的提出，这都离不开批判性思维。设想各种问题解决方案也不能天马行空，需要的是合理想象、具有可能性的想象，这要受到批判性思维方法和原理的制约。

3. 验证阶段

验证阶段的主要任务是对第三阶段得到的初具轮廓的新思想、新认识进行检验和证明。这时，要运用批判性思维中的逻辑原理与方法，检验新成果的论证是否合乎逻辑，检验证明方法是否可行，实验结果在多大程度上会支持新成果，等等。通过检验，可能会修正原来的部分观点，也可能会证伪以致完全抛弃原来的观点，又提出新的问题。对新思想、新认识的检验是一个复杂的批判性思维过程，要根据解决问题具体方案的不同特点提出相应的证明策略。显然，符合形式逻辑规则的论证是最为有效和可靠的论证。

二、批判性思维过程中需要创造性思维

批判性思维的核心任务是构造和判断好的论证。理由、推理和结论是论证的基本要素。批判性思维通常依据如下标准来分析和评价一个论证的好坏：清晰性、准确性、精确性、相关性、重要性、充足性、深度、广度、逻辑、公正性等。寇茨概括出批判性思维的4个特有原则：发现和质问基础假设，检查事实的准确性和逻辑的一致性，说明背景和具体情况的重要性，想象和开创替代选择。董毓把目前公认的批判性思维过程所包括的必要工作概括为：理解主题论点，分析论证结构，澄清观念意义，审查理由质量，评价推理关系，挖掘隐含假设，考察替代论证，综合组织论证。不管是分析、评价别人的论证，还是构造自己的论证，都需要完成这些工作。

1. 挖掘隐含假设是指挖掘和分析论证中隐含的前提、假设、含义和后果

批判性思维中可能遇到这样的问题："在这个论证或推理中，有没有还未表达出来，但又是论证所必需的条件、前提和原理。如果有，它们合理吗？"需要尽力去设

想有关隐含前提和可能性，进行发散式思考。若揭示出论证的隐含前提或假设，常常会推翻原来的论证，更可能引起根本的创新。比如，地心说就包含一个隐含前提，即"太阳围绕地球转"。对这个前提的揭示，最终导致日心说的提出。

2. 考察替代论证是指创造、考察不同观点、论证和结论，进行竞争比较、排除

构造竞争和替代论证的过程，是进行创造性思维的过程。这个过程需要思考者突破现有的思维框架，充分发挥想象力，尽量寻找不同的思路和解决问题的方案，考虑其他逻辑可能性。这时要问："关于该论证，还有什么值得考虑的可能性？"爱因斯坦曾说过："提出新的问题、新的可能性，从新的角度去看旧的问题，需要有创造性的想象力，而且标志着科学的真正进步。"

3. 综合组织论证是指"综合各方面论证观点，形成一个全面和合适的结论"

这个过程需要对论证做出整体评判、修正或综合，是对各方面、各环节分析思考的综合，聚合思维起着重要作用。综合组织论证是达到好论证的关键环节之一，而达到好论证的最终目的是为了获得知识、真理和进行最优决策。

在"理解主题论点、分析论证结构、澄清观念意义、审查理由质量、评价推理关系"这些分析和评价论证的环节，也需要进行多角度、全方位的开放思考，其中包含着创造性思维的要素。

概括地说，批判性思维与创造性思维相互需要，相互促进，并不是完全对立的两种思考方式。有人认为，批判性思维的作用只在于批判，在于"破"，会阻碍创新。其实不然，批判性思维在重视"破"的同时也重视"立"，寻找好的论证和正确的知识是批判性思维追求的目标。由批判性思维与创造性思维的密切关系也可看出，培养批判性思维有助于培育和鼓励创造性思维，批判性思维在创造性思维过程中所起的重要作用不容忽视。也要认识到，批判性思维与创造性思维各有侧重，前者更强调观点或论证的清晰性、一致性、合理性等方面，后者更突出观点或论证的新颖性、灵活性、流畅性等方面。

综上，一个好的论证是经过正反多方面思考、探索、比较、分析、综合之后的结果，是发散思维与收敛思维的结果。发散思维和收敛思维是创造性思维的常见表现形式。批判性思维是获得新知识、发现真理的必经之路。人类发展历史中的创新成果往往是进行批判性思维的结果。

三、培养批判性思维能力有助于提高个体的创造力

能力是主体在生物遗传与文化遗传的基础上从事活动的功能与力量。通常认为，批判性思维能力至少包括解释、分析、评估、推论、说明和自校准六种基本能力。创造力是指个体在创造活动中表现出来的能力。一般来说，创造力至少包括认知能力、创造性思维能力、实践能力等方面，其中创造性思维能力是创造力的核心。

批判性思维研究认为，个体的批判性思维能力可以通过训练得到提高。创造学研究则认为，每一个个体都有创造力，个体的创造力可以开发提高。培养个体的批判性思维能力有助于提高个体的创造力。

1. 培养个体的批判性思维能力，有助于提高其认知能力

知识是进行创新的必要前提，而知识的获得要通过学习。学习能力是认知能力中的一种。批判性思维要求学习者了解知识的来龙去脉和各个知识点之间的因果联系，了解知识的推出过程。这样习得的知识会得到真正的消化，容易与个体已有知识、信息和理论等以新的方式加以整合，并自觉转化为能力。可见，培养批判性思维能力，有助于提高个体的学习能力。批判性思维能力中解释、分析、评估、推论、说明、自校准等能力本身就是认知能力，它们可以帮助我们提高清晰而准确地理解他人和自己观点、分辨证据或理由的真假、检测事物之间的联系、分析假设与推理、进行综合判断的能力。培养批判性思维能力注定会提高这些认知能力。

2. 培养个体的批判性思维能力，有助于提高其创造性思维能力

创造性思维过程是从创造性地提出问题到创造性地解决问题的过程，在这个意义上，创造性思维能力自然包括创造性地提出、解决问题的能力。批判性思维的目标是追求可靠知识和真理，使行动最优化。批判性思维能力是一种反思性能力，强调突破思维定势，向流行观点和权威挑战，去挖掘和发现他人论证中的不足，在综合组织论证基础上得出合理结论，这些都有助于创造性地提出和解决问题。

3. 培养个体的批判性思维能力，有助于提高其实践能力

批判性思维通过理性、反思性的思考，目的之一在于决定我们的行动。离开思想指导的行动是盲目的，只有在合理或正确观念指导下的行动才更有意义和价值。创新实践能否成功依赖于创新思想或观念的合理性与现实可行性。批判性思维能力的提高会增强审查、分析和评价创新思想或观念的能力，从而做出更好的决策和行动。在创新实践过程中，也可能出现预想不到的结果，需要个体及时调整实践方案，做出最优

选择。此外，批判性思维能力需要在实践中反复练习、巩固和提高，锻炼批判性思维能力的过程也是提高个体实践能力的过程。

思考与练习3-5
批判性思维倾向
自我评测

【思考与练习3-5】

批判性思维倾向自我评测。

思考与练习3-6
参考答案

【思考与练习3-6】

《乐记》和《系辞》中都有"天尊地卑""方以类聚，物以群分"等词句。由于《系辞》的文段写得比较自然，一气呵成，而《乐记》则显得勉强生硬，分散拖沓，所以，一定是《乐记》沿袭或引用了《系辞》的文句。

以下哪一项陈述如果为真，能最有力地削弱上述论证的结论？

A."天尊地卑"在比《系辞》更古老的《尚书》中被当作习语使用过。

B.《系辞》以礼为重讲天地之别，《乐记》以乐为重讲天地之和。

C. 经典著作的形成通常都经历了一个由不成熟到成熟的漫长过程。

D.《乐记》和《系辞》都是儒家的经典著作，成书年代尚未确定。

E.《乐记》中也有顺畅自然的文段。

【思考与练习3-7】

书最早是以昂贵的手稿复制品形式出售的。印刷机问世后，书的价格就便宜了很多。在印刷机问世的最初几年里，市场上对书的需求量成倍增长。这说明，印刷图书的出现刺激了人们的阅读兴趣，大大增加了购书者的数量。

思考与练习3-7
参考答案

以下哪一项如果为真，最能质疑上述论证？

A. 书的手稿复制品比印刷品更有收藏价值。

B. 在印刷机问世的最初几年里，手稿复制品书籍的原先购买者，大都以原先只能买一本书的钱，买了多本印刷品书籍。

C. 在印刷机问世的最初几年里，印刷品质量远不如现代印刷品。

D. 在印刷机问世的最初几年里，印刷书籍都没有插图。

E. 在印刷机问世的最初几年里，读者的主要阅读兴趣从小说转到了科普读物。

第四章　形象思维

想象比知识更重要，因为知识是有限的，
而想象力概括着世界上的一切，推动着进步，
并且是知识进化的源泉，严格地说想象力是
科学研究中的实在因素。

——［美］爱因斯坦

从大自然中获取灵感

路易吉·克拉尼出生于德国，是当代著名的工业产品设计师。克拉尼小时候非常喜欢玩具，但他的父亲却从来没给儿子买过一件现成的玩具，只是买一些零散的玩具部件让他组装。小克拉尼凭着自己的想象力"制造"了一批又一批的玩具，他渐渐地沉醉于创造性的活动之中。

中学毕业后，克拉尼进入柏林美术研究所，在那里钻研绘画和雕刻。19岁时，克拉尼在巴黎一家杂志社工作。这期间，克拉尼因自行设计并发表了一种新奇巧妙的"未来汽车图"而引起了希姆公司密歇尔先生的注意。密歇尔找到了这位年轻人，让他设计用玻璃纤维制造的汽车。克拉尼欣然应允后夜以继日地工作，获得了成功。也就是从这时起，克拉尼走上了汽车设计师的道路。

克拉尼善于从自然界中不断获取灵感，他认为大自然本身就是最杰出的设计师。

鸟在空中翱翔，这是一个司空见惯的现象，但克拉尼对此却产生了浓厚的兴趣。他经过认真观察和研究后发现：鸟翅膀上面气流流动的速度较快，压力较低，翅膀下面恰恰相反，向上的升力因而产生，这就是鸟能飞翔的奥秘所在。克拉尼想：如果把鸟翅膀的上下颠倒过来用在汽车上，那会怎么样呢？克拉尼进一步研究下去：由于车身下表面呈外凸流线型，气流经过下面时速度要比一般下表面呈直线型的汽车快得多，这样汽车下部的气压相应要低些，空气对汽车的阻力因此会相对减小，汽车就可以获得较高的速度。这种上下都呈流线型的汽车被称为"克拉尼"型汽车，能使空气的阻力减小到最低限度。由于克拉尼的设计与传统的汽车设计差异非常大，人们一时不愿意接受他的观点。后来，世界能源日趋紧张，人们才终于认识到降低汽车燃料消耗已成为当务之急。而要做到这点，除减轻汽车重量外，还要求助于空气动力学。于是，诸如雪铁龙、菲亚特等名牌汽车制造厂商纷纷登门，请求克拉尼为他们设计能减小空气阻力的汽车样式，克拉尼名声大噪。

克拉尼仍然不懈地追求，他说："自然本身有着最杰出的样式，我不过是从自然中得到启发，将自然设计的样式进行翻译而已。"

克拉尼设计的性能卓越的飞机，外形使人联想到体态优美的鲨鱼或红鱼；他仿照自然形态设计的浴缸、卧床及其他日用品深受欢迎。克拉尼的成功就是运用了联想思维，这是一种非常重要的形象思维，在人类的思维活动中起着基础性的作用。

第一节　形象思维及其特征

一、什么是形象思维

视频4-1

形象思维（imagery thinking）也称"直感思维"，是指以具体的形象或图像为思维内容的思维形态，它是人的一种本能思维，是人们在认识世界的过程中对事物表象进行取舍时形成的，是用直观形象的表象来解决问题的思维方法。形象思维是在对传递形象信息的客观形象体系进行感受和储存的基础上，结合主观的认识及情感进行识别（利用审美判断和科学判断等），并用一定的形式、手段和工具（文学语言、线条色彩、节奏旋律及操作工具等）来创造和描述形象（包括艺术形象和科学形象）的一种基本的思维形式。

形象思维不但存在于文学艺术创作领域，而且在科学研究、发明创造、技术应用等不同领域，乃至日常生活中都被广泛运用。

在科学研究过程中，物理学家观察、识别并描述光和电的物理现象；化学家想象并设计复杂的分子模型；天文学家观测满天繁星的夜空，想象银河星系的形态；动物学家解剖动物的肢体，在显微镜下观察细胞的结构；等等。

在工程技术和生产过程中，工程师构思设计建筑物或机器零件的模型；炼钢工人从钢水的色彩变化中识别判断转炉的温度；火车司机用小锤敲打车轮，从声音中判断车轮的好坏；等等。

在医疗工作中，医生通过察言观色、搭脉、看舌苔、听心音等复杂的形象判断诊断疾病。

形象思维在孩童期表现尤为突出，如儿童在学习算术时总是要用手指或其他实物来进行计算，因为在儿童的头脑中还未形成对抽象数字的分析和综合。随着思维的逐渐成熟和后天的教育，人们的思维方式逐渐由形象思维向抽象思维过渡，并最终由抽象思维取代形象思维的主要地位。但这并不意味着形象思维就一定是低层次的思维方式，因为当大脑在抽象思维的进化道路上走到极致的时候，形象思维又会以一种新的姿态焕发新生，并引导思维向更高的层次发展，它不仅适用于不同的领域，而且适用于任何层次，尤其在一些极度抽象的高尖端的科研领域，形象思维的作用更是不可替代的。

二、形象思维的特征

1. 形象性

形象性是形象思维最基本的特点。形象思维所反映的对象是事物的形象，思维形式是意象、直感、想象等形象性的观念，其表达的工具和手段是能为感官所感知的图形、图像、图式和形象性的符号等。形象思维的形象性使它具有生动性、直观性和整体性的优点。

2. 非逻辑性

形象思维不像抽象（逻辑）思维那样，对信息的加工一步一步、首尾相接、线性地进行，而是可以调用许多形象性材料，合在一起形成新的形象，或由一个形象跳跃到另一个形象。形象思维对信息的加工过程不是系列加工，而是平行加工，是平面性的或立体性的，它可以使思维主体迅速从整体的角度来把握问题。形象思维是或然性或似真性的思维，思维的结果有待于逻辑的证明或实践的检验。

3. 粗略性

形象思维对问题的反映是粗线条的，对问题的把握是大体上的，对问题的分析是定性的或半定量的，因此，形象思维通常用于问题的定性分析，而抽象思维则可以给出精确的数量关系。所以，在实际的思维活动中，往往需要将抽象思维与形象思维巧妙结合，协同使用。

4. 想象性

想象是思维主体运用已有的形象形成新形象的过程。形象思维并不满足于对已有形象的再现，它更致力于追求对已有形象的加工，从而获得新形象产品的输出。所以，想象性使形象思维具有创造性的优点。这也说明了一个道理：富有创造力的人通常都具有极强的想象力。

【案例4-1】巧用形象思维——抽象的东西可以形象化

一次，一位不知相对论为何物的年轻人向爱因斯坦请教相对论。

相对论是爱因斯坦创立的既高深又抽象的物理理论，要在几分钟内让一个门外汉弄懂什么是相对论，简直比登天还难。

然而爱因斯坦却用十分简洁、形象的语言对深奥的相对论做出了解释："比方说，你同最亲爱的人在一起聊天，一个钟头过去了，你觉得只过了5分钟；可如果让你一个人在大热天孤单地坐在炽热的火炉旁，5分钟就好像一个小时。这就是相对论。"

这里所运用的就是形象思维。当我们碰到较难说清的问题时，如能像爱因斯坦那样利用形象思维打一个比方，或画一个示意图，对方往往会豁然开朗。教师在给学生上课时，如果能借助形象化的语言、图形、演示实验、模型、标本等，往往会使抽象的科学道理、枯燥的数学公式等变得通俗易懂。因此学习既要运用抽象思维，也要运用形象思维。

三、形象思维的类型

关于形象思维的类型，可以从不同的角度来进行分类，但重要的是找出它们的不同心理活动形式及其内部固有的次序。

根据形象思维发生的实践活动原因及结果，结合其内部规律，可以分为自发性和自觉性形象思维两大类。

1. 自发性形象思维

这是一种随意性的形象思维活动。日常生活中各种偶然性的、自生自灭的、没有明确目的和成果形式的形象反映和记忆活动，还有做梦时出现的各种景象活动等都属此列。这些活动大多是受到外部或内部某些信息的刺激不由自主地引起的，它们都不产生一个明确的结果，少量活动带有某种微弱和朦胧意识，例如选购商品、行路识别、实物标记、遇见似曾相识的面孔回忆起某人等，也往往因为目的不明确、不强烈而随时改变思路，很快消失。所以，自发性形象思维活动虽然最广泛，但由于其随意性、盲目性较强，表现出无计划性、无系统性，对于认识和改造世界的实践价值不大，虽然作为一般脑神经学和思维学来说仍然需要加以研究，但对于探求认识和创造世界规律的形象思维学来说，不是重点研究的对象。

2. 自觉性形象思维

这是一种带有明确目的的、有意识的思维活动，也是人类实践经验活动中的形象思维，主要是指体力劳动和技巧活动中的某些形象思维。例如，制造一定生产工具和用具的手工劳动技巧等，都需要有一定形象思维的出现和配合才能完成。所以，它是人类生产生活中经常和大量运用的一种有意义、有结果的形象思维。我国古代《考工记》曾对这类活动有过简要的论述，它提出智者和巧者两个概念，认为智者"善于创物"，而巧者"述之守之"，主要是"审曲面势、以饰五材、以辨民器"，即按照某些物象的特点制作器具。

根据形象思维心理活动形式的不同，形象思维可分为想象思维、联想思维、直觉思维和灵感思维，他们具有各自的特征和细分类型。在以下几节中分别进行详细介绍。

【思考与练习4-1】
思考如何能在一张3 cm×5 cm的卡片上剪出一个足够大的洞使你的头顺利通过。

思考与练习4-1
参考答案

第二节　想象思维

一、什么是想象思维

视频 4-2

想象思维（imaginary thinking）是人脑通过形象化的概括作用对脑内已有的记忆表象进行加工、改造或重组的思维活动，它是形象思维的具体化，是人脑借助表象进行加工操作的最主要形式。

想象思维的基本元素是记忆表象。表象是人脑对外界事物通过形象储存下来的信息，包括静止的、活动的画面，平面的、立体的画面，有声的、无声的画面，是在大脑中保持的客观事物的形象。人们在看小说时，头脑中会出现各种人物和情景的形象；久别的老朋友偶然相遇时，从前在一起生活、学习或工作中的情景就会浮现在自己的眼前，仿佛回到过去一样。这些情景就是表象。

爱因斯坦相对论的诞生就源于想象力。爱因斯坦认为从牛顿以来对空间、时间、引力三者相互关系及运动规律永恒不变的理论有失偏颇，感到似乎有一种新的理论体系可以推翻这个论断，但有时几乎就要在脑中形成概念，却又被某个"瓶颈"卡住了。1895年夏季的一天，16岁的爱因斯坦信步而行，登上一座小山，找到了一处舒适的地方躺下，他半眯着眼睛仰望天空，好奇地想象，如果自己骑在一束光上去旅行，那将是什么样子？然后问自己：如果这时在出发地有一座时钟，从我所处的位置看，它的时间会怎样流逝呢？我能同时看到过去、现在和未来吗？就这样，他的智慧在想象中闪光，由此，相对论的灵感脱颖而出。

想象思维是个体对已有表象进行加工、产生新形象的过程。想象以记忆表象为基础，但它又不是记忆表象的简单再现，而是以组织起来的形象系统对客观现实的超前反映。建筑设计师根据自己在建筑方面的知识经验，可以设计出建筑物的形象。在他们的想象中，记忆表象的画面就像过电影一样，在脑中涌现，经过组合、夸张、人格化、典型化等加工，形成了新的有价值的表象，这时一幢新的建筑物就构思出来了。

扩展阅读 4-1
想象力的胜利

二、想象思维的特征

1. 形象性

想象思维操作活动的基本单元是表象，是一些画面，有静止的，有活动的。想象就是通过对这些已有的表象进行加工而创造新形象的过程，它加工的对象是形象信息，而不是语言或符号。有了想象，当人们看小说时就可以见到人物的音容笑貌；看图纸时就有了立体的物体；看设备说明时就见到了设备的外形和结构。想象思维的形象性使它不同于逻辑思维，想象思维过程和结果丰富多彩、生动活泼、直观亲切。

2. 概括性

想象思维实质上是一种思维的并行操作，一方面反映已有的记忆表象，另一方面又同时把已有的表象变换、组合而形成新的图像，达到对外部事物的整体把握，所以概括性很强。例如，把地球想象成鸡蛋，蛋壳是地壳，蛋白是地幔，而蛋黄是地核；科学家把原子结构想象成太阳系，太阳是原子核，核外电子是行星，在围绕原子核高速旋转。同样，在某些文学作品中，对人物的描述也是对人物所处社会和时代的高度概括。

3. 超越性

想象的最宝贵特性是可以超越已有的记忆表象的范围而产生许多新的表象，这正是人脑的创造活动最重要的表现。正是这种想象的超前性，才得以创造出新的事物、看法和技术。

三、想象思维的类型

1. 无意想象

无意想象是事先没有预定的目的、不受主体意识支配的想象，它是在外界刺激的作用下不由自主地产生的。例如，人们观察天上的白云时，有时把它想象成棉花，有时又把它想象成仙女，还有时又把它想象成野兽等。还有人们在睡眠时做的梦、精神病患者在头脑中产生的幻觉等，这些都是无意想象。无意想象可以导致灵感的产生，但无意想象不能直接创造出新东西，必须借助于有意想象。

2. 有意想象

有意想象是事先有预定的目的、受主体意识支配的想象，它是人们根据一定的目的，为塑造某种事物形象而进行的想象活动，这种想象活动具有一定的预见性和方向性。

有意想象分为再造性想象、创造性想象和幻想性想象。

（1）再造性想象

再造性想象是根据他人的描述而在自己的头脑中产生形象的心理过程。如读小说、诗歌想象出人物的形象和场面；听音乐想象出的画面。再造性想象是理解和掌握知识必不可少的条件，但再造性想象不具备创新性。

【案例4-2】《庖丁解牛》

《庄子》中对基于形象思维的实践活动有很多描述和总结，最著名的如《庖丁解牛》。庖丁开始宰牛时所见皆全牛，三年后"未尝见全牛"，熟练后"不以目视"，只凭手足膝等的感觉就能"依乎天理，批大郤，导大窾，因其固然"，做到"奏刀騞然，莫不中音"。

（2）创造性想象

创造性想象是创造主体有目的地对自己已有的记忆表象进行加工、改造和重组而产生新形象的思维过程。在新作品创作、新产品创造时，人脑中构成的新形象都属于创造性想象。

创造性想象具有首创性、独立性和新颖性等特点。例如作家所创作的艺术形象虽来源于生活，但它又高于生活；工程师发明的新机器虽然综合了许多机器的特点，但它又具备前所未有的新性能、新造型。

创造性想象比再造性想象更加复杂、更加困难，它需要对已有的感性材料进行深入的分析、综合、加工和改造，并在头脑中进行创造性地构思。区别创造性想象与再造性想象的关键，就是看个体是否在头脑中独立创造了新形象。

维克多·瓦格纳（Victor Wagner）说过，是想象力，使得人发明了老虎钳来充分发挥他的拇指，发明了锤子来充分发挥他的手和手臂。一步一步地，人的想象力吸引、引导和经常性地驱使他自己，使得他现在拥有这令人惊奇的能力。

【案例4-3】胰岛素的发现

1923年的诺贝尔生理学或医学奖颁给了加拿大医生班丁，原因是他和助手一起发现了能控制糖尿病的胰岛素。

糖尿病在当时被看作不治之症，许多医学专家对此进行过大量研究，始终都没有找到有效的控制方法。班丁的这个发现源于他的一个假说和想象。他在研究中发现：糖尿病患者的胰腺暗点比正常人要小得多，胰腺中岛屿状的细胞所起的作用，是把健康身体内部的多余糖分转变成热能，而当这些细胞不再发挥这种作用时，体内的糖分就会成倍增加。于是他想，这会不会是患者体内糖分成倍增长形成糖尿病的原因呢？

经过反复试验，班丁成功地发现了治疗糖尿病的有效药物——胰岛素。

(3) 幻想性想象

幻想性想象也称为幻想思维或幻想，是创造性想象的一种特殊形式，其特点是以现实世界为出发点，但其范围不受拘束，结果往往超出现实太远，有的一时难以实现。

幻想性想象是与生活愿望相结合并指向未来的想象。巴尔扎克说过："想象是双脚站在大地上行进，他的脑袋却在腾云驾雾。"

幻想是指与某种愿望相结合并且指向未来的一种想象，在人们的创造活动中起着重要作用。如古人的幻想上天入地、千里眼、顺风耳等，经过人们世世代代的努力奋斗，都已经变为事实。因此，幻想思维可以直接导致创造活动，而创造活动一般也离不开幻想。

幻想具有"脱离实际"的重要特点，也正是因为这个特点，幻想思维才可以在人脑中驰骋纵横，才可以在毫无现实干扰的理想状态下进行任意方向的发展，构成了创新思维的重要组成部分。

【案例4-4】凡尔纳的幻想

19世纪法国著名科幻作家儒勒·凡尔纳（1828—1905）一生中运用幻想性想象写出了100多部科幻小说和探险小说，书中写的霓虹灯、直升机、导弹、雷达、电视机等，当时虽都不存在，但在20世纪都已实现。更令人难以置信的是，凡尔纳曾预言：在美国的佛罗里达州将建造火箭发射基地，发射飞向月球的火箭。一个世纪以后，美国果然在佛罗里达州肯尼迪航天中心发射了第一艘载人宇宙飞船。凡尔纳幻想的事物70%如今已成为现实。这足以证明，幻想性想象的确是科学创造发明的前导。

四、想象思维的作用

1. 在创新思维中的主干作用

创新思维要产生具有新颖性的结果，但这一结果并不是凭空产生的，要在已有的记忆表象的基础上，经过加工、改组或改造而形成。创新活动中经常出现的灵感或顿悟，也离不开想象思维。

爱因斯坦说："想象比知识更重要，因为知识是有限的，而想象力概括着世界上的一切，推动着进步，并且是知识进化的源泉，严格地说想象力是科学研究中的实在因素。"

著名物理学家普朗克说："每一种假设都是想象力发挥作用的产物。"

巴甫洛夫说："鸟儿要飞翔，必须借助于空气与翅膀，科学家要有所创造则必须占有事实和开展想象。"

2. 在创新思维中的主导作用

想象思维的发展是智力发展十分重要的方面，想象思维反映人们的一种向往渴求，这是借助思维达到内心渴望已久目标的一种快捷方法。想象思维就是将沉积在大脑深处的信息激活、调动起来，重新进行编码组合，从而得到一种意想不到的超越现实的结果。

想象思维能把现实中没有的事物和信号通过想象显示出来，可以帮助人类实现思维的极度跨越。如文学作品创造出来的艺术形象"贾宝玉""阿Q"等；科学创造出来的科学形象化学元素周期表；等等。

3. 在人的精神文化生活中的灵魂作用

人的精神文化生活丰富多彩，主要靠的是想象思维。作家、艺术家创作出优美、震撼人心的作品，需要发挥想象力，读者、观众欣赏作品，也需要借助想象力。

如何发挥自己的想象力？德国的一名学者曾经说过这样的话："眺望风景，仰望天空，观察云彩，常常坐着或躺着，什么事也不做。只有静下来思考，让幻想力毫无拘束地奔驰，才会有冲动。否则任何工作都会失去目标，变得烦琐空洞。谁若每天不给自己一点做梦的机会，那颗引领他工作和生活的明星就会暗淡下来。"

【案例4-5】韩信布帛上的"千军万马"

韩信是我国历史上有名的将领。有一天，刘邦想试一试韩信的智谋。他拿出一块五寸见方的布帛，对韩信说："给你一天的时间，你在这上面画上尽可能多的士兵。你能画多少，我就给你带多少兵。"站在一旁的萧何想：这一小块布帛，能画几个兵？急得暗暗叫苦。不想韩信毫不迟疑地接过布帛就走。第二天，韩信按时交上布帛，上面虽然画了些东西，但一个士兵也没有。刘邦看了却大吃一惊，心想韩信的确是一个胸有兵马千万的人才，于是把兵权交给了他。

那么，韩信在布帛上究竟画了些什么呢？原来，韩信在布帛上画了一座城楼，城门口战马露出头来，一面"帅"字旗斜出。虽没见一兵一卒，却可想象到千军万马。

五、想象思维的培养

1. 克服抑制想象思维的障碍

抑制想象思维的障碍主要有环境方面的障碍、内部心理障碍和内部智能障碍。

环境方面的障碍是指人际关系的不协调、学习思考环境的恶劣等。内部心理障碍是指心理处于积极还是消极的状态，如心理状态处在积极、愉快、兴奋的情况时，人就容易进行想象思维；如果处于消极、压抑，甚至悲观、沮丧的状态，那就很难进行乐观、正向的想象思维。但是，人的心理状态是可以调整的。内部智能障碍主要是指思维方法的僵化，也就是思维模式的固定化，即所谓的思维定势或习惯性思维。

2. 培养想象思维能力的途径

一是强化创新意识，人的意志和意识的强弱决定了人的思维积极性和活跃性。二是学习，学习包括从书本上学习，也包括从实践中学习，还包括向一切有知识、有经验的人学习。三是静思，人有时需要交往，需要热闹，需要和别人产生思维碰撞，但有时也需要孤独，需要安静思考。

【思考与练习4-2】
请思考怎样能一笔画两条直线并把图4-1中的四个点通过直线连接起来。

思考与练习4-2
参考答案

图4-1　通过两条直线连接四个点

第三节　联想思维

一、什么是联想思维

扩展阅读4-2
深山藏古寺——
风马牛有时也
相及

视频4-3

联想思维是指在人脑内记忆表象系统中由于某种诱因使不同表象发生联系的一种思维活动，它是由一事物的概念、方法、形象想到另一事物的概念、方法和形象的心理活动。例如，由此及彼，由表及里，由红铅笔到篮铅笔，由写到画，由画圆到印圆点，由圆柱到筷子，等等。

联想可以很快地从记忆里追索出需要的信息，构成一条链，通过事物的接近、对比、同化等条件，把许多事物联系起来思考，开阔了思路，加深了对事物之间联系的认识，并由此形成创造构想和方案。美国工程师斯潘塞在做雷达起振实验时，发现口袋里的巧克力融化了，原来是雷达电磁波造成的。由此，他联想到用它来加热食品，进而发明了微波炉。

【案例4-6】列文虎克发现微生物

荷兰生物学家列文虎克就曾从联想中发现了微生物。那是1675年的一天，天上下着细雨，列文虎克在显微镜下观察了很长一段时间，眼睛累得酸痛，便走到屋檐下休息。他看着那淅淅沥沥下个不停的雨，思考着刚才观察的结果，突然想到一个问题：在这清洁透明的雨水里，会不会有什么东西呢？于是，他拿起滴管取来一些水，放在显微镜下观察。没想到，竟有许许多多的"小动物"在显微镜下游动。他高兴极了，但他并不轻信刚才看到的结果，又在露天接了几次雨水，却没有发现"小动物"。几天后，他再接雨水观察，又发现了许多"小动物"。于是，他又广泛地观察，发现"小动物"在地上有，空气里也有，到处都有，只是不同地方"小动物"的形状不同、活动方式不同罢了。列文虎克发现的这些"小动物"就是微生物。这一发现，打开了自然界一扇神秘的窗户，揭示了生命的新篇章。列文虎克正是通过联想而获得这一发现的。

二、联想思维的特征

1. 连续性

联想思维的主要特征是由此及彼、连绵不断地进行，可以是直接地，也可以是迂回曲折地形成闪电般的联想链，而链的首尾两端往往是风马牛不相及的。

2. 形象性

由于联想思维是形象思维的具体化，其基本的思维操作单元是表象，是一幅幅画面。所以，联想思维和想象思维一样显得十分生动，具有鲜明的形象。

3. 概括性

联想思维可以很快把联想到的思维结果呈现在联想者的眼前，而不顾及其细节如何，是一种整体把握的思维操作活动，因此可以说有很强的概括性。

三、联想思维的类型

1. 相关联想

相关联想是由给定事物联想到经常与之同时出现或在某个方面有内在联系的事物的思考活动。

【案例4-7】雨衣的发明

苏格兰有一家用橡胶生产橡皮擦的工厂。一天，一个名叫马辛托斯的工人端起一大盆橡胶汁往模型里倒，一不小心，脚被绊了一下，橡胶汁淌了出来，浇到了马辛托斯的衣服上。下班后，马辛托斯穿着这件被橡胶汁涂了一大块的衣服回家，正巧路上遇到大雨。回家换衣服时，马辛托斯惊奇地发现，被橡胶汁浇过的地方，竟没有渗入半点雨水。善于联想的马辛托斯立即想到，如果把衣服全部浇上橡胶汁，那不就变成了一件防雨衣吗？雨衣也就应运而生了。

千变万化的客观事物正是由于组成了环环紧扣的彼此之间相互制约、相互牵制的锁链，才使世界保持了相对的平衡与和谐。这也是我们进行相关联想的一个前提依据。恰当地运用这种方法，相信会有越来越多的创造性事物产生。

苏联心理学家哥洛万认为，任何两个概念（语词）都可以经过四五个阶段建立起相关联想的联系。

比如，"木头"和"足球"是两个离得很远的概念。但是，只要经过四步中间联想（每个联想都是相关的）就可以从"木头"联想到"足球"。其环节是：木头—树林，树林—田野，田野—足球场，足球场—足球。

再如，"天空"和"茶"的联想：天空—土地，土地—水，水—喝，喝—茶。多做这样的练习，就可以提高相关联想能力。

2. 相似联想

相似联想是指在性质上或形式上相似的事物之间所形成的联想。例如，语文书到数学书，钢笔到铅笔。

古诗中的"春蚕到死丝方尽，蜡炬成灰泪始干""床前明月光，疑是地上霜"等都是相似联想。

【案例4-8】微爆破技术的发明

把爆破与治疗肾结石联想到一起，可谓是一个伟大的创举。目前的定向爆破技术能将一幢高层建筑炸成粉末，同时又不影响旁边的其他建筑物。医学家由此联想到了医治患者的肾结石。他们经过精确的计算，把炸药的分量小到恰好能炸碎患者肾脏里的结石，而又不影响患者的肾脏本身。这种在医学上被称为微爆破技术的治疗手段，为众多肾结石患者解除了病痛。

找到事物的相似点，往往就能够把不同的事物组合起来。相似联想法的运用，通常使整个事物具有了新的性质和功能，也会给我们带来耳目一新的感觉。

3. 对比联想

对比联想是由给定事物联想到在空间、时间、形状、特性等方面与之相反的事物的一种思考活动。例如，黑—白，写—擦。

文学艺术的反衬手法也是对比联想的具体运用，如描写岳飞和秦桧的诗句"青山有幸埋忠骨，白铁无辜铸佞臣"。

【案例4-9】对比联想导致的发明

当物理学家开尔文了解到巴斯德已经证明了细菌可以在高温下被杀死、食品经过煮沸可以保存后，他大胆地运用对比联想：既然细菌在高温下会死亡，那么在低温下是否也会停止活动？在这种思维的启发下，经过精心研究，终于发明了"冷藏"工艺，为人类的健康做出了重要的贡献。

18世纪，拉瓦锡把金刚石煅烧成CO_2的实验，证明了金刚石的成分是碳。1799年，摩尔沃成功地把金刚石转化为石墨。金刚石既然能够转变为石墨，用对比联想来考虑，那么反过来石墨能不能转变成金刚石呢？后来终于用石墨制成了金刚石。

对比联想法在学习中得到广泛的应用，它可以帮助我们从一个方面联想起另一个方面：两个相反的对象，只要想到一个，便自然而然地会想出相对的那个。

4. 因果联想

因果联想是指由事物的某种原因而联想到它的结果，或指由一个事物的因果关系联想到另一种与它有因果联系的事物。例如，人们由冰想到冷、由风想到凉、由火想到热、由科技进步想到经济发展，这些都是因果联想。这种联想往往是双向的，可以由因想到果，也可以由果想到因。

【案例4-10】跟着狒狒去找水

非洲卡拉哈里盆地边缘草原地带的居民每逢旱季因缺水而惶惶不可终日，但他们发现，生活在此处的狒狒并不因缺水而"搬家"，这说明狒狒能找到水喝。于是，他们给狒狒吃盐。渴急了的狒狒飞奔到一个山洞里，扑向奔流的泉水。就这样，当地居民找到了水源。

5. 类比联想

类比联想是指对一件事物的认识引起对与该事物在形态或性质上相似的另一事物的联想。这种联想是借助于对某一事物的认识，通过比较它与另一类事物的某些相似，达到对另一事物的推测理解。其特点是以大量联想为基础，以不同事物间的相同、相似为纽带。

【案例4-11】蛋卷机与丝绸制作

浙江某食品机械厂的技术人员一次去贵阳某糕点厂安装蛋卷机，在本厂总装试车很成功的蛋卷机，在贵阳却不听使唤了，蛋卷坯子出来后，都在卷制过程中碎掉了。他们在原料、配方、卷制尺寸等方面花了许多精力也解决不了问题。后来，他们看到贵阳即便是阴天，晾在外面的湿衣服半天也能干，想起丝绸厂空气湿度不当会造成断丝，蛋卷在卷制过程中碎掉可能也与空气湿度有关。于是，他们采取了在本车间及机器内保湿加湿的措施，漂亮的蛋卷终于做出来了。

四、联想思维的作用

1. 在两个以上的思维对象之间建立联系

通过联想，可以在较短时间内在问题对象和某些思维对象之间建立起联系，这种联系就会帮助人们找到解决问题的答案。联想思维使两个看上去不相关联的事物建立联系，从而产生创新设想和成果。实践证明，人们的联想能力跨度是很大的，两个风马牛不相及的事物，只要在它们之间加上几个环节，就能实现联系起来的愿望。这种大跨度的联想思维能力往往具有很强的创造力，因此，联想对于人们开阔思路、寻求新对策、谋求新突破是大有帮助的。

2. 为其他思维方法提供一定的基础

联想思维一般不能直接产生有创新价值的新的形象，但是，它往往能为产生新形象的想象思维提供一定的基础。

3. 活化创新思维的活动空间

联想就像风一样扰动了人脑的活动空间。由于联想思维有由此及彼、触类旁通的特性，常常把思维引向深处或更加广阔的天地，导致想象思维的形成，甚至灵感、直觉、顿悟的产生。

4. 有利于信息的储存和检索

思维操作系统的重要功能之一就是把知识信息按一定的规则存储在信息存储系统，并在需要的时候再把其中有用的信息检索出来。联想思维就是思维操作系统的一种重要操作方式。

作为探索未知的一种创新思维活动，联想是事物之间存在普遍联系观点的具体体现和实际运用。没有事物间的客观联系，联想就很难发生，而离开了事物间客观联系的联想也只是幻想。所以，要想提高联想能力，获取丰富的联想，就要广泛地参与实践，接触和了解事物，把许多实际经验、知识信息储存在大脑里，使大脑建立起许多暂时的联系，一旦需要联想时，大脑就会把各种信息调动起来，建立各种各样的联系，从而产生丰富的联想，进行创新思维活动。

五、联想思维的训练

培养和训练联想思维能力通常采用概念联想式训练法。概念是事物本质属性的反映，是人们经常使用的思维单元，而概念和概念之间的关系反映了客观事物之间常见的关系，这就为开展概念联想法创造了条件。

联想力的高低主要表现在两个方面，一是联想的速度，二是联想的数量。人人都会发生联想，但高联想力并不是人人都具备的。只有经常地进行专门的联想训练，才会提高联想力，为创新思维打下良好的基础。

1. 提高联想速度训练

给定两个词或两个物体，然后通过联想在最短的时间里由一个词或物体想到另一个词或物体。如：天空—鱼，那么其间的联想途径可以是：天空（对比联想）—地面（相关联想）—湖、海（相关联想）—鱼；粉笔—原子弹，联想可以是：粉笔—教师—科学知识—科学家—原子弹。

2. 提高联想数量训练

给定一个词或物体，然后由这个词或物体联想到其他更多的词或物体，在规定的时间内，想得越多越好。

【思考与练习4-3】

联想思维训练。

请在1分钟之内，用尽可能少的词语将以下两个词进行联想。

1. 体验—网络

2. 店家—易怒

3. 丰收—企鹅

4. 同类—三国杀

5. 就业—微生物

6. 饮用水—电视剧

7. 服饰—双赢

8. 求职—印章

9. 机器人—就餐

10. 互联网—留学

第四节　直觉思维

一、什么是直觉思维

直觉思维（intuitive thinking）是指不受某种固定的逻辑规则约束而直接领悟事物本质的一种思维形式。直觉作为一种心理现象贯穿于日常生活之中，也贯穿于科学研究之中。

视频 4-4

1. 广义的直觉
广义上的直觉是指包括直接的认知、情感和意志活动在内的一种心理现象，也就是说，它不仅是一个认知过程、认知方式，还是一种情感和意志的活动。

2. 狭义的直觉
狭义上的直觉是指人类的一种基本的思维方式，当把直觉作为一种认知过程和思维方式时，便称之为直觉思维。狭义的直觉或直觉思维，就是人脑对于突然出现在面前的新事物、新现象、新问题及其关系的一种迅速识别、敏锐而深入的洞察，直接的本质理解和综合的整体判断。简言之，直觉就是直接的觉察。

直觉是人们在生活中经常应用的一种思维方式。小孩亲近或疏远一个人凭的是直觉；男女"一见钟情"凭的是各自的直觉。

科学发现和科技发明是人类最客观、最严谨的活动之一。但是诺贝尔奖获得者、著名物理学家玻恩曾说："实验物理的全部伟大发现，都是来源于一些人的直觉。"

直觉是一种非逻辑思维形式，对其所得出的结论没有明确的思考步骤，主体对其思维过程也没有清晰的意识。

【案例 4-12】赛车手紧急刹车

有一位一级方程式赛车手正在赛道上驾车狂奔，过急弯时，他突然间做出了一个让自己吃惊的动作——猛踩刹车。刹车的冲动远远超过了他赢得比赛的冲动。事后他才明白，有几辆车堵死了他转弯后的赛道，这一脚刹车救了自己的命。后来，心理学家借助录像资料帮助他在脑海中重现当时的心理过程，他才醒悟，当时自己瞬间感到一个不同寻常的现象：观众本该欢呼但没有欢呼，本该注视他，却惊愕地注视前方。他下意识地感受到了这个异常现象，并迅速采取了正确行动。

二、直觉思维的特征

1. 直接性

直觉思维的思维过程与结果具有直接性，因为它是一种直接领悟事物的本质或规律，而不受固定逻辑规则所束缚的思维方式。直觉思维不依赖于严格的证明过程，以对问题全局的总体把握为前提，是以直接的、跨越的方式直接获取问题答案的思维过程。

扩展阅读4-3
丁肇中的直觉

2. 突发性

直觉思维的过程极短，稍纵即逝，其所获得的结果是突如其来和出乎意料的。人们对某一问题苦思冥想却不得其解，反而往往在不经意间突然醒悟问题的答案，或瞬间闪现具有创造性的设想。如著名的万有引力定律就是牛顿在苹果园休息时，观察到苹果掉落的现象而突然发现的。

3. 非逻辑性

直觉思维不是按照通常的逻辑规则按部就班地进行的，它既不是演绎式的推理，又不是归纳式的概括。直觉思维主要依靠想象、猜测和洞察力等非逻辑性因素，来直接把握事物的本质或规律。直觉思维也不受形式逻辑规则的约束，常常是打破既有的逻辑规则，提出一些反逻辑的创新思想；它也可能压缩或简化既有的逻辑程序，省略中间烦琐的推理过程，直接对事物的本质或规律做出判断。

4. 或然性

非逻辑的直觉也是非必然的，它具有或然性，即有可能正确，也有可能错误。虽然直觉思维能力较强的科学家正确的概率较大，但也可能出错。许多科学家都承认这一点，爱因斯坦在高度评价直觉在科学创造中的作用时，也没有把它看作万能灵药。他在1931年回答挚友贝索提出的问题时说："我从直觉来回答，并不囿于实际知识，因此，大可不必相信我。"

5. 局限性

正是因为直觉具有直接性、快速性、非逻辑性等特征，导致直觉容易局限在狭窄的观察范围里。有时，经验丰富的研究者也常常根据范围有限的、数量不足的观察事实，就凭直觉错误地提出假说和引出结论。直觉有时会使人把两个风马牛不相及的事件纳入虚假的联系之中。

6. 理智性

在日常生活中也有这样的情况，人们会经常遇到一些资深的医生，在第一眼接触某个重病患者时，他们会立即感觉到此人的病因、病源所在，而他们下一步的全面检查就会自觉地围绕这些感觉展开。医生们的"感觉"即直觉，是同他们丰富的经验、扎实的医学理论、娴熟的技术等分不开的。

直觉思维过程体现出来的不是草率、浮躁和鲁莽行为，而是一种理智性思考的过程。在直觉思维过程中，思维主体并不着眼于细节的逻辑分析，而是对事物或现象形成一个整体的"智力图像"，从整体上识别出事物的本质和规律。

三、直觉思维的生成

1. 直觉的生成必须要有相关知识的积累

相关知识既包括有关的经验知识，又包括有关的专业理论知识。知识的积累是指经过人们的反复实践和认知而积淀并储存在大脑皮层上，生成为深层的下意识并形成相应的经验认知模块或有关学科专业认知模块。

2. 直觉的生成有其内在的机制

内在的机制是指主体在问题的激发下，思维处于愤悱状态，进而对这一问题进行多方面、多层次甚至是长时间的思索或考察，然而却百思不得其解，于是便处于极度的困惑状态。

3. 直觉的生成须有一种特定的情境

这种特定的情境是主体处于特定的场景之中，或者观察到特定的现象，或者在突发性的压力下，或者是主体思维愤悱状态的暂时"缓冲"，使思维出现了突发性的脉动，这样直觉就出现了。

直觉的生成有其不同的境界：一是灵感，即主体在瞬间突然捕捉到解决问题的思路，然而还不够清晰；二是顿悟，亦称恍然大悟，即主体突然间达到了对事物本质的了解，或者对问题的关键的把握；三是直观，即主体在瞬间突然对要解决的问题及其发展达到了整体性的领悟。

四、直觉思维的作用

直觉思维是人类的一种基本思维方式，它在人类的创新与发展中具有十分特殊的重要意义。

1. 帮助人们迅速做出优化选择

在创新的过程中，人们常常会面临众多目标和方向的选择问题，尤其是当各种目标难分优劣、研究前景比较模糊时，往往会陷入无所适从的困境。因此，研究方向的选择和创新目标的确定，仅仅依靠逻辑推理是不够的，有时需要借助直觉的启示，敏锐把握知识创新的方向和目标的深远意义，从而导致重大的发现和发明。

直觉往往偏爱知识渊博、经验丰富的人，只有他们才能够在很难分清各种可能性优劣的情况下做出优化抉择。例如，当普朗克提出能量子假说以后，物理学就出现了问题，究竟是通过修改来维护经典物理理论，还是进行革命，另创新的量子物理呢？爱因斯坦凭借他非凡的直觉能力，选择了一条革命的道路，创立光量子假说，对量子论做出了重大的贡献。

2. 帮助人们做出创造性的预见

直觉思维能够突破形象思维和抽象思维的局限，充分调动思维的潜能，从思维的起点跃迁到思维的终点，从而创造性地提出新的科学假说、理论或概念。

17世纪法国著名哲学家笛卡尔认为，通过直觉可以发现作为推理的起点。亚里士多德干脆说，"直觉就是科学知识的创始性根源"。英国物理学家卢瑟福在其非凡的直觉帮助下，在原子物理学和原子核物理学方面做出了一系列重大的开创性贡献，他凭借直觉发现原子核的存在，提出了原子结构的行星模型，并沿着这条道路，在短时间内做出了大量重要的发现。

五、直觉思维的训练

1. 获取广博的知识和丰富的生活经验

直觉的产生不是无缘无故、毫无根基的，它是凭借人们已有的知识和经验才得以出现的，直觉往往比较偏爱知识渊博、经验丰富的人。因此，获取广博的知识和丰富的生活经验是直觉训练和强化的基础。

2. 学会倾听直觉的呼声

直觉思维凭的是"直接的感觉",但又不是感性认识。直觉需要细心体会、领悟,需要倾听它的信息、呼声。当直觉出现时,不必迟疑,更不能压抑,要顺其自然,顺水推舟,做出判断,得出结论。

3. 培养敏锐的观察力和洞察力

直觉突出的特点是洞察力和穿透力,因此,直觉与人们的观察力及视角息息相关。观察力敏锐的人,其直觉出现的概率更高,直达事物本质的效果更强。因此,要有意识地培养自己的观察力,特别是提高对那些不太明显的软事实,如印象、感觉、趋势、情绪等无形事物的观察力。

4. 压缩、简化思维的分析过程

与循序渐进的分析思维(即逻辑思维)相反,直觉思维是一种简约的、压缩的、跳跃式的推理。一般来说,思维能力的发展,突出地表现为对问题的推理和分析过程的逐渐压缩,一些已牢记的"符合于规则"的判断,逐渐被省略,直觉思维恰恰是以此为特点的。因此,压缩、简化思维的分析过程,实现思维直觉,可以通过训练分析综合的能力来进行。这种思维方式的好处在于分析的过程被大大压缩,思考的过程没有固定的方向和线路,当思维受阻时,可迅速转变方向、另辟蹊径。

第五节　灵感思维

一、什么是灵感思维

灵感思维（inspirational thinking）是长期思考的问题受到某些事物的启发忽然得到解决的心理过程。灵感是人脑的机能，是人对客观现实的反映。灵感思维活动本质上就是一种潜意识与显意识之间相互作用、相互贯通的理性思维认识的整体性创造过程。

扩展阅读4-4
蛇头咬住了蛇尾——苯分子的结构

在人类历史上，许多重大的科学发现和杰出的文艺创作，往往是灵感的智慧之花闪现的结果。例如，德国化学家凯库勒长期从事苯分子结构的研究，一天由于梦见蛇咬住了自己的尾巴形成环形而突发灵感，得出苯的六角形结构式。

灵感思维作为高级复杂的创新思维理性活动形式，它不是一种简单逻辑或非逻辑的单向思维运动，而是逻辑性与非逻辑性相统一的理性思维整体过程。

灵感与创新息息相关，灵感不是唯心的、神秘的东西，它是客观存在的，是思维的特殊形式，是一种使问题瞬间澄清的顿悟，是人在思维过程中带有突发性的思维形式长期积累、艰苦探索的一种必然性和偶然性的统一。

视频4-5

【案例4-13】米老鼠的诞生

华特·迪士尼（Walt Disney）曾一度从事美术设计，后来他失业了。他原来和妻子住在一间老鼠横行的公寓里，失业后因付不起房租，夫妇俩被迫搬出了公寓。他们不知该去哪里。一天，二人呆坐在公园的长椅上，正当他们一筹莫展时，突然从迪士尼的行李包中钻出一只小老鼠。望着老鼠机灵滑稽的面孔，夫妻俩感到非常有趣，心情一下子就变得愉快了，忘记了烦恼和苦闷。这时，迪士尼头脑中突然闪过一个念头，对妻子惊喜地大声说道："好了！我想到好主意了！世界上有很多人像我们一样穷困潦倒，他们肯定都很苦闷。我要把小老鼠可爱的面孔画成漫画，让千千万万的人从小老鼠的形象中得到安慰和愉快。"风靡世界数十年的米老鼠就这样诞生了。

在失业前，迪士尼一直住在公寓里，每天从早到晚都同老鼠生活在一起，却并没有产生这样的设想。而在穷途末路、面临绝境的时候出现了这样的灵感，原因何在？其实，米老鼠就是触发了灵感的产物。他说："米老鼠带给我的最大礼物，并非金钱和名誉，而是启示我陷入穷途末路时的构想是多么伟大！还有，它告诉我倒霉到极点时，正是捕捉灵感的绝好机会。"

二、灵感思维的特征

灵感思维具有突发性、独创性、瞬时性、情感性、模糊性、跳跃性、随机性和艰巨性等八种特征。

1. 突发性

逻辑思维是按一定规律、有意识地寻求问题解决方案，想象思维是主动自觉地进行搜索，而由灵感触发的思维却往往是在出其不意的刹那间突然出现。

2. 独创性

灵感有时会给我们带来令人耳目一新的奇思妙想。灵感的出现是创新思维的质的飞跃，它不是逻辑推理的结果，而是在外界事物的刺激下对原有信息进行的迅速的改造。

3. 瞬时性

灵感转瞬即逝，如果没有来得及抓住它，它就会飘逝得无影无踪，给人留下遗憾。因为灵感是潜意识带给人们的指引，有点像梦中的景象，稍不留神灵感的火花就会熄灭。

4. 情感性

灵感来临时是一种顿悟的状态，往往伴随着情绪高涨、神经系统高度地兴奋。尤其在艺术创作领域，灵感的情感性特点表现得非常突出。

5. 模糊性

灵感只是给人指明一个方向、一个途径，要想取得最后的成果，还要对它进行深入的加工。有时，灵感只给我们提供了一些零碎的启示和线索，沿着这条线索进行思考，才能得出意料之外的成果。

6. 跳跃性

由灵感产生的思考是一种思考形式和过程的突变，表现为逻辑的跳跃性。灵感的出现所得到的一些绝妙的想法和新奇的方案不是一个连续的、自然的进程，而是一个质的飞跃的过程。

7. 随机性

灵感的突然到来，往往有一个触发点，而这个触发点有一定的随机性，也就是偶然的因素在很大程度上会促成灵感的涌现。在科学发现和艺术创作中，灵感时常会起到积极的作用，很多科学家和艺术家都能够抓住这偶然的触发点。同时，灵感也来源于广博的知识和分析及解决问题的能力。

8. 艰巨性

灵感离不开长期的积累、反复的思考，所谓"长期积累、偶尔得之"。只有具备持之以恒、锲而不舍、百折不挠的精神，不断地努力追求，才有可能得到灵感的眷顾。

三、引发灵感思维的方法

引发灵感最常用的一般方法，就是愿用脑、会用脑、多用脑，也就是遵循引发灵感的客观规律科学地用脑。常用以下几种方法来引发灵感思维。

1. 观察分析

在进行科技创新活动的过程中，自始至终都离不开观察分析。观察不是一般的观看，而是有目的、有计划、有步骤、有选择地去观看和考察所要了解的事物。通过深入观察，可以从平常的现象中发现不平常的东西，可以从表面上貌似无关的东西中发现相似点。在观察的同时必须进行分析，只有在观察的基础上进行分析，才能引发灵感。

2. 启发联想

新认识是在已有认识的基础上发展起来的。旧与新、已知与未知的连接是产生新认识的关键。因此，要创新，就需要联想，以便从联想中受到启发，引发灵感，形成创造性的认识。

3. 实践激发

实践是创造的阵地，是灵感产生的源泉。在实践激发中，既包括现实实践的激发，又包括过去实践体会的升华。在实践活动的过程中，迫切解决问题的需要促使人们去积极地思考问题，废寝忘食地去钻研探索。科学探索的逻辑起点是问题，因此，在实践中思考问题、提出问题、解决问题，是引发灵感的一种非常好的方法。

4. 激情冲动

激情能够调动全身心的巨大潜力去创造性地解决问题。在激情冲动的情况下，可以增强注意力、丰富想象力、提高记忆力、加深理解力，从而使人产生出一股强烈的、不可遏止的创造冲动，并且表现为自动地按照客观事物的规律做事。这种激情冲动是建立在准备阶段经过反复探索的基础之上的，因此也可以引发灵感。

5. 判断推理

判断与推理有着密切的联系，这种联系表现为推理由判断组成，而判断的形成又依赖于推理。推理是从现有判断中获得新判断的过程。因此，在科技创新活动中，对于新发现或新产生的物质的判断，也是引发灵感、形成创造性认识的过程。所以，判断推理也是引发灵感的一种方法。

上述几种方法是相互联系、相互影响的。在引发灵感的过程中，不是只用一种方法，有时是以一种方法为主、其他方法交叉运用的。

【思考与练习4-4】

1. 请在1分钟以内，思考如何设计一款具有以下功能的手机：

功能1　用来急救救援；功能2　用来驾驶。

2. 请在1分钟以内，思考如何设计一款具有以下功能的水笔：

功能1　用于沙漠中；功能2　用来照明。

3. 请在1分钟以内，思考如何设计一款具有以下功能的计算器：

功能1　可穿戴；功能2　可播放。

4. 请在1分钟以内，思考如何设计一款具有以下功能的台灯：

功能1　可用来娱乐；功能2　可用于户外。

四、灵感思维的训练

1. 灵感的捕获

灵感的捕获需要长期的思想活动准备，因为灵感是人脑进行创造活动的产物，所以长期思考是基本条件。

灵感的捕获需要兴趣和知识的准备，广泛的兴趣、丰富的知识经验有利于借鉴，容易得到启示，是捕获灵感的另一个基本条件。灵感的捕获还需要智力的准备，包括观察、联想、想象；也需要乐观镇静的情绪，愉快的情绪能增强大脑的感受能力。除此之外，灵感的捕获更需要注意摆脱习惯性思维的束缚，并珍惜最佳时机和环境。

灵感的捕获需要有及时抓住灵感的精神准备和及时记录下灵感的物质准备。许多有创造性精神的人都曾体验过获得灵感的滋味，但因为事先没有准备而没有及时记下这些灵感，事过境迁就再也想不起来了。当然，并不是头脑里出现的灵感都有价值，但记录下来以后可以慢慢琢磨，决定取舍。

2. 灵感的诱发

灵感的诱发有外部机遇诱发和内部积淀意识引发，外部机遇诱发包括思想点化、原型启发、形象发现和情景激发，内部积淀意识引发包括无意遐想和潜意识。

（1）思想点化

思想点化一般在阅读或交流中发生。如达尔文从马尔萨斯人口论中读到"繁殖过剩而引起竞争生存"时突然想到，在生存竞争的条件下，有利的变异会得到保存，不利的变异则被淘汰，由此促进了生物进化论的思考。

（2）原型启发

这是根据自己要研究的对象的模型启发而产生的灵感。如英国工人哈格里沃斯发明纺纱机，就是受到原来水平放置的纺车偶然被他踢翻变成垂直状态的启发才研制成功的。

扩展阅读4-5
解析几何的诞生

（3）形象发现

就是通过发现某个现象而引发的灵感。如意大利文艺复兴时期的著名画家拉斐尔想构思一幅新的圣母像，但很久难以成形。在一次偶然的散步中，看到一位健康、淳朴、美丽、温柔的姑娘在花丛中剪花，这一富有魅力的形象吸引了他，立刻拿起画笔创作了《花园中的圣母》。

（4）情景激发

通过看到某个情景而引发的灵感。如我国作家柳青经过农村生活的体验写出了《创业史》。但七年后，当他想改写时却找不到感觉。只有当他再次回到农村后，那些农民的情感及自己对农村生活的眷恋才一起被激活，产生了创作灵感。

（5）无意遐想

这种遐想式的灵感在创造中很常见，如作家在散步或郊游时因沉思或回忆而闪现的灵感，它多是因为心情的放松而使得积淀在无意识中的体验自由涌现。这一类情形还可以在梦幻中出现，据说作家郭沫若经常从睡梦中跳起，抓来纸和笔记录下梦中偶得的诗句，且都是神来之笔。总之，这种自由的无意想象通常是作家在内心宁静时充分调动和依从无意识的结果。

（6）潜意识

与无意遐想的轻松心态下产生的灵感相反，这种灵感的诱发则是人脑中平时未发挥作用的那部分潜在的智能在危机状态中的突然激发，如广为人知的曹植写出《七步诗》的故事。

【案例4-14】袁隆平的"成才经验"

"有人问我，你成功的秘诀是什么？我想我没有什么秘诀，我的体会是在禾田道路上，我有八个字：知识、汗水、灵感、机遇。"2019年9月26日，西南大学农学与生物科技学院的同学们收到了老学长"杂交水稻之父"袁隆平的回信，信中袁隆平分享了自己成功的"秘诀"。

袁隆平说，"知识、汗水、灵感、机遇"这八个字，知识是基础，比如做遗传学的研究，专业方面的知识就要比较深厚；第二是汗水，应用科学研究要实干苦干才能实践出真知；灵感是思想火花，思想火花来了要把它记好。袁隆平还寄语同学们要做有心人，机遇宠爱有心人，好的机遇也不能放过。

可见，创造性思维的产生、灵感的获得是以现有的知识经验为基础的，在具备了这个基础条件之后再进行思考和探索，才能获得有效的创造性思维成果。

思考与练习4-5
想象力测试

【思考与练习4-5】

测测你的想象力。

【思考与练习4-6】

头脑折纸虚拟练习。

在头脑中想象一张正方形的纸，折叠一次让它可以立体地放在桌面上。试试自己能想出多少种办法。

如果折两次呢？如果折三次呢？

第五章　方向性思维

科学在不断改变思维角度的探索中前进。

——［意大利］伽利略

微型电冰箱的发明

很长时期以来，大型电冰箱几乎每个家庭都有。后来人们逐渐发现，电冰箱除了可以在办公室、家里使用外，还可安装在野营车上，使人们外出旅游的舒适程度大大提高。

微型电冰箱与家用电冰箱在工作原理上没有区别，其差别只是产品所处的环境不同。日本人把电冰箱的使用环境由家庭转换到了办公室、汽车等场所，有意识地改变了产品的使用环境，引导和开发了人们潜在的消费需求，从而达到了创造需求、开发新市场的目的。

微型电冰箱的成功主要归功于人们思维方式的发散。通过发散的思维，想出了电冰箱所有可能的使用环境，最终发明了微型电冰箱，改变了许多人的生活方式。

英国著名哲学家弗兰西斯·培根曾说："跛足而方向正确的人能赶过健步如飞但误入歧途的人。"如果把思路比作道路的话，思维方向的重要性便由此而知。创新思维早期的研究问题，主要集中于想象、灵感这些思维形式方面。后来，"发散性思维和收敛性思维的提出，首先使人们在关注创新思维形式的同时，还发现了与创造过程关系更为密切的思维方向问题。考虑使用哪一种思维形式，有助于我们从微观上把握创造；考虑思维方向有助于我们从宏观上理解创新思维和创造过程。思维方向的把握是从战略上运用创新思维形式的过程"。因此，思维方向与创造过程的关系比思维形式更为重要。思维向四面八方发散时，需要综合地运用多种思维形式；即使是思维收敛时，也要综合运用概念、判断和推理这些逻辑思维形式。特别要注意的是，不仅美国学者卢森堡所讲的两面神思维是正向与逆向的互补，"就是发散与收敛、横向与纵向也是互补的"。因此，有必要探讨"这种具有对立统一实质的两面神思维的创造性"。

【案例5-1】中国传统文化中的"龙"

在中国传统文化中，"龙"有着重要的地位和影响。从远古的新石器时代，先民们就有对"龙"图腾的崇拜，到今天，人们仍然多以带有"龙"字的成语或典故来形容生活中的美好事物。"龙"已渗透中国社会的各个方面，成为一种文化的凝聚和积淀。"龙"成了中国的象征、中华民族的象征、中国文化的象征。

"龙"的形象深入社会的各个方面，"龙"的影响波及了文化的各个层面，多彩多姿。"龙"形装饰、"二月二龙抬头"、元宵节舞龙、端午节赛龙舟等，已成为长期流行的民间文化。

我们追寻"龙"的踪迹，进入远古的历史中"龙"的世界，从相关的书法、美术等艺术作品中汲取丰富的内涵，可以帮助我们发散思维、开展创作。

第一节　发散思维与收敛思维

一、发散思维与收敛思维的概念

发散思维的一般定义是指在解决问题的思考过程中，不拘泥于一点或一条线索，而是从仅有的信息中尽可能扩散开去，不受已经确定的方式、方法、规则或范围等的约束，并从这种扩散的或辐射式的思考中，求得多种不同的解决办法，衍生出不同的结果（见图5-1）。而收敛思维是指在解决问题过程中尽可能地利用已有的知识和经验，把众多的信息逐步引导到条理化的逻辑程序中去，以便最终得出一个合乎逻辑规范的结论（见图5-2）。发散思维即产生式思维，运用发散思维产生观念、解答、问题、事实、行动、观点、方法、规则、图画、概念、文字。思维发散过程需要发挥知识和想象力，而收敛思维是选择性的，在收敛时需要运用知识和逻辑。

扩展阅读5-1
吉尔福特的智力结构模式

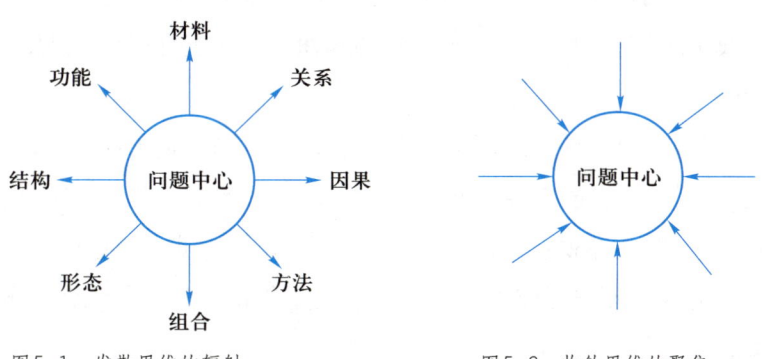

图5-1　发散思维的辐射　　　　　图5-2　收敛思维的聚焦

发散思维追求思维的广阔性，海阔天空、大跨度地进行联想，它的量和质直接决定发散思维取得的结果和要达到的目的。它主要包括联想、想象、侧向思维等非逻辑思维形式。而收敛思维在创造学著作中虽不如发散思维多见，但却是生活中最经常使用的一种思维，收敛思维包括分析、综合、归纳、演绎、科学抽象等逻辑思维和理论思维。

【思考与练习5-1】
基于"龍"字的设计。
请仔细观察繁体字"龍"的笔画和由笔画围合的空间，体会"龍"字的笔韵和内涵。假定在一个空地上设计一个充分体现"龍"字意境的中式花园。你可以使用所需要的任何元素，如花、草、水体、建筑、雕塑等。

思考与练习5-2
参考答案

【思考与练习5-2】
尝试利用发散思维发明一种新式的台灯。

二、发散思维的特点和应用

1. 发散思维的特点

一个人发散思维能力的强弱一定程度上决定了其创新能力的强弱。一般说来，发散思维具有流畅性、灵活性和独特性三大特点。

视频5-1

（1）流畅性

流畅性是指短时间内能够就任意给定的发散源选出较多的观念和方案，即对提出的问题反应敏捷，表达流畅。机智与流畅性密切相关。流畅性反映的是发散思维的速度和数量特征。

目前课堂教学中往往注重的是收敛思维的培养和训练，追求标准答案，缺乏的恰恰是那种能充分发挥学生主动性和创造性的发散思维训练，我们应该让学生追求多种答案。法国哲学家查提尔说："当你只有一个点子时，这个点子再危险不过了。"因为那一个点子，说不定就是最愚蠢的一个，只有提出多个点子，进行比较后再选择，才能避免失误。

曾有人请教爱因斯坦，他与普通人的区别何在。爱因斯坦答道：如果让一位普通人在一个草垛里寻找一根针，那个人在找到一根针之后就会停下来；而他则会把整个草垛掀开，把可能散落在草里的针全部找出来。爱因斯坦在科学领域之所以能够取得那么大的成就，就是因为他在科学研究的过程中，不会找到一个方法后就停下来，而是不断地想出更多的办法，找到解决问题的方案，这充分体现了发散思维的流畅性。

（2）灵活性

灵活性是指思维能触类旁通、随机应变，不受消极思维定势的影响，能够提出类别较多的新概念。可举一反三，提出不同凡响的新观念、解决方案，产生超常的构想。变通过程就是克服人们头脑中某种自己设置的僵化思维框架，按照新的方向来思索问题的过程。

灵活性比流畅性要求更高，需要借助横向类比、跨域转化、触类旁通等方法，使发散思维沿着不同的方向扩散，表现出极其丰富的多样性和多面性。

吉尔福特在"非常用途测验"中，要求学生在八分钟之内列出红砖的所有可能的用途。某个学生说红砖可以盖房子、盖仓库、建教室、修烟囱、铺路、修炉灶等。所有这些回答都是把红砖的用途局限于"建筑材料"这个范围内，缺乏变通。另一个学生说红砖可以打狗、压纸、支书架、钉钉子、磨红粉等。这些回答的灵活性较大，多数是红砖的非常规用途。因此后者的灵活性好，创新能力比前者高。

（3）独特性

所谓独特性就是指超越固定的、习惯的认知方式，以前所未有的新角度、新观点去认识事物，提出不为一般人所有的、超乎寻常的新观念。它更多地表征发散思维的本质，属于最高层次。红砖能够当尺子、画笔、交通标志等想法就属于独特性思维。

流畅性、灵活性、独特性三个特征彼此相互关联。思路的流畅性是产生其他两个特征的前提，灵活性则是提出具有独特性新设想的关键。独特性是发散思维的最高目标，是在流畅性和灵活性基础上形成的，没有发散思维的流畅性和灵活性，也就没有其独特性。

2. 发散思维的训练

发散思维可以使人思路活跃、思维敏捷，办法多而新颖，考虑问题周全，能提出许多可供选择的方案、办法及建议。特别能提出一些别出心裁、一语惊人，甚至完全出乎人们意料的见解，使问题奇迹般地得到解决。为了提高发散思维的能力，可以从以下八个方面进行训练。

① 材料发散。以某事物作为材料，以它为发散点，设想其用途。如列举投影仪、饮料瓶、电吹风的用途等。

② 功能发散。以某一事物的功能为发散点，设想实现该功能的途径。如怎样实现自行车防盗，怎样高效地利用太阳能，怎样可以使聋哑人打电话，等等。

③ 结构发散。以某事物的结构为发散点，设想具有该结构的事物或具有该结构的用途。如四面体结构有何用途，书页式结构有何用途，等等。

④ 形态发散。以事物的形态为发散点，设想出利用该形态的可能性。如椭圆形可以用在哪里，红颜色可以用在哪里，等等。

⑤ 组合发散。以某事物为发散点，尽可能多地设想与另一事物联结成具有新价值的事物的可能性。如钢笔可以与什么组合，铅笔盒可以与什么事物进行组合，等等。

⑥ 方法发散。以某种方法为发散点，设想该方法的多种用途。如利用爆炸的方法可以办成哪些事情，空气压缩的方法可以用在哪些地方，等等。

⑦ 因果发散。以某事物发展的结果为发散点，推测产生该结果的原因；或以某事物的起因为发散点推测其可能产生的结果。如分析造成学生负担过重的原因有哪些，列举重男轻女的观念会造成怎样的后果，等等。

⑧ 关系发散。以某事物为发散点，尽可能多地设想与其他事物的关系。如回答自己是谁，月亮与人类有哪些关系，等等。

三、收敛思维的特点和应用

1. 收敛思维的特点

收敛思维具有唯一性、逻辑性和比较性三大特点。

（1）唯一性

尽管解决问题有多种多样的方法和方案，但最终总是要根据需要，从各种不同的方案和方法中选取解决问题的最佳方法或方案。收敛思维所选取的方案是唯一的，不允许含糊其词、模棱两可，一旦选择不当就可能造成难以弥补的损失。

（2）逻辑性

收敛思维强调严密的逻辑性，需要冷静的科学分析。它不仅要进行定性分析，还要进行定量分析，要善于对已有信息进行加工，由表及里、去伪存真，仔细分析各种方案可能产生的后果及应采取的对策。

（3）比较性

在收敛思维的过程中，对现有的各种方案进行比较才能确定优劣。比较时既要考虑单项因素，又要考虑总体效果。

2. 收敛思维的应用

平时我们碰到的大多数问题比较明确，很容易找到问题的关键，只要采用适当的方法，问题便能迎刃而解。但有时一个问题并不是非常明确，很容易产生似是而非的感觉，把人们引入歧途。

应用收敛思维能够帮助我们正确地确定搜寻的目标，进行认真的观察并做出判断，找出其中关键的因素，围绕目标进行有目的地收敛。其要点是，确定搜寻目标（注意目标），进行观察并做出判断。通过不断的训练，促进思维识别能力的提高。

在收敛思维的应用过程中，目标的确定越具体越有效，不要确定那些各方面条件尚不具备的目标，这就要求人们对主客观条件有一个全面、正确、清醒的估计和认识。目标也可以分为近期的、远期的、大的、小的。开始运用收敛思维时，可以先选小的、近期的目标进行聚焦，能够熟练应用后再逐渐扩大目标选择的范围。然后，围绕问题进行反复思考，逐步使原有的问题一步步聚拢，最终达到质的飞跃。

【案例5-2】日本人收集大庆油田的情报

20世纪60年代我国对大庆油田进行勘探和开发。由于政府对外保密，绝大多数中国人都不知道大庆油田在哪，而日本人却借助收敛思维的分析对大庆油田的信息了如指掌。

日本人首先从画报上刊登的"铁人"王进喜的大幅照片推断出大庆油田在东北三省偏北处，因为照片上的王进喜身穿大棉袄，头戴大皮帽，背景遍地积雪。接着，他们又从另一幅肩扛人推的照片，推断出油田离铁路沿线不远。之后，他们从《人民日报》的一篇报道中看到这么一段话，王进喜到了马家窑，说了一声："好大的油海啊，我们要把中国石油落后的帽子扔到太平洋里去。"据此，日本人推断，大庆油田的中心就在马家窑。

那么，大庆油田什么时候产油了呢？日本人判断为1964年。因为王进喜在这一年参加了第三届全国人民代表大会。如果不出油，王进喜不会当选为人大代表。

日本人还准确地推算出大庆油田油井的直径大小和大庆油田的产量，依据是《人民日报》上的一幅钻塔的照片和《人民日报》刊登的国务院政府工作报告。他们把当时公布的全国石油产量减去原来的石油产量，便推算出大庆的石油年产量为3 000万吨，这与大庆油田的实际年产量几乎完全一致。

有了如此多的准确情报，日本人迅速设计出适合大庆油田开采的石油设备。当我国政府向世界各国征求开采大庆油田的设计方案时，日本人便一举中标。

日本人探察大庆油田的过程运用了收敛思维。首先，他们没有采取秘密刺探的手段，而是从中国的官方资料查明和推算出所需的一切情报；其次，他们搜集情报的思维方法与常人大不相同，是沿着由表及里的思路搜集有用的公开情报信息。这种搜集信息的方式虽然简单易行，但却要求信息分析人员具备较高的思维素质和洞察力，能够迅速分辨出哪些信息有用，哪些信息无用；哪些信息是真的，哪些信息是假的。

【思考与练习5-3】

找出下面每组词语中与众不同的内容：

（1）汽车、飞机、摩托车、电动车

（2）听、看、哭、尝、摸、嗅

（3）精神、爱、善、光、黑、物质、憎、恶、热、白

四、发散思维和收敛思维的结合

从一个相对完整的思考过程的角度来说，发散思维与收敛思维是创新思维过程中相辅相成的统一体，缺一不可。

无论是吉尔福特原本意义上的发散性加工与收敛性加工，还是后人发挥的发散思维与收敛思维，它们都具有互补的性质。它们不仅在思维方向上是互补的，在思维操作的性质上也是互补的。因为这一对矛盾属于思维操作过程，因此必须在阶段上加以区分。

1. 解题过程在时间上分开

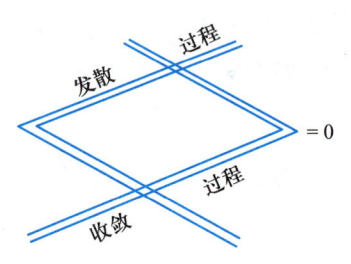

图5-3　同时发散和收敛等于零

吉尔福特认为，发散性加工只提出备选的方案，要识别哪些是好的方案，需要评价的介入。美国创造学者M.J.科顿形象地描述了发散思维与收敛思维之间必须在时间上分开，如图5-3所示。如果二者混在一起，会大大降低思维的效率。运用延迟判断的技巧是将发散思维与收敛思维分开的关键。

延迟判断起到了保护想象力的作用，使提出设想的阶段不会过早地受到判断的干扰。因为判断是用已有的知识、经验去审视事物。创新设想产生的开始阶段需要思维充分地发散才有可能激发想象力，打破旧的条条框框的束缚，提出新颖独特的想法。如果一开始就进行判断，新的想法还未成形，或过于粗糙，就会失去继续发展完善的机会。

扩展阅读5-2
解题过程发散
思维与收敛思
维的互补

延迟判断还有利于主体产生酝酿效应。酝酿对解决棘手的问题相当重要。酝酿就像"孵小鸡"，必须经过一段时间。如果在酝酿阶段总是不断地有判断参与，就无法进入无意识状态，酝酿就趋于失败。

思维发散过程中同时收敛，之所以会影响创新设想的产生，是因为判断会阻碍发散的继续进行。思维应该收敛的时候，发散还在继续，就会降低工作效率，使解决问题变得无止境。分开是必要的，但分开是为了更好地结合。

2. 解题质量相互弥补

（1）解题过程的互补

发散思维与收敛思维在思维方向上的互补，以及在思维过程上的互补，都是创造性解决问题所必需的。发散思维是向四面八方发散，收敛思维是向一个方向聚集。在解决问题的早期，发散思维起到更主要的作用；在解题后期，收敛思维则扮演着越来越重要的角色。尤其是在通过数学和严密的逻辑思维得出解决问题的方法时，收敛思维的作用就更为重要。创造性解决问题的每一个阶段，都需要发散思维与收敛思维一张一弛，相辅相成，那种以为创新思维就是发散思维的看法是片面的。

（2）擅长发散思维的人与擅长收敛思维的人互补

有的人善于使用发散思维，有的人善于使用收敛思维。因此，为了达到一种平衡，在组建团队时，最好各种思维特点的人组合在一起，彼此互补。如果都是擅长发散思维的人在一起，讨论问题就会陷入无休止的方案提出阶段，永远得不到一个结果。

一般说来，发散思维中想象力可以自由驰骋，而收敛思维则能促使想象回到现实。没有发散，设想很难新颖、独特；没有收敛，任何独特的设想也难以具有现实性的意义。由于发散思维与收敛思维也构成了彼此之间的相互依存与相互补充，所以我们也可以把发散思维与收敛思维在创造过程中的方向互补所起的作用，看作是两面神思维的运用。

【思考与练习5-4】

鼠标的新用途。

在2012年柏林消费电子展览会上，出现了很多新奇的产品。如图5-4所示，这款带有扫描功能的鼠标可将压在鼠标下的文档或图片经由内置扫描仪扫描后无线上传至电脑，精确度达到1 200 dpi。当然，经过设置后也可直接上传至社交平台或在线翻译，方便快捷。

你是否还能想到鼠标的新用途？先让思维发散，尽量多地想出主意，不要判断，如读书、吃东西、签字……半小时过去后再收敛，即对所有设想进行评判，最终选择的方案要像这款具有扫描功能的鼠标一样，自然、合理、可行、有实用价值。

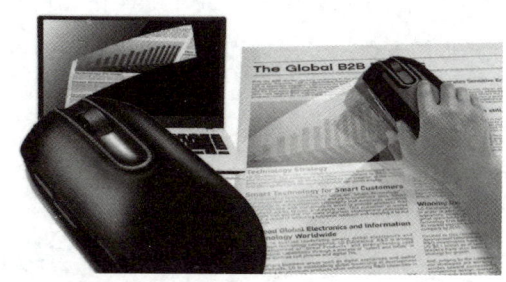

图5-4　具有扫描功能的鼠标

【思考与练习5-5】

要求笔不离开纸面，如何用一笔画出图5-5所示的图形？

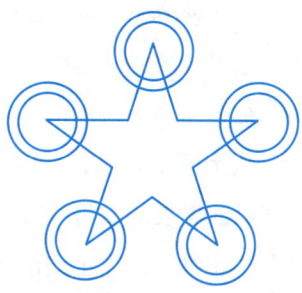

图5-5　一笔画出图形

第二节　横向思维与纵向思维

【案例5-3】酷特智能："互联网＋制造业"的魔幻工厂

　　智能技术和互联网技术改变了人们衣食住行的方式，并进一步影响更多的传统制造业。传统制造业如何与互联网结合起来，让生产过程更智能？青岛酷特智能股份有限公司（以下简称酷特智能）便是其中的代表。酷特智能用了11年的时间，投资2.6亿元研发出一套由信息化、大数据构建的个性化定制系统。如今，酷特智能是全球第一家完全实现服装100%工业化定制的公司，订单遍布全球。酷特智能将互联网技术、数字技术与传统制造业结合，实现了个性化定制服装的数字化大工业3D打印模式。这种模式可以低成本、高效率地改造传统企业。传统企业只需增加软件和信息化硬件设备，便可进行流程再造。在酷特智能，整个企业就好比一台数字化大工业3D打印机，全程由数据驱动。所有的信息、指令、语言、流程等最终都转换成计算机语言。根据客户量体数据即可完成所有的定制和服务，无须人工转换、纸质资料传递，数据被完全打通，可实时共享传输。每位员工都是在互联网云端获取数据，与市场和用户实时对话，零距离服务，真正实现了在线工作而不是在岗工作。数字化大工业3D打印模式具备超强的满足个性化定制需求的能力，使企业的效率和质量大大提升，增强了市场的竞争力。

　　借助大数据和3D打印模式，酷特智能成为中国首批将工业4.0落地的企业。然而对于酷特智能而言，其所体现的最大价值，不仅在于颠覆了原有的制造业模式，用工业化手段实现个性化定制，还在于它为中国传统低端制造企业的转型提供了数字化解决方案，成功打造了"互联网＋制造业"的魔幻工厂。

一、横向思维与纵向思维的概念

扩展阅读5-3
六顶思考帽

　　横向思维（lateral thinking）概念由英国学者德·波诺于1976年首次提出，它与纵向思维（vertical thinking）概念相对应。"Lateral"也有"侧面的""从旁的""至侧面的"意思，故横向思维也可称为侧向思维。在此基础上，德·波诺建构了一个培育创新思维的体系——六顶思考帽。

　　仅从字面上理解，横向、纵向是描述空间方位的术语。因此，纵向思维是垂直的、向纵深发展的、直线式的思维；而横向思维则是横向地向空间发展的、向四面八方扩散的思维。但德·波诺将纵向思维与横向思维的差异进一步引申为逻辑思维与非逻辑思维的不同。他认为纵向思维一词指传统的逻辑思维，而横向思维是背离理性规则的、探索各种可能的思维，是允许失败的宽容态度，有了这种态度，游戏、好奇、想象、机遇都会有用武之地，表面无关的信息可以闯入，闲暇式的胡思乱想也可以发生。但是，横向思维虽然离理性规则和纵向思维偏离较远，但它却是受到主体有力控制的。

横向思维的概念是针对旧的纵向思考习惯和模式而建立的。德·波诺认为，人的大脑根据周围的事物建立模式，而模式一旦建立就难以打破。模式形成后的工作效率很高，代码体系会自动地处理许多信息，决定注意力的分配，节约人的精力，因而得到人们的偏爱。但遇到新问题，旧模式就变成了阻力。创新思维则需要打破旧模式，建构新模式。

因此，从本质上说，横向思维是感知过程与思维过程的结合。按传统的心理学理论，感知与思维是不同的心理过程，感知是思维的基础，思维是高级的心理活动。可是在德·波诺看来，创新感知和创新思维是不能截然分开的。横向思维使人们首先通过横向扩大注意力的范围，获得全新的信息，使得信息搜索的过程更富于创造性；再通过自由联想，向主导观念或概念挑战，以及进行想象，提出创造性的方案，最后进行综合性的评价。

【思考与练习5-6】

怎么让孩子重返校园？

一个刚刚开发的山区，山上有很多野兔、野猴之类的动物，当地人依靠向游客兜售地方产品如兽皮、特色服装、山珍等为生。山区开了一所学校，但是很多学龄儿童都去帮父母做生意不来上学。你能运用创新思维想出一套方案帮助儿童重返学校吗？

思考与练习5-6
参考答案

二、横向思维的特点与运用

1. 横向思维的特点

视频5-2

实际上，若把"lateral thinking"译成侧向思维，"vertical thinking"译成笔直思维，或许更符合德·波诺的原意，因为横向思维的主要特征是对侧向思维的关注。

对侧向思维的关注有两层含义：一是解决问题时，故意暂时忘却原来占据主导地位的想法，去寻找原本不会注意的另一思路，即对侧路的注意；二是作为一种解决问题的技巧，不从正面突破，而是迂回包抄，即间接注意法。

扩展阅读5-4
突破汽车设计
的传统

（1）向主导观念挑战

人们解决问题时常碰到这样的情景，要么不知不觉思路就被引上了早已确定的途径，根本想不到还有另外可供考虑的方案；要么本来想得出更新颖、独特的想法，可头脑中总是被那个挥之不掉的、最初的、流于一般的想法占据着。这就是所谓的主导观念在起作用。它使人很难得出其他任何想法，围绕主题的注意力都被这个主要通道所吸引，其他可能性则都被忽略。横向思维概念所推崇的向主导观念挑战，就是让人先跳出主导观念，然后避开它，使思路不再受主导观念左右，从而发现更好的设想。

【案例5-4】"随时贴"的发明

黏胶，当然是越黏越好。当我们买胶黏剂的时候，总是要挑黏着力最强的。这便是"黏"这个概念给我们的意义。但是，当我们对这个主导观念进行挑战的时候，发现了意想不到的作用。美国3M公司是一个著名的化学品公司，曾经发明过透明胶带等产品。1964年，美国3M公司召开4年一次的聚合黏胶研究计划会，研究员史尔华没有拿出超强的黏胶，却研究出一种内聚性较强、附着性较弱、黏不紧的超弱性黏胶，大家都疑惑"不黏的黏胶有什么用"，史尔华却认准不黏的黏胶一定有用。

直到1974年，史尔华的一位同事佛瑞看到夹在基督教唱诗本中起提示作用的小纸条经常从书中掉出来，他灵机一动，想到在纸条上加点超弱黏胶，纸条既掉不下来又不会黏坏书。之后，这种叫"随时贴"的产品在1978年上市，立刻风靡美国市场。3M公司总裁说："自从本公司推出透明胶带后，20多年来，还没有一项产品那么简单，用途却那么广。"正是突破了胶黏剂一定要黏的概念的束缚，"随时贴"才能够风靡全世界。

（2）间接注意

间接注意的策略是注意力不直接指向目标，而是通过注意与最终目标有关联的间接目标自然地达到目的。整个程序可化解为：目标A→C，但从A并不直接到达C，因为这样做有阻碍；转而注意B，B自然伴随C，由B→C，变成A→B→C。例如，要想从深山峡谷中取到金刚石非常危险。采石者会采取一种策略，先向峡谷中扔肉块，山里的秃鹫会飞去衔肉块，飞回山顶时，采石人抓住秃鹫，取回沾了金刚石的肉块。这就是运用间接注意的方法解决问题。扔肉块必然导致秃鹫取肉，也伴随着肉块沾上金刚石的结果。

我们还可借用"驼峰效应"来说明间接注意。"驼峰效应"的说法出自滑雪运动。尽管人的目的是轻松愉快地顺着山坡往下滑，但是必须先登上山顶才能下滑。有时，为了长远利益，必须牺牲眼前利益；为了出拳有力，必须先把拳头缩回来。也就是说，不直接去解决问题，采取间接、迂回解决问题的思路，其实就是一种间接注意法。运用间接注意法需要从事物联系的角度去考虑，很多事物一环扣一环，触动一个，必然会影响下一个。厘清事物之间的联系，有预见性地去做事，事半功倍。

迂回地解决问题的方法，利用的是事物的联系和矛盾的转化。德·波诺的横向思维概念所包括的这种思维技巧，使抽象的哲学原理变成具有可操作性的方法，会使更多的人理解它的奥妙。

2. 横向思维方法的应用：打破惯性思维

① 第一步，针对你要解决的问题，先跳出占据你头脑的那个主导观念。主导观念的主要特征是：当面对一个问题时，思考者不由自主首先想到的，有时甚至是不假思索地跳出来的解题方法。这种方法可能是常人都能找到的方法。

② 第二步，找出主导观念后，要有意识地避开或者远离主导观念，尽量在头脑中排除它，从侧向或其他方向寻找思路和方法，这样找到的设想肯定是与众不同的。

【案例 5-5】向传统的缝纫技术挑战，你能得出什么新的设想吗？

缝纫技术的根本用途是缝制衣被，这可以说是普通常识。

向这个主导观念挑战！你能想到它可以缝制飞机吗？

美国国家航空航天局和波音公司，利用已有 100 年历史的缝纫技术研制出一种新型高速先进缝纫机，这种缝纫机有可能使铝材机翼最终被淘汰。波音公司把复杂的碳纤维复合材料缝制成长 40 英尺、宽 8 英尺的巨大板材，就可以制造出飞机的翼板结构，从而使每个机翼节省大约 8 万颗机械金属铆钉。这样，整个商业飞机机翼的重量可减轻 25%，成本也可降低 20%。长度为 92 英尺的先进缝纫机建在一个深 21 英尺的大坑里，以便桌面系统和支撑设备能够沿长达 75 英尺的两条并行轨道来回移动。位于缝纫机上面的跨线桥装有计算机和激光器，它们在 38 条移动轴线上对针脚进行定位，这一切都无须手工操作。四个缝纫针头采用几英寸长的现成工业用针，对厚度为 1.5 英寸的碳纤维材料进行缝制，缝纫速度为每分钟 3 200 针，缝针密度为每英寸 8 针。先进缝纫机又在碳纤维材料板上缝上一层加固用的网状材料，以增加强度。最后，复合板材再加上一层常用的环氧树脂后，被送往真空室和压热罐进行处理。波音公司一旦选定了首先应用这种技术的机型后，将立即向联邦航空局申请批准使用这种新型机翼结构。所有的军用和民用飞机应当都可以采用这种结构。

这是对新科技的奇妙应用。如果不对缝纫技术只能缝制衣被这一主导观念挑战，就不会有缝合机翼的新技术。

【思考与练习 5-7】

"笔"应该什么样？

向"笔是书写工具"的主导观念挑战，发明一种有新功能的笔或新式的"笔"。

思考与练习 5-7
参考答案

三、横向思维的方法类型

1. 横向移入

横向移入就是跳出本专业、本行业的范围，摆脱习惯性思考，侧视其他方向，将注意力引向更广阔的领域。或者将其他领域已成熟的、较好的技术方法、原理等直接移植过来加以利用；或者从其他领域事物的特征、属性、机理中得到启发，引发对原来思考问题的创新设想。

例如，一百多年前，奥地利的医生奥恩布鲁格想解决怎样检查病人的胸腔积水这个问题。他想来想去，突然想到了自己的父亲。他的父亲是个酒商，在经营酒业时，只要用手敲一敲酒桶，凭叩击声，就能知道桶内有多少酒。奥恩布鲁格想：人的胸腔与酒桶相似，如果用手敲一敲胸腔，凭借声音，是不是也能诊断出胸腔中积水的病情呢？经过反复研究，叩诊的方法就这样被发明出来了（如图5-6所示）。

美国著名科学家、电话的发明人贝尔说过："有时需要离开常走的大道，潜入森林，你才会发现前所未见的东西。"

2. 横向移出

与横向移入相反，横向移出是将现有的设想、已取得的发明、已有的感兴趣的技术和产品，从现有的使用领域、使用对象中摆脱出来，将其外推到其他意想不到的领域或对象上。

例如，法国细菌学家巴斯德发现酒变酸、肉汤变质都是细菌在作怪。经过处理，消灭或隔离细菌，就可以防止酒和肉汤变质。李斯特把巴斯德的理论用于医学界，发明了外科手术消毒法，拯救了千百万人的性命。再如仿生技术（如图5-7所示）等，这些都是利用了横向移出的方法取得成功的案例。

图5-6 叩诊方法的发明

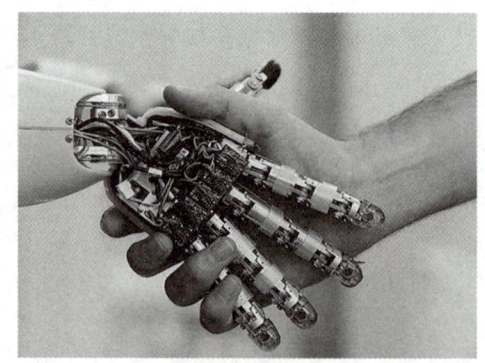

图5-7 仿生技术实例

3. 横向转换

横向转换并不直接解决问题，而是将问题转换成其他问题。

例如，美国柯达公司是生产胶卷的，但在1963年时没有急于卖胶卷，而是生产了一种大众化的自动照相机。当这种照相机受到欢迎时，柯达公司还宣布各厂家都可以仿制，于是世界各地都在生产自动照相机，这就为柯达胶卷开辟了广阔的销售市场。通过横向转换，把复杂的问题简单化，就会取得意想不到的效果。

【思考与练习5-8】

如何测量一栋楼的高度？

从最高一层放下一根绳子着地，再量一下绳子的长度；只要量一层的高度，再乘以层数；用几何的方法；把房子推倒在地上量。毫无疑问，最后一个答案是最可笑的，但是它却是最别出心裁、超出常规的。

你想到什么好方法了吗？

四、纵向思维的特点和应用

1. 纵向思维的特点

（1）专注

纵向思维是一种重分析的传统的科学思维。所谓重分析，就是把研究对象分解成客观存在的各个组成部分，然后分别加以研究。既要分析事物在空间分布上整体的各个组成部分，又要分析事物在时间发展上整个过程的各个阶段，还要分析复杂统一体的各种要素、方面、属性。而且纵向思维按照逻辑的步骤，一步步推演，不能逾越某个阶段。人们使用纵向思维时，每一步都是被逻辑地规定好的。客观的逻辑规则保证在一个逻辑联系网络中每一点的位置与每一步的方位。因此，纵向思维可以给我们带来对事物的深入认识，让我们对事物的研究更专注。

（2）专业

一个人在进行纵向思维时，往往集中于一点，排除一切不相干的东西；而一个人进行横向思维时则欢迎偶然闯入的东西。纵向思维的目标是直达正确的结果，所以，思考过程尽量排除不相干的信息；纵向思维是在原来的模式中思考，必然遵循现有的概念、范畴。这时，事物的类别、含义都已被规定好，纵向思维在这个框架中如鱼得水，畅通无阻。可以设想，如果在一个系统中，概念定义都是混淆的，会带来多大的

扩展阅读5-5
鸟怎样知道回家的路

麻烦。纵向思维总是循着那些最明显的途径前进，以保证人们最快地获得正确的结果，但这些答案或结果不过是被包括在原有的原理之中的。因此，纵向思维对解决常规问题是有效的、合理的，解决问题的方式比较专业。

2. 纵向思维的应用：提供深刻见解

在日本丰田汽车公司，曾经流行一种管理方法，叫作"追问到底法"。就是说，对公司新近发生的每一件事都采用追问到底的态度，以便找出最终的原因。一旦找到了最终原因，那么对一连串的问题也就有了深刻的认识。

比如，公司的某台机器突然停了，那就沿着这条线索进行一系列的追问：

问："机器为什么不转了？"

答："因为保险丝断了。"

问："为什么保险丝会断呢？"

答："因为超负荷而造成电流太大。"

问："为什么会超负荷呢？"

答："因为轴承枯涩不够润滑。"

问："为什么轴承枯涩不够润滑？"

答："因为油泵吸不上来润滑油。"

问："为什么油泵吸不上来润滑油呢？"

答："因为油泵会产生严重磨损。"

问："为什么油泵会产生严重磨损呢？"

答："因为油泵未装过滤器而使铁屑混入。"

追问到此，最终的原因找到了。给油泵装上过滤器，再换上保险丝，机器就能长期正常运行了。如果不进行这一番追问，只是简单地换上一根保险丝，机器短暂转动后又会马上停下来，因为最终的原因没有找到。

【思考与练习5-9】

哲学家的钟。

这是一个很古老的逻辑推理题。一位哲学家有一个钟，但他老是忘了上发条。他没有其他钟表或者收音机、电视等可以告诉他时间。所以每次当他的钟停了，他就会去他的朋友家（从一家到另一家只是平路而已）住一个晚上，然后他回家就知道正确的时间了。

他是怎样做到的？

五、横向思维与纵向思维的互补

横向思维与纵向思维的互补就是非逻辑思维与逻辑思维的互补。

1. 认知互补

德·波诺当初创立横向思维概念，目的就是针对纵向思维的缺陷，提出与之互补的对立的思维方法。而横向与纵向的结合，又确实能使思维变得更加科学。从德·波诺对纵向思维和横向思维所给出的各种定义和解释中，可以很自然地看到这两种思维之间的互补性：主动与被动的互补；生成与分析的互补；启发与选择的互补；或然性与确定性的互补；外行与内行的互补；跳跃思维与按部就班思维的互补；使用否定与没有否定的互补；欢迎偶然闯入与集中于一点、排除不相关方法的互补；范畴、类别、名称的不固定与固定的互补；把信息活用、寻求重新建构与信息精确、机械输入输出的互补。总之，两者之间是富有创造性、建设性与深刻性、精细性的互补。

扩展阅读5-6
逻辑思维与非
逻辑思维共同
构成创新思维

在这里，虽然强调的是横向思维，但在实际生活中，最经常使用的还是纵向思维。德·波诺非常形象地描述了横向思维与纵向思维各自的作用及互补性：横向思维恰似汽车变速器的倒车挡。谁也不会一直使用倒车挡行驶，而另一方面倒车挡是必需的，而且我们需要学会使用它，以便机动灵活和从死胡同里退出。

2. 方法互补

德·波诺在提出横向思维概念时，特意向那些对横向思维感到不快的人解释说，横向思维并不是威胁纵向思维的合法性。"这两种思维方法是相辅相成而不是相互对立的。横向思维用来生成新观念与方法，纵向思维用来发展这些观念与方法。横向思维为纵向思维提供更多供选择的对象，从而提高纵向思维的效力；纵向思维很好地利用横向思维所生成的观念，因此使横向思维的效力成倍增加。"

横向思维与纵向思维是用来形象化地说明思维方向上的变化规律的。纵向思维是垂直的、向纵深发展的、直线式的思维，像在地表的一个地方纵深地挖下去；而横向思维则是横向地向空间发展的、向四面八方扩散的思维，就好比在地上到处挖，尝试着各种可能。横向思维使人们首先通过横向扩大注意力的范围，获得全新的信息，使得信息搜索的过程更富于创造性；再通过自由联想向主导观念或概念挑战，以及进行想象，提出创造性的方案，最后进行综合性的评价。

思考与练习5-10
参考答案

【思考与练习5-10】

竞争对手的策略。

可口可乐与百事可乐的竞争尽人皆知，可口可乐曾有过收购百事可乐、一举打垮对手的大好时机，但可口可乐当时的一位总裁放弃了。这是为什么呢？如果你是可口可乐的时任总裁，你会怎么做呢？

第三节　两面神思维：正向与逆向互补

【案例5-6】关于ofo共享单车的逆向反思

　　2014年，北京大学硕士研究生戴威与4名合伙人共同创立了ofo公司，致力于解决大学校园学生出行难的问题，"让同学们随时随地都有车可以骑"。2015年6月，ofo共享计划推出，在北京大学成功投放了2 000辆共享单车。

　　2016—2017年，ofo公司连续进行融资和市场扩张。2016年，先后进入上海、成都、厦门，以及美国、英国、新加坡等国的城市市场，共享单车投放突破6万辆，日订单突破150万。2017年，ofo公司的小黄车全球投放超过1 000万辆，几乎遍布全国各大城市，并扩展到全球20个国家的250多座城市，日订单超过3 200万。

　　2018年3月，ofo公司完成了E2-1轮8.66亿美元融资。但没过多久，ofo公司便呈现出大规模扩张后的颓势，旗下企业开始产权抵押，后又陆续退出多个国家的市场，更换了法定代表人。2018年年底，公司面临高额负债，其中一半以上是用户押金。公司的发展历程最终停留在了2018年3月。

　　ofo共享单车从一个红极全国的创新创业项目到走向衰败的案例值得我们反思，其火爆发展和迅速衰败背后的原因究竟是什么？

　　正向思维是主流，逆向思维是另辟蹊径。正与逆这两种对立的事物属性加在一起不但不相互拆台，还相互补充，增加新的功能，这种思维就是两面神思维。

【思考与练习5-11】

设计一款不戴在手腕上的表。

表一般戴在手腕上，如果改变位置会有哪些可能性呢？能发挥哪些意想不到的功能？

思考与练习5-11
参考答案

一、两面神思维的内涵和作用

1. 两面神思维的内涵

　　50多年前，美国精神病学家卢森堡在调查访问了许多有创造性成就的人后，借用古罗马神话中的隐喻，最早提出了两面神思维的概念。他认为在科学研究中，越是高级的创造，越显示出科学创造的两面神性质。

"两面神"是罗马的门神，它有两个面孔，一个是哭的，一个是笑的，能同时转向两个相反的方向。卢森堡借用这个隐喻来说明思维的一种特殊的创造性是相当贴切的。卢森堡说："两面神思维所指的是同时积极地构想出两个或更多并存的概念、思想或印象。在表面违反逻辑或者反自然法则情况下，具有创造力的人物制定了两个或更多并存和同时起作用的相反物或对立面，而这样的表述产生了完整的概念、印象和创造。"

卢森堡认为，"有创造性的人物，会积极地把相反的对立面结合在一起，并且借此表达科学的或其他的问题，进行创作并促进美学工作，建立理论，搞创造发明，以及建造艺术杰作。"两面神思维体现了主体对自然规律的深入领悟与思想方法的凝聚和提炼的高度统一，以致在运用的时候，创造的结果与创造的方法同样让人感到美不胜收。两面神思维虽然是一种高级的创新思维，但并不神秘。不仅普通的科技工作者可以产生两面神思维，我们身边的许多事物也体现了两面神思维的神韵，中国古代的太极概念就蕴涵着丰富的两面神思维，至今对中国人产生巨大影响。

扩展阅读5-7
太极概念与两
面神思维

2. 艺术创作中的两面神思维

艺术家善用两面神思维。除了埃舍尔这位著名的把有限与无限的潜在冲突联系在一起的矛盾图形艺术家之外，还有匈牙利著名设计师沃里兹，他最感兴趣的也是矛盾图形的探索和创新，他通常在一幅画里表达双重或多重含义。当人们近距离凝视他的作品时，可以看到一个完整的主题；而当人们拉开距离观察或倒置图形后，又会看到另一幅情景。作家经常通过描写冲突的性格、冲突的价值观在一个人身上的并存来刻画一个丰富、复杂的人。在建筑设计和工业设计中，新派与怀旧、现代与复古是相互矛盾的思潮，可现在人们也讲究两种思潮的共生共存与互映生辉。设计师既能为大众设计高速、方便、合理、省力的现代环境与用品，又要顾及舒适、温暖、富有情感并能获得历史文化熏陶的传统风味的生活体验，体现了两种对立的或多种不同的设计思想的互补。

3. 科学发现中的两面神思维

科学创造中的两面神思维与艺术创作中的两面神思维之区别在于：艺术创作可以构思出世界上并不存在的事物（反逻辑的、反自然法则的），如同时哭、笑的塑像；而科学家构思的新概念也是"反逻辑"的（即违反旧的理论体系的逻辑），但这种新概念实质上却又恰恰最符合自然的法则和规律。科学家对两面神思维情有独钟，而且"运用之妙，存乎一心"。

1979年，卢森堡在分析了爱因斯坦的文章《相对论的基本概念和方法的发展》后，认为自己形成的两面神思维的概念，在爱因斯坦身上找到了模型。

创建狭义相对论时，爱因斯坦把静止和运动、同时和不同时有机地结合在一起，把时间和空间概念统一了；在把动量守恒与能量守恒定律关联起来后，又揭示了能量和质量的统一。在广义相对论中，他的两面神思维达到了炉火纯青的地步，惯性和引力、惯性系和非惯性系，这些对立的概念和矛盾都能和平相处。他非常理解把对立的或相反的东西统一起来会产生奇迹，善于从对立中找到统一，从不平衡中找到平衡。爱因斯坦科学方法的总体特征也就在于他能协调理论与情感、逻辑与非逻辑、经验和理论这样一些对立的东西。

可以说，爱因斯坦的创造力是两面神思维的一个典型例子。

早在二十多年前，傅世侠教授就曾强调指出，两面神思维"其重要的作用之一就是通过情感思维来影响科学家的创造过程，这中间通常是科学家的美感鉴赏力起到一种中介的作用"。爱因斯坦对两面神思维的青睐，与他独特的科学美感不无关系。两面神思维从差异中找到统一，从相反的两极构建统一的方法，在爱因斯坦看来，这与他追求客观物质世界的和谐美是完全一致的。可见，思维方法的和谐正是物质世界规律的和谐的反映。越是符合真理的认识，其表达方式也越应该是和谐的，而思维方法的和谐正说明思维过程与思维结果的一致。两面神思维作为思维方法，它本身就是美的，充分显示出深邃的智慧和回味无穷的韵律美及对称美。

扩展阅读5-8
科学家运用两面神思维研究新材料

4. 技术发明中的两面神思维

在技术发明中，人们也经常使用具有挑战性、批判性和新奇性的反向法启发思路。这种从对立的、颠倒的、相反的角度去想问题的方式往往能打破常规，破除由经验和习惯造成的僵化的认知模式，从而为创造扫清障碍。

如发明家要发明一种新型的屋顶，希望屋顶夏天呈白色，能反射太阳光线，降低空调成本；冬天呈黑色，能够吸收热量，减少采暖费用。科学家从自然界中寻找能把对立的性质集于一身的原型，将屋顶与比目鱼真皮深处黑色素的沉浮能改变颜色的原理进行类比，构想出新的解决方案：考虑制成一种埋有微小的白色小球的黑色屋顶材料，当阳光照得屋顶灼热时，小球依波义耳定律发生膨胀，使屋顶呈白色；反之，在屋顶变冷时，小白球冷缩，屋顶又呈黑色。这样，黑与白、热胀与冷缩这些矛盾对立的性质共存于一体，适时地相互转化，相继地发挥作用，更好地满足人的需要。技术上有许多这样矛盾的结合体，如潜水艇能沉能浮、升降机能升能降。

对立面处于一体，保持一种必要的张力和平衡，而且能适时地相互转化，使事物同时具有两种对立的性质，能在两种极限的条件和状态下相继发挥作用，以这种思路进行科学研究、技术发明和设计，能创造科学的理论体系、科学概念，产生符合自然本性的、最经济的发明和设计方案。

二、逆向思维

视频5-3

逆向思维是一种具有很强创造性的思维过程和形式。它的创造性来自其自身的特点，即逆向性和求异性。在科学发现和技术发明中，如果正向思维不能解决，那就尝试从相反的方向去思考。逆向思维主要是从事物的固有属性——顺序、结构形状、功能、属性和原理的反演入手，去寻找新的创造思路。

1. 顺序反向

包括空间的上变下、下变上，前变后、后变前，左变右、右变左，时间顺序上的先变后、后变先，滞后变超前、超前变滞后，快速变慢速、慢速变快速，等等。顺序反向的结合，就产生了既能上又能下的升降机；既能变成车头又能变成车尾，两个方向都能开的汽车；左右不分的手套、鞋子。

扩展阅读5-9
逆向思维的特点

2. 结构形状反向

包括内转外，外转内；对称变非对称，非对称变对称；平面变立体，立体变平面；方形变圆形，圆形变方形；大变小，小变大；反像变正像，正像变反像；零变整，整变零；多变少，少变多；等等。

日本有一位家庭主妇对煎鱼时总是会粘到锅上感到很恼火，煎好的鱼常常会烂开、不成片。有一天，她在煎鱼时突然产生了一个念头："能不能不在锅的下面加热，而在锅的上面加热呢？"经过多次尝试，她想到了在锅盖里安装电炉丝，让煎鱼的锅在上面加热，并最终制成了令人满意的煎鱼不粘锅。索尼公司通过结构逆向思维，将电视机的结构位置颠倒，开发了反向画面电视机，开拓了新的电视机市场。日本设计的反向伞（见图5-8）将整个雨伞的结构与折叠方式完全颠倒，使雨伞的骨架移到雨伞的外面，防止被大风吹翻。另外，打湿的那面将被收纳在里面，还不用担心弄湿衣服。

衣服右边有了兜，左边也有一个兜，右边有几个扣

图5-8　反向伞

子，左边也钉上几个扣子，这样对称设计有一种对称美。但设计师有时打破这种对称美，右边有兜，左边没兜；右边没有扣子，左边有扣子。再加上不同的线条、颜色相互协调，能达到一种不同的协调美。

3. 功能反向

包括有作用变无作用，无作用变有作用；难变易，易变难；施者变受者，受者变施者；你动变他动，他动变你动；劣化变优化，优化变劣化；等等。概括起来是功能转换、作用转换、形态转换、质料（原理或途径）转换、形状位置和数目尺寸转换、传动运动方式转换，等等。

比如，风力灭火器是消防员常用的一种灭火器。一般情况下，风常常是有助火势的，特别是当火势比较大的情况下。但在有的情况下，尤其是对付小股分散的火焰时，风可以将大股的空气吹向火焰，使燃烧的物体表面温度迅速下降，当温度低于燃点时，燃烧就停止了。

4. 属性转换

冷变热，热变冷；甜变咸，咸变甜；美变丑，丑变美；吸引变排斥，排斥变吸引；突变变渐变，渐变变突变；模糊变精细，精细变模糊；等等。

比如，过去木匠都使用锯和刨来加工木料，木料不动而工具动，实际上是人在动，因此人的体力消耗大，质量还得不到保证。为了改变这种状况，人们将加工木料的状态反过来，让工具不动而木料动，并据此设计发明了电锯和电刨，从而大大提高了效率和工艺水平，减轻了人的劳动强度。

5. 原理逆向

原理逆向是从相反的方面或相反的途径对原理及其应用进行思考。

伽利略曾应医生的请求设计温度计，但屡遭失败。有一次他在给学生上实验课时，注意到水的温度变化引起了水的体积变化，这使他突然意识到，是不是可以倒过来想，由水的体积变化也能看出水的温度变化？循着这一思路，他终于设计出了当时的温度计。

正向思维与逆向思维相结合是人们进行创新的有效途径。通过二者的对立和统一，达到良好的互补效应，从而使思路更加开阔，促进创意的产生。实践证明，逆向思维是可以在正向思维建立的同时形成的。

思考与练习 5-12
参考答案

【思考与练习 5-12】

怎样摆瓶子？

有四个相同的瓶子，怎样摆放才能使其中任意两个瓶口的距离都相等呢？可能我们琢磨了很久还找不到答案。那么，办法是什么呢？

三、两面神思维的辩证性质

两面神思维方法体现了人的主观能动作用，正如卢森堡所说，是在反逻辑、反自然状态下，个体积极主动地构思对立面或更多方面的关联。而这种能动作用正是辩证的思考过程。

在中国古老的文化中，"相反相成"和"相辅相成"这两个成语，可说是对两面神思维的最好诠释。代表人类智慧的科学技术，成功地赋予了"相反相成"和"相辅相成"以新的含义。

1. 相反相成

扩展阅读 5-10
逆向思维应用
案例集锦

中国古代的思想家老子认为，相对立的概念是通过人的主观比较而产生的。"天下皆知美之为美，斯恶已；皆知善之为善，斯不善已。故有无相生，难易相成，长短相形，高下相倾，音声相和，前后相随。"我们认为，除了老子指出的主观辩证法外，对立事物本身的相反相成，就体现在客观的运动和联系中。在数学和科学技术方面，微分与积分、加与减、开方与乘方、吸引与排斥、膨胀与收缩、凝固与熔化、氧化与还原、遗传与变异、焊接与切割、除锈与涂膜、加热与冷却等，都体现了事物的相反相成。

我国科学家、国家科技进步一等奖获得者高歌，为了解决飞行器发动机"卡门涡街"的难题，发明了"沙丘驻涡火焰稳定器"。在推导旋涡稳定准则时，开始的结果并不令人满意。后来他灵光一闪，想到自己之前推出的稳定性界限只有一个，实际上任何事物的界限都应该有两个极端，思路一下子被打开了。他开始有意识地寻找下限，从而发现了由上限和下限共同限定的旋涡旋转稳定性概念的丰富内容。研究紊流时，他探索出一套新的办法，但是开始计算所得的结果非常糟糕，后来他又主动从相反方面考虑，将算式中的符号全部改成相反的，结果成功解决了问题。高歌所总结的个人科学创造方法的核心，其实就是一种两面神思维的作用。

2. 相辅相成

在老子看来，对立面的相互关联，通过相互补充，保持适度，达到平衡是最佳的状态。"曲则全，枉则直，洼则盈，敝则新，少则得，多则惑。""天之道，其犹张弓欤？高者抑之，下者举之，有馀者损之，不足者补之。"这正是在掌握"度"上揭示了事物属性的互补关系。

扩展阅读5-11 两面神思维是辩证统一的方法论

科学技术研究中，经常有意地将两个或多个对立面联系在一起。对立的性质不仅不起破坏作用，反而起建设性作用，相互弥补，打破单方面性质的限制，可以发现事物新的功能和作用。

如光学上将影像的失真叫畸变。畸变可分为正畸变和负畸变。正畸变使物体变宽，负畸变使物体变窄。正负畸变本是对立的，正畸变可以破坏负畸变，负畸变可以影响正畸变。但是，宽银幕电影的原理正是将正、负畸变联系在一起，使之相互补充。拍摄时用正畸变，把一个宽大的场景缩成细窄条；放映时用负畸变镜头，使细窄条还原成大场景，正负补偿，相得益彰，还获得了普通电影所没有的宽广的视觉效果。技术上的这种把两个或多个对立面联系在一起的思路叫"自相矛盾法"。

思维从正向到逆向，从逆向到正向，具有一般含义，所有对立面的相互转化，都含有正向、逆向转化的意思。如果把"剪开"作为正向考虑的话，再想到"缝合"，就是逆向的考虑，反之亦然。对立的事物或属性不仅相互转化，还相互渗透和补充，这就是相辅相成。

有的事物同时具有两种矛盾对立的属性，能够适时地相互转化。它们和平共处，相互渗透，相互扶持，相得益彰。甚至有些设施和概念本身就是两种对立的属性结合在一起的，如给排水专业、冷暖机、裁缝、装卸工等。开关，没有开就没有关，只开不关，就没有下一次的开；同样，如果升降机只能升，不能降，就没有下一次的升，升就不能实现。因此，有的相辅相成就发生在事物的内部，就在我们的身边。

本章部分四色插图

【思考与练习5-13】

既透气又防雨的雨衣。

雨衣上不能有窟窿，否则雨水就渗进去了，可是因此雨衣透气性不好，透气与防雨成为一对矛盾。你能从传统的防雨工具受到启发，发明既透气又防雨的雨衣吗？

第六章　图解思维法

艺术家用脑，而不是用手去画。

——［意大利］米开朗基罗

图像语言的创造力

在文艺复兴时期，绘画和图示等成为与文字语言所记录和传达的知识密切相关的图像语言。达·芬奇和伽利略等文艺复兴时期的著名科学家，通过图像语言来表达想法和思路，颠覆了传统的科学语言和方法。

伽利略运用视觉逻辑的方式来呈现并描述天体运行的状态，这些突破性的成就彻底改变了科学史。达·芬奇的笔记被认为是世界上最有价值的资料之一，他在笔记中运用了大量的插画、符号和连线等图像语言来分析问题、理解问题、整理思路（见图6-1），并从中截取突然闪现的创造性设想。这种综合应用图像语言的思考方法，为达·芬奇在哲学、艺术、工程学、生物学等一系列领域中取得成功奠定了基础。

我们平时常常用语言或者文字表达自己的想法，你有没有想过用图画来表达自己的想法呢？

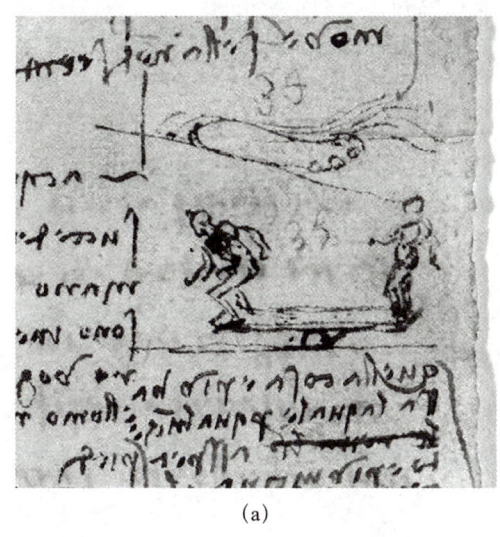
(a)

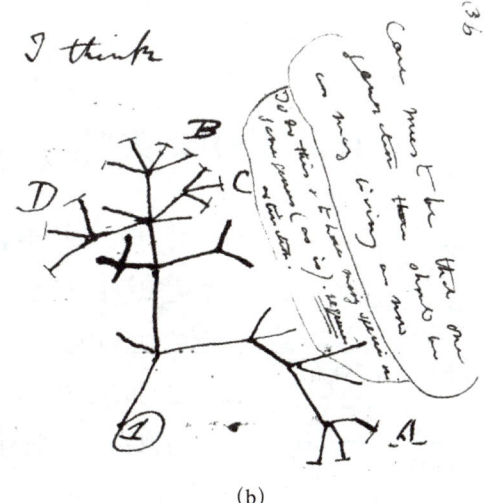
(b)

图6-1 达·芬奇手稿

第一节　图解思维法简介

一、图解思维法的来源

人们平时表达自己的想法一般都使用语言或文字，很少用图画来表达自己的想法。其实，人类在发明文字之前就是用图画来交流信息的，甚至汉字本身就是从"图画"慢慢发展而来的。从某种意义上说，图画天然就是人类表达思想的有效工具，它更有助于我们进行思考和交流。

那么，什么是图解思维法？

图解思维法就是一种通过插画、图形、图表、表格、关键词等把信息传达出来，将人们的想法画出来，帮助人们有效地分析和理解问题、寻求解决问题方案的思考方法。

图解思维法是一种有效的整理思路的方法，可以通过这种方法把大脑中的信息提取后，用图画的方式表达出来。运用这种思考法，可以把许多枯燥的信息高度组织起来，遵循简单、基本、自然的原则，使其变成彩色的、容易记忆的图。

二、图解思维法的类型

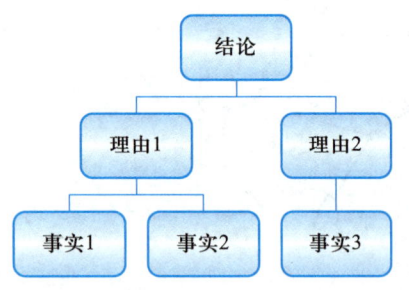

图6-2　逻辑型图解

1. 逻辑型图解

逻辑型图解根据人们思考的逻辑顺序出发，在解决和思考问题的过程中，用图解的形式建立起事实和事实之间、概念和概念之间的逻辑联系，如图6-2所示。逻辑型图解是一种常见的图解思维法，一般有逻辑树型结构图解和金字塔型结构图解等不同的图解呈现方式。

逻辑型图解能够帮助我们更好地从全局出发，全面、彻底地思考问题解决办法或建立事物之间的逻辑关系。通过逻辑型图解能够系统地把思考对象和关键词之间的关系连接起来，不至于迷失方向，或出现重复、遗漏等情况。

2. 过程型图解

过程型图解通过图文表现过程的整体概要，展现整个运作过程、工序或作业流程。

绘制过程型图解，能够帮助人们检查工作中的各个环节和程序，并对不当之处进行适时调整。

图6-3是关于某项新产品开发的过程图解，呈现了从创意提出到产品生产，再到售后反馈的各个环节的操作过程。

过程型图解既可以表现整个工作过程，又可以显示出细节化的分析；既适用于复杂的作业过程，又可以用于体现不同环节、部门之间的联系。

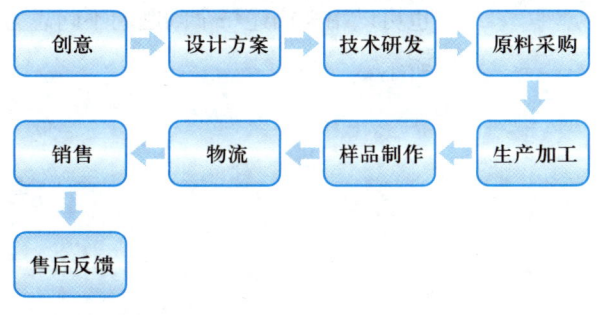

图6-3　新产品开发的过程图解

3. 图表型图解

图表型图解通过图表呈现按照一定的顺序排列的数据信息，帮助人们了解和掌握事物的发展趋势和动向，从而快速、清晰地掌握整体发展概要，以便做出相应的判断和决策。

常见的图表型图解包括饼图、折线图、柱状图、雷达图、圆环图等多种形式，根据不同数据信息的呈现要求可以选择相应的图表型图解形式，以增加视觉效果，更直观、形象地表现数据之间的关系。图6-4是以分季度销售额为例的饼图和折线图。

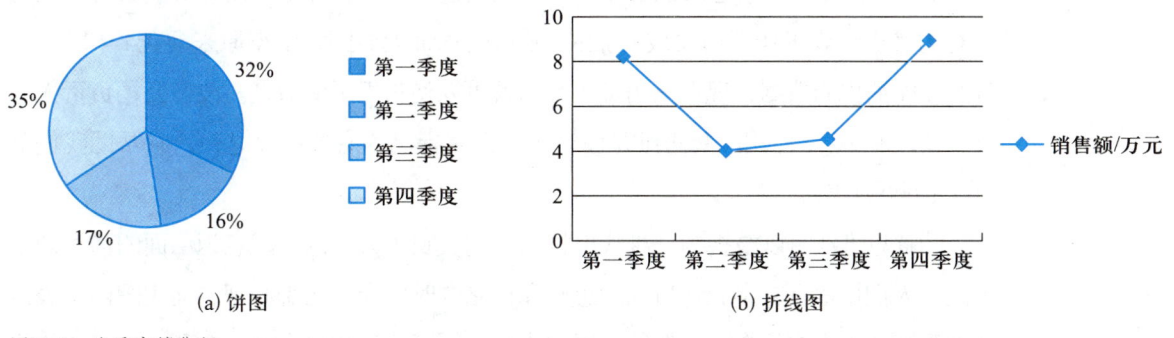

(a) 饼图　　　　　　　　　　　(b) 折线图

图6-4　分季度销售额

4. 思维导图

思维导图是心理学家东尼·博赞发明的一种图解思维法，用于描述或建构针对某一问题各个方面的思考，以帮助人们记忆、理解或拓展思路。

这种图解思维法从思考的中心出发，绘制要解决问题的不同方面，运用图文并茂的技巧，把各级主题的关系用相互隶属的层级图表形式表现出来，将主题关键词与相关的层级图表联系起来，使主题关键词语、图像、颜色等建立记忆链接。运用这种方法，可以帮助人们描绘一天的工作或学习计划，可以囊括一本书、一门课程的概要，也可以用来描述一个问题的不同思考方向或搜索一个问题的多种解决路径，如图6-5所示。

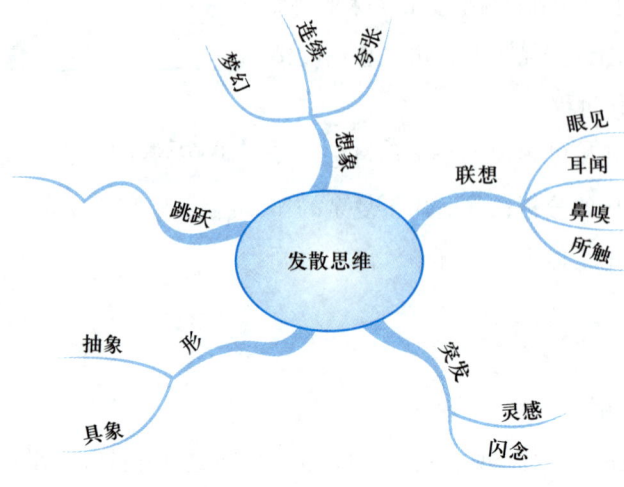

图6-5　发散思维的思维导图

三、图解思维法的作用

很多企业都将图解思维法应用于企业的研发、决策等环节，比如美国波音公司将所有的飞机维修工作手册绘成一张长7.6 m的思维大导图，使得原来要花1年以上的时间才能消化的数据，现在只用短短几周就可以使员工了解清楚。波音公司负责人迈克·斯坦利说："使用图解思维是波音公司质量提高的有效手段之一，它帮助我们节省了1 000万美元。"

图解思维法可以被视为一种映射技术，它反映了人们内在潜意识层面的信息处理手段。人们用语言文字表达自己的思想和情绪的时候会有防御心理，而用图画来表达的时候则会把真实的自己无保留地展现出来。图画传达的信息比语言和文字表达的信息更丰富、具体、形象。

图解思维法本身就是利用了人们思维加工的过程——能够把复杂的东西简单化，把平面的东西立体化，把抽象的东西具体化，把无形的东西有形化。因此，图解思维法无论是在理解、记忆信息方面，还是在制订计划、解决问题等方面相比语言文字描述都有明显的优势。图解思维法可以帮助我们学习和存储想要的所有信息，并对信息进行系统分类，使思考过程条理清晰、中心明确。图解思维法的应用还可以强化人大脑的想象和联想功能，就像在神经元之间建立无限丰富的连接，让人们更有效地把信息放进大脑，或是把信息从大脑中读取出来。

利用图解思维法分析问题，相比单纯利用文字或数据思考问题有很多优点，主要体现在以下几个方面：

首先，当人们阅读文章的时候，必须逐字逐句依照前后顺序阅读，还要注意前后文的关系，否则就可能出现断章取义、误解文章原意的情况。

其次，用文字做笔记也是一样，从上到下呈线性地一行、一行地写下来，既没有重点显示，又需要花费一定的时间来理解。文字的这种前后连续的关系，要求人们进行循序渐进式的联想。这种思考方法费时费力，而且不容易理解、记忆。

最后，借用文字和语言沟通的时候，常常会出现前后矛盾和信息欠缺的问题。尤其是一些长篇大论，表达的一方可能会顾此失彼、遗漏信息；阅读的一方很难在短时间内把握文章的中心思想，常常难以很好地梳理文章的脉络关系。如果把文章的内容图解化，矛盾和缺失之处就会显露出来，传达的信息就会很容易理解。如果信息之间存在逻辑矛盾，就不能用图解来表达。而利用图解思维法时，无论开始时把问题着眼点放在哪里，都能很好地理解图中的意思，因为各个关键词之间的联系、结构关系一目了然，可以帮助人们在短时间内找到所需要的信息。人们的大脑中存储了很多信息，但是这些信息处于散乱状态。运用图解思维法可以使各个信息之间的关系清楚地表示出来，当提到某一个信息时，与之相关的信息都会浮现出来，可以帮助人们更容易地把握文章或事物的内在逻辑。

图解思维法可以帮助人们更好地记忆，更有效、更快速地学习。比如把一段文字用图解的方法表示出来之后，就能很容易地记住文字的内容，并且过后也不容易忘记，因为图解展示内容的方式与大脑的工作方式一致，可以把文字内容更系统地、形象地整理出来。文字、数字、符号、颜色、味道、意象、节奏、音符等多种形式的综合应用，可以分别调动左右脑的功能，运用图像语言进行创造性思维，让人们的大脑最大限度地发挥联想和想象，在各个领域产生无数创意。

图解思维法可以使人们集中注意力，避免模棱两可的表达，对思想进行梳理并使它逐渐清晰，以便看到问题的全景。人们用文字表述一件事的时候很容易忽略掉一些关键的、细节的问题，运用图解思维法，就会尽可能完整、清晰地把信息表达出来。

运用图解思维法可以使发散思维得到的想法和创意更加直观地展现在纸上。当人们用语言和文字来表述发散思考得到的结果时，大脑处于盲目、无序的状态，可能会遗漏一些解决问题的办法。把人们的思想绘制成图表，因为条理清楚，所以能够更全面地搜寻各种潜在的可能性，帮助人们在短时间内找到更多解决问题的办法。

第二节　思维导图

一、什么是思维导图

著名心理学家、教育学家东尼·博赞曾说："通过探索记忆和理解的不同，才使我想到了要去开发思维导图。在20世纪60年代，我去各个大学讲授学习和记忆心理学，同时注意到了我所讲的理论和自己实际进行的事情之间有一段距离。我的讲授笔记都是传统的线性笔记，忘记的东西和无法沟通的东西与传统的笔记一样多。我把这些笔记当作记忆讲座的基础。在这个基础上，我指出，回忆的两大主要因素是联想和强调。可是，这些因素却在我自己做的笔记里找不到。我不断问自己，我的笔记中有什么东西会帮助我产生联想和强调？结果，我就形成了思维导图的初期概念。"

科学研究已经充分证明，人类的思维特征是呈放射性的，进入大脑的每一条信息，每一种感觉、记忆或思想（包括每一个词汇、数字、代码、香味、线条、色彩、图像、节拍、音符和纹路等），都可作为一个思维分支表现出来，呈现出来的就是放射性立体结构。

视频6-1

东尼·博赞在研究大脑的力量和潜能的时候，惊奇地发现伟大的艺术家达·芬奇的笔记本中充满了图画、代号和连线，他意识到这可能是达·芬奇在很多领域取得成功的原因所在。在此基础上，东尼·博赞于20世纪60年代末发明了思维导图，如图6-6所示，这种思考方法一经公布很快风靡全球。

在《思维导图宝典》中，东尼·博赞对思维导图有这样的定义：思维导图是用图表表现的发散思维。通过捕捉和表达发散思维，思维导图将大脑内部的过程进行外部呈现。本质上，思维导图是在重复和模仿发散思维，这反过来又放大了大脑的本能，让大脑更加强大有力。

简单地说，思维导图所要做的工作就是更加有效地将信息"放入"我们的大脑，或者将信息从我们的大脑中"取出来"。

思维导图充分运用左右脑的机能，利用记忆、阅读、思维的规律，把各级主题的关系用相互隶属的层级图表形式表现出来，将主题关键词与相关的层级图表联系

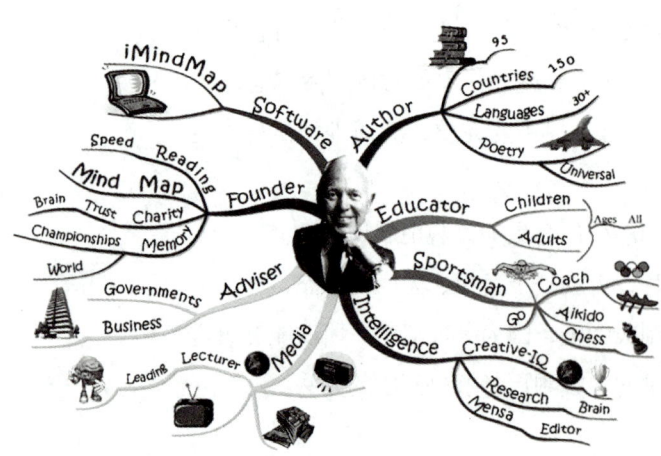

图6-6　东尼·博赞的思维导图

起来，使主题关键词语、图像、颜色等建立记忆链接。思维导图协助人们在科学与艺术、逻辑与想象之间平衡发展，从而开启人类大脑的无限潜能。

二、思维导图的特点

1. 平易近人

思维导图的规则简单且容易掌握。由于思维导图规则的设定遵循人们大脑的思维模式，所以几乎所有的人都能看懂。此外思维导图不管是作为一个学习工具还是作为一门技术，都为人们熟练掌握提供了可能，它没有繁多的限制和要求，不需要人们具有高超的艺术修养，只需要人们发挥联想，保持思维自由，遵循简单的规则，竭尽所能地利用一切让思维导图的制作过程充满乐趣，就可以画出出色的思维导图。

2. 珠联璧合

思维导图具有极高的信息压缩率，从海量的信息中筛选出只占信息总量很小一部分的信息使之保留在思维导图中，它综合了文字和图形这两种表达形式的优点，并以它们为单位来组织信息。思维导图还利用发散式或节点式的结构，将文字和图表表达的信息连接起来。

3. 四两拨千斤

东尼·博赞曾经说就像所有的肌肉一样，大脑要想强劲有力，必须要接受训练。思维导图为大脑提供了完美的"锻炼"机会，能够提高思考力、创造力及记忆技巧。所有的训练都一样，练习越多，效果越好。思维导图的起步是作为记忆工具，集中在基本的应用上，比如记忆、创造、决策和组织他人的观点，能够快速轻松地产生比传统头脑风暴方法多倍的想法。更重要的是，思维导图能解放思想，给思维带来无尽的可能性，不管是在学习、工作还是在生活中，思维导图会将创造性渗入其中，为生活、学习加入更多的色彩。

【思考与练习6-1】

学科思维导图。

你最擅长哪门学科？你擅长必然是因为你牢牢把握了它的来龙去脉。试着在脑海中勾勒出有关这门学科的思维导图吧！

思考与练习6-1
参考答案

第三节　思维导图的绘制

一、思维导图的绘制规则

思维导图虽然极易入门，但要想高效地利用思维导图，需要遵守一些重要的规则。这些规则能帮助人们更快地提升学习能力、记忆能力和创新能力。

1. 使用图像

图像能自动地吸引人们的注意力，可以触发无数联想，并且帮助人们记忆。图像能使人们在记忆时产生愉悦感，处于正中央位置的图像能反映出人们大脑思维程序的多钩状特性，从中心向四周发散思维，获得更多的思维空间，释放人们思维的自由。不仅仅是使用中央图像，在思维导图的其他位置也要尽可能地使用图像，这样可以在大脑的视觉和语言皮层技能之间建立刺激性的平衡，提高人的视觉感触力。

视频6-2

2. 给中央图像添加分支

中央图像会引发大脑产生相关联想，人们需要跟随大脑给出的层级完成思维导图，但不要急于在一开始就建立一个良好的结构。好的结构按照大脑的自由联想就可以自然形成，所以给自己充分的思想自由，给中央图像不断地添加分支，在各分支之间自由移动，也可随时回到前一个分支添加新内容。需要注意的是，中央图像与分支之间需要用写有主题的连线连接起来。

3. 建立联系

不时地回顾一下已完成的思维导图，寻找思维导图内部各部分内容之间的关系，用连线、图像、箭头、代码或者颜色将这些关系表现出来。有时，相同的文字或概念会出现在导图的不同分支上，这并非是不允许的，人们可以通过这些相同的文字主题发现思维节点之间的附着点，使思维导图的应用更加顺畅。

4. 享受乐趣

在绘制思维导图时，尽量放松大脑，让思维自由地展开联想，让想法以个性化、生动化的形式出现在纸上。竭尽所能让思维导图更加色彩丰富和引人瞩目。花点时间给分支和图像上色，并给整幅导图增加一些层次和添加一些装饰（如图6-7所示）。

此外，让自己做个自由的人，将"荒诞"或是"愚蠢"的想法记录下来，特别是在绘制思维导图的起步阶段，这些所谓"荒诞"和"愚蠢"的想法通常会成为重要的突破口和新范式的东西。

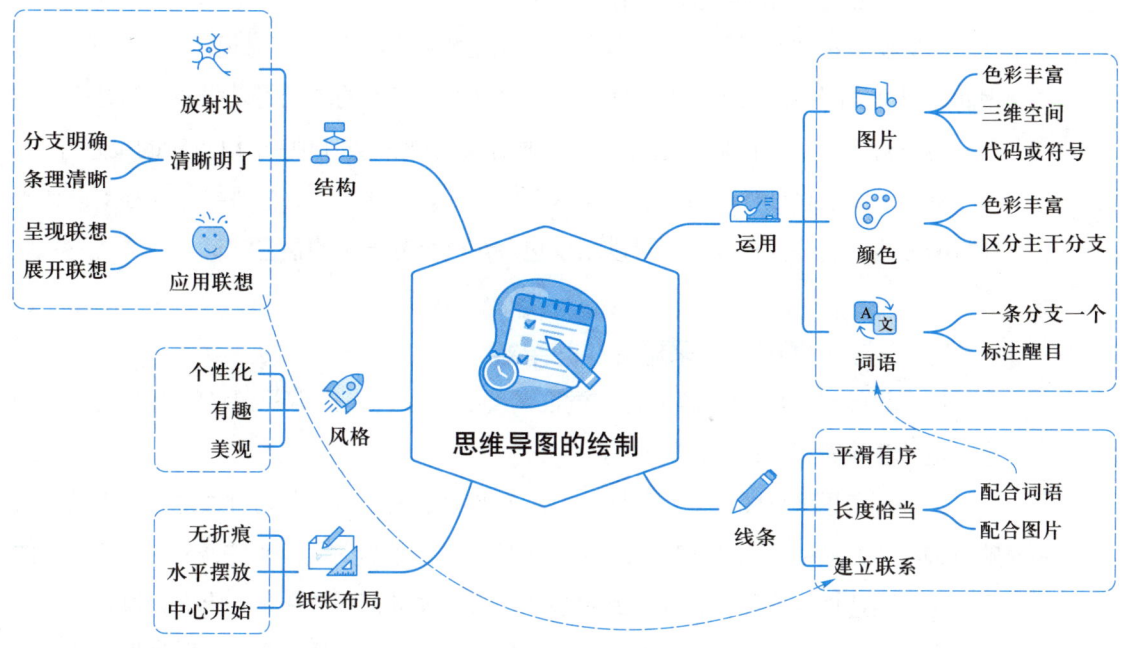

图6-7　关于思维导图的思维导图

二、思维导图的绘制流程

前面了解了有关思维导图的概念和规则，下面讲讲如何绘制属于自己的思维导图。

开始创作之前需要一张白纸。这张纸不能有任何横格和线条，因为原有的线条会使人们在画向外拓展的曲线时不自觉地受到暗示而画成直线，从而限制人们的发散思维。此外，这张纸应该大小适当，不能限制人们的创意发挥，又要方便收藏。

思维导图的绘制流程如图6-8所示。

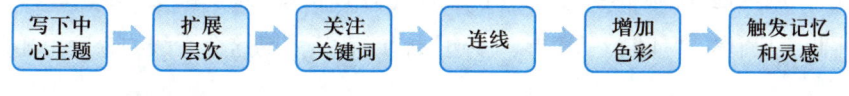

图6-8　思维导图的绘制流程

1. 写下中心主题——埋下智慧的种子

从白纸的中心开始创作，在中心位置画一个所要表达的与主题有关的图形，这个图形要独特。需要花点时间来装扮思维导图，并尽可能多地使用色彩，至少用三种颜色来画，让图形更有吸引力，重点突出。中心主题不要用方框框起来，这样才能自由地扩展分支。

2. 扩展层次——长出茂密的枝干

层次使事物"凸显"出来，而任何突出的事物都会使人容易记住，也便于交流。因此，思维导图中最为重要的一些因素就可以通过三维的图像得以强调。越是重要的内容越靠近中心，由内向外逐渐扩展。画分支时通常从时钟钟面2点钟的位置开始，顺时针画。阅读思维导图自然也是从这个位置开始。此外，将思维导图的分支设计成独特的形状，这些独特的外形可以激发包含在这个分支里的信息记忆。

3. 关注关键词——采摘智慧的果实

使用思维导图比传统做笔记的词汇量要少得多，人们需要记忆的内容大多是图像，这就意味着将节约大量的时间。

关键词在思维导图中要用印刷体，以方便大脑记忆辨识，同时通过想象来帮助大脑将词汇"形象化"。不用担心标准固定的印刷体会浪费时间，那些额外花费的时间由于快速的创造性联想和回忆会得到更多的补偿。关键词写在线条的上面，每条线上使用一个单词或词语，这样可以触发更多的想象和联系。字体和字形可以根据需要多一些变化，这有助于人们按照一定的视觉节奏进行阅读，同时也有助于人们理解和记忆。

4. 连线——连接记忆的桥梁

连线，所写的关键词与所画的图形等长，这样既不会浪费空间也不会因过于拥挤而不美观。保证每条连线都与前一条连线的末端衔接起来，并从中心向外扩散。如果连线之间不衔接，那么再回忆的时候，思维也会跟着"断掉"，从而导致记忆的断层。连线从中心到边缘逐渐由粗变细，就像一棵树，树干比较粗，树枝比较细。从中心延伸出来的主干最好不要超过7个（大脑的短时记忆一次能记住7±2个信息片段），主干过多不利于记忆，理解起来也很困难。

可以把这些连线彼此连上，这也能使思维连接得更为紧凑。连线可以变成箭头、曲线、圆圈、圆环、椭圆、三角形、多边形，或者从大脑这个无线的仓库里随便想出的形状。

5. 增加色彩——刺激视觉的感官

每个人天生就喜欢色彩，与其用白纸黑字写一些单调的文字，不如用最好的纸张、水彩笔或彩色铅笔来创作。可以找些不同的笔：油性笔、荧光笔等，用它们来标注关键词，画不同的线条。不要小瞧这些微小的改变，这些微小的改变也能触发人们的记忆。

6. 触发记忆和灵感——重温之前的想法

制作思维导图是为了帮助人们记忆，要达到这样的目的，需要先记住自己的思维导图。想要积极地记住自己的思维导图，需要做好计划，在一定时间内复习。复习思维导图的时候，应时不时快速地做一些思维导图简图，总结出可以记起来的思维导图原图。这样做的时候，实际上是在重新创造和更新自己的计划，这再次表明创造力和记忆力不可分割。

【思考与练习6-2】

绘制一幅自己的思维导图。

思维导图就是一幅帮助你了解并掌握大脑工作原理的使用说明书，借助文字将你的想法"画"出来，便于记忆。

现在，让我们来绘制一幅"如何维护保养大脑"的思维导图。

你可以试着按以下步骤进行：

准备一张白纸（最好横放），在白纸的中心画出你这张思维导图的主题或关键字。主题可以用关键字和图像（比如在这张纸的中心可以画上你的大脑）来表示。

用一幅图像或图画表达你的中心思想（比如你可以把你的大脑想象成蜘蛛网）。

使用多种颜色（比如用绿色表示营养部分，红色表示激励部分）。

连接中心图像和主要分支，然后再连接主要分支和二级分支，接着再连接二级分支和三级分支，依次类推（比如"锻炼"是主要分支，"晨练""听觉""视觉"等是二级分支；"散步""太极拳""健美操"等是三级分支）。

用曲线连接。每条线上注明一个关键词（比如"锻炼""睡眠"等）。

多使用一些图形。

好了，按照这几个步骤，这张思维导图你画好了吗？

思考与练习6-2
参考答案

三、思维导图的绘制误区

在思维导图的绘制过程中，人们难免过于急功近利，为了增强思考和记忆，选择利用思维导图来做各种各样的记忆描述或思考方案，在使用上就产生了一些误区。

1. 误区一：文字繁多

思维导图上出现太多的注释文字，说明文字的数量和思考是呈反比的，如图6-9所示。这种绘制方式虽然很方便，但剥夺了自己再次查找资料的过程，减少了调动大脑思考的机会。思维导图中图像的作用无法得到有效的发挥，也就无法真正发挥思维导图的功能。

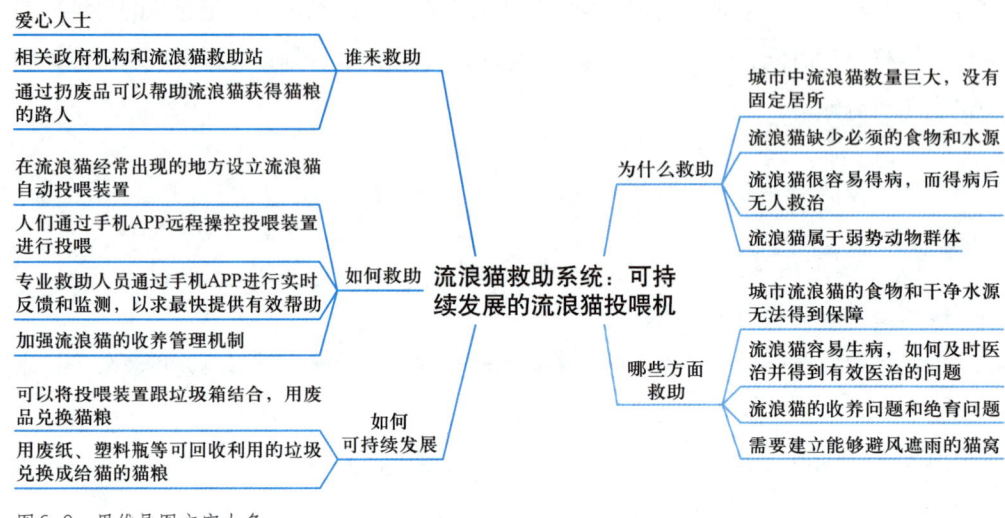

图6-9　思维导图文字太多

2. 误区二：图像太多或与主题不相关

在思维导图的绘制中，图像的应用是为了帮助人们加深对所要表达内容的理解和记忆，突出重点。所以思维导图中所用的图像一定要与人们所要表达的主题相关，引入与主题不相关的图像会干扰人们围绕主题的表达、联想和记忆。此外，如果思维导图中插入的图像过多，也同样会扰乱人们的联想和记忆。

3. 误区三：节点太多

思维导图的第一要义是简洁明了，而很多人在绘制思维导图时会在导图中不同的地方分出不同的节点，这就使思维导图过于复杂，太多的节点导致大脑思考的不定向因素增加，无法更好地关联要思考的内容，如图6-10所示。

四、利用计算机技术绘制思维导图

随着信息时代和大数据时代的到来，我们需要处理的信息数据越来越多，处理信息数据的速度也必须越来越快。所以，利用全新的科技和工具辅助大脑正变得日益重

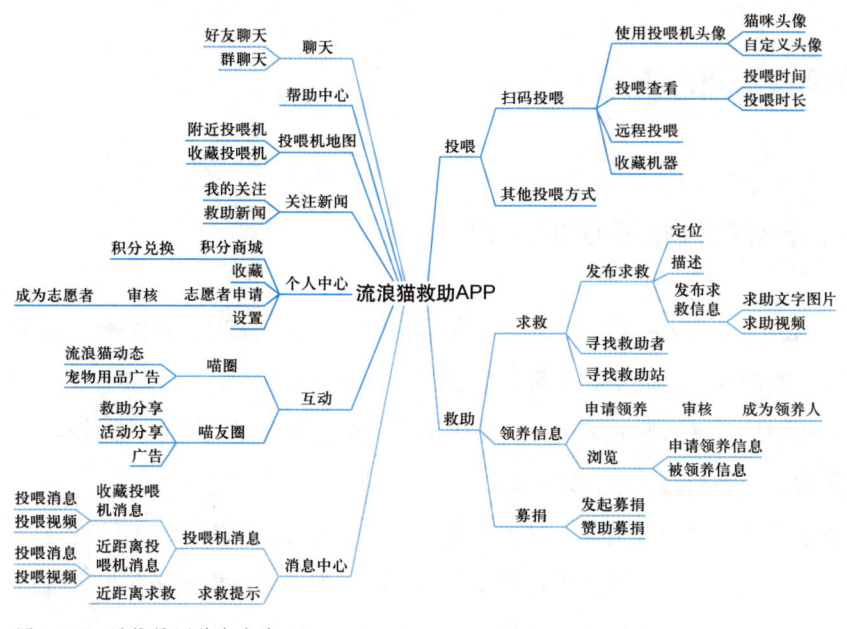

图6-10　思维导图节点太多

要，用计算机技术制作思维导图为高效地管理信息数据提供了可能。而且，利用计算机技术绘制思维导图的优点非常明显。

首先，利用软件制作的思维导图很容易修改，可以毫不费力地对思维导图进行重构和编辑，给它加入新的观点和见解，补充新的信息和扩展思维，不会给用户造成混乱。

其次，思维导图绘制软件为人们提供了丰富的模板和素材库，能充分利用素材库中各种符号、图表、图片等，也可以使用网上下载的图片或自己制作的图片。

再次，各个节点都是模仿人脑模型的一种连接，各个节点还可以超链接到其他主题和某种不易被导入的媒体形式（如电子表格、图片、视频、音频等）、程序或互联网（如相关网站、电子邮件等），可以轻松地转变成严肃的知识管理工具，高效地处理超负荷的信息数据，并对其进行深度分析。

最后，利用思维导图绘制软件制作出的思维导图输出格式多样化，便于存储和网络传输，方便和其他制作软件结合使用。

比较常见的思维导图计算机辅助工具，包括百度脑图、XMind、MindManager、MindMaster、FreeMind、iMindMap、Inspiration、PersonalBrain等，这些计算机辅助软件为思维导图的绘制提供了丰富的布局、样式、主题、剪贴画、符号及颜色选择，设计风格上各有特色，能够辅助学习者和使用者营造创意空间，激发想象。

目前，百度脑图、XMind、MindManager、MindMaster等计算机辅助工具都能够完全支持中文，并且除了能够提供放射思维导图以外，还能够提供树状分析图、鱼骨图、组织结构图、气泡图等多种图样布局。

视频6-3

第四节　思维导图的应用

一、思维导图在记忆领域的应用

思维导图的构造与大脑进行思考时的形态非常相似。大脑思考时，神经元不断爆炸寻求新的连接，而神经元之间不断重复、形成节点，从而形成记忆并不断巩固。这类似于用手戳一块海绵，多次触碰同一个地方，海绵就会形成一定的凹陷。而长时间不对海绵施加压力，凹陷则会消退，即遗忘。

扩展阅读6-1
医生利用思维
导图高效学习

记忆的存储过程是一个动态过程，这个过程中已有的经验会发生变化，即通过归类、概括对信息进行重构。记忆的过程包括编码和提取，编码的过程就是对信息进行加工，以便于记忆。之后再需要这些信息时则进行提取，帮助进行再认识和回忆。思维导图无疑就是编码的有效辅助工具。心理学家发现，处于放松状态之下的大脑有更强的记忆能力。如果大脑长期处于紧张状态，会分泌错误的化学物质，对回忆或提取是非常不利的。

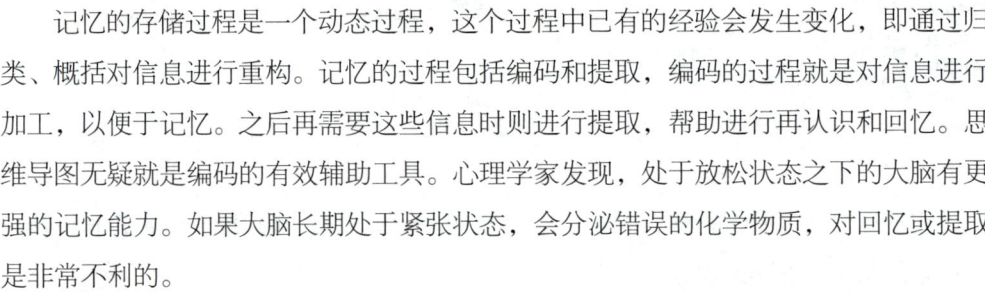

思维导图的绘制结构决定其具有发散的框架，从一个中心点出发，与其相关的因素能够最大限度地被列举，这样大脑不必纠结于一点，状态更轻松。就其外观来说，思维导图精炼、美观，其中富含多种颜色、形状，对于记忆的触发也有显著作用。

扩展阅读6-2
司法考试的思
维导图应用

想象力和联想力是记忆的触发器。在日常生活中，人们经常遇到出门之前找不到车钥匙、太阳镜或者某个重要文件的状况，当集中精力回忆这些物品的具体位置时，通常是越想越想不到。这是由于人们集中于虚无或者缺失的信息而造成的。这些物品在人们脑中已经是"丢失的物品"，是记忆的断层，一直纠结在这些物品上，不能触及记忆的开关。这时，绘制一幅思维导图是很有帮助的，思考与之相关的物品、地点，放松大脑，可能就会"灵光一现"，回忆起更多线索。这时的思维导图不一定要真实地画在纸面上，可以在内心的"白纸"上绘制一幅虚拟的思维导图。可见，思维导图在记忆方面的应用是非常灵活的。

二、应用于创造性思维的训练

人的大脑一旦长时间沿着一定的方向、按照一定的次序思考，就会形成一种惯性。也就是说，这次解决问题的思路会不由自主地顺延到之后相似的问题之中，这就是思维惯性。在思维惯性形成之后，如果多次以这种惯性思维来对待客观事物，就会形成非常固定的思维模式，即思维定势。思维定势和思维惯性一方面可以帮助人们提高工作的效率，促进社会更加有序，但同时也成为阻碍创新思维发展的障碍。

一般说来，创新思维是创造者利用已掌握的知识和经验，从某些事物中寻找新关系、新答案，创造新成果的高级、综合、复杂的思维活动。创造性的结果首先表现为对传统的突破性，要求思考者打破已有的思维框架和思维定势，在思考的过程中力求创新。

如何使思维惯性和思维定势为我所用，发挥其长处，尽可能地减小其负面影响呢？思维导图是一个非常理想的创新思维训练工具。

在思维导图的绘制过程中，创作者本身是轻松愉快的，大脑也处在一种轻松的状态之下，思考路径更为开阔，开启了创造无数设想的可能性。在思维导图绘制结束之后，整个画面都在眼前呈现，这就方便对任意要素之间的联系产生新的联想。此时，也可以重新审视已经画好的思维导图，对主干和主要的因素进行一个简单的梳理，考虑那些看似荒诞的因素是否和思维导图的大框架真的不相容。

扩展阅读6-3
"桂冠诗人"特德·休斯利用思维导图教学生创作诗歌

经过第一次修改之后，尝试彻底放松大脑进行休息活动，例如跑步、游泳、听音乐、散步等，大脑在松弛的状态下，可能会"灵光一现"，打通全新的、更广阔的思路。之后，便可以对思维导图进行二次修改。在两次发散性思考的过程中，第一次思考用来捕捉在快速思考中闪现的创意，第二次思考则对其进行筛选、重构，最后将两次思考的成果相结合，就可以得到最终结果，所得到的全新视角可能为打破思维定势做出很大的贡献。

三、进行创新设计

用思维导图来进行创新性的设计能够帮助我们更好地厘清创新的思路和创新的策略，可以结合已有的知识和经验，利用发散性的思维找寻可以相互结合、相互利用的创新点子，为后续的创新设计提供新颖的思路。

图6-11—图6-14是一些利用思维导图来开展创新设计的例子。

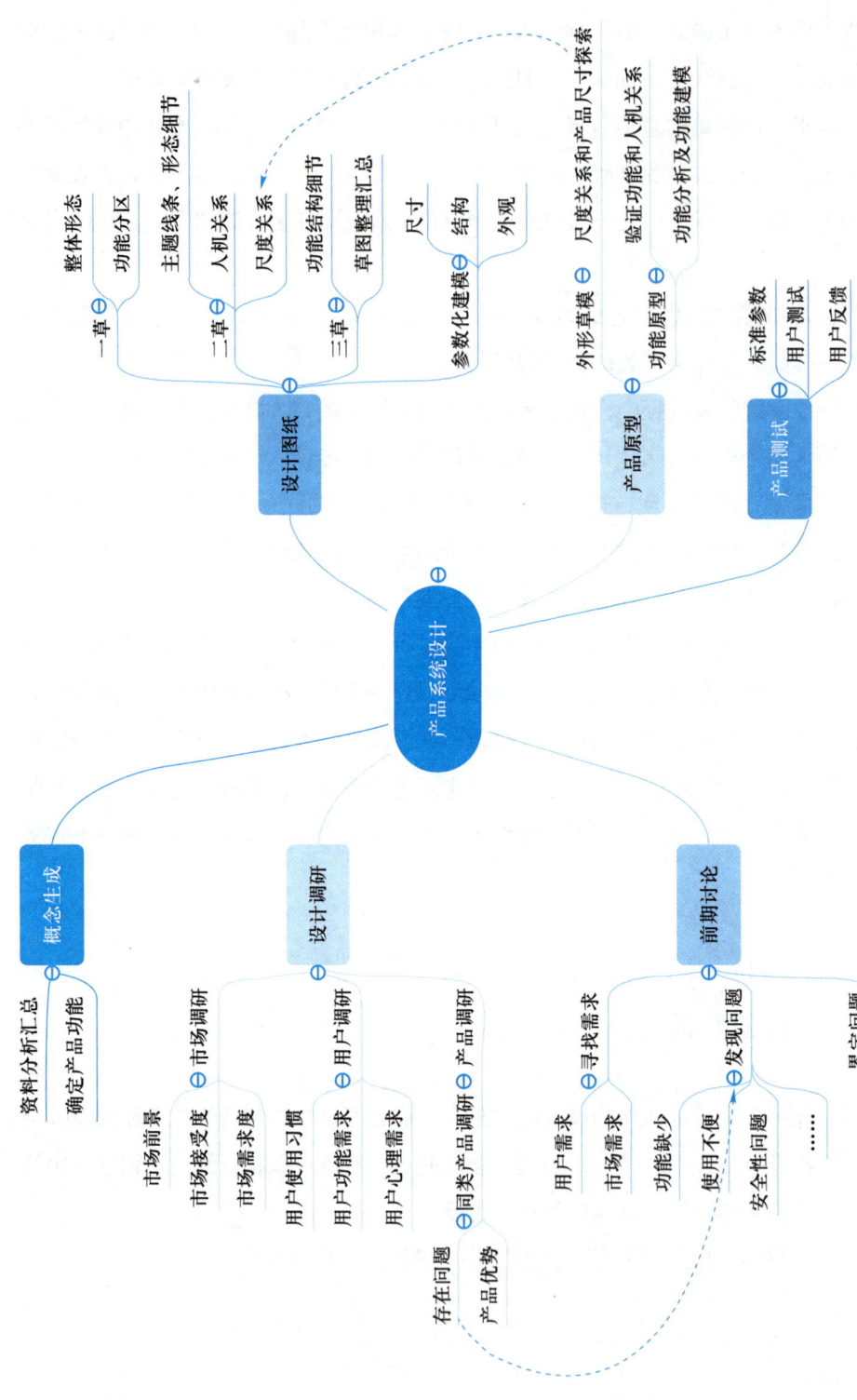

图6-11 利用思维导图进行产品系统设计

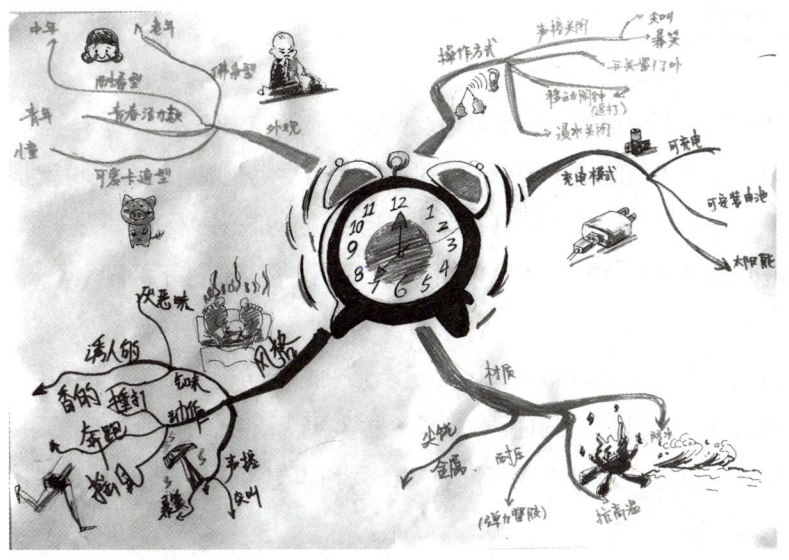

图6-12 利用思维导图对闹钟进行创新设计

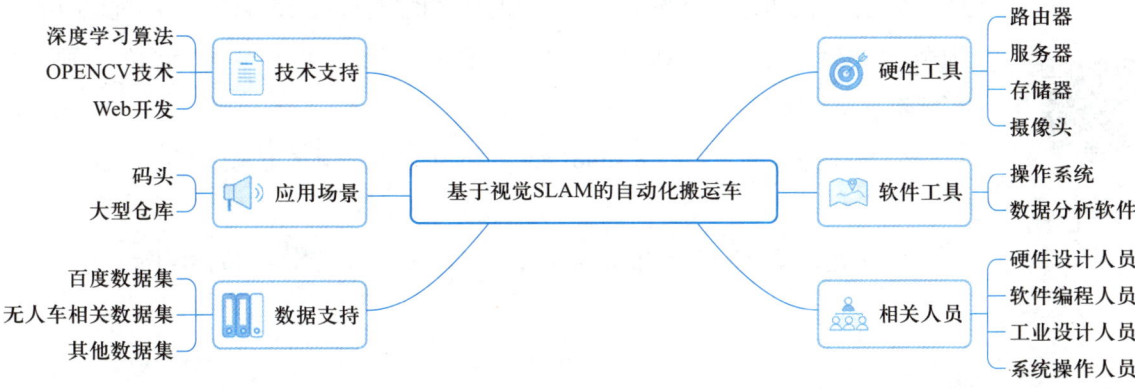

图6-13 利用思维导图对自动化搬运车进行创新设计

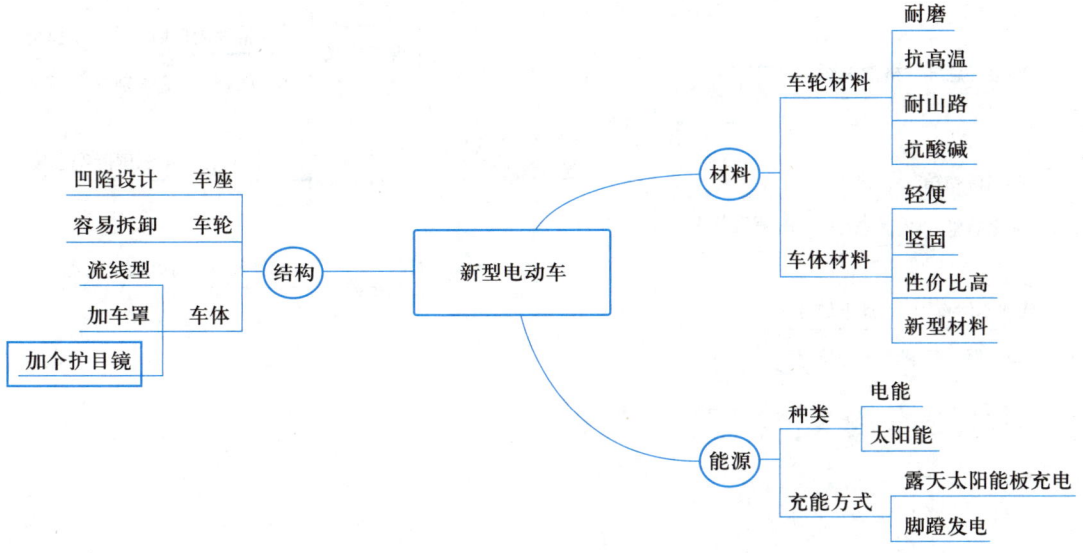

图6-14 利用思维导图对新型电动车进行创新设计

扩展阅读6-4
康·爱迪生电
力公司利用思
维导图快速恢
复电力系统

扩展阅读6-5
东尼·博赞利
用思维导图进
行商业谈判

扩展阅读6-6
课堂笔记的思
维导图

四、快速记笔记

思维导图由于其特殊的发散形式，在记录活动中也有显著的优势。

传统的线性笔记一直是主流的笔记记录方式。什么是线性笔记呢？简单来说就是排成一排的陈述式笔记。典型的线性笔记具有以下特点：成排排列，整齐划一；用句子来做笔记，可能是很长的句子；按照数字、序号顺序排列；按从上往下的顺序记录；等等。

运用思维导图做笔记则比较省时省力，不必记录冗长的句子，列出关键词即可。同时，还可用符号将关键词排列在一张纸上，使整个框架更为清晰，通过已经记录的关键词还可以进一步展开联想。思维导图可以将想象力和联想力作为记忆的触发器，对于温故知新是大有裨益的。

同时，展现在思维导图上的各个分支信息要素在眼前不断地重复能够促进记忆的巩固。重复的次数越多，大脑对相关信息的回忆也越多，这使得在记录的过程中不自觉地增强了对所记录内容的印象。另外，思维导图精炼、美观，其中包含的多种颜色和形状也有助于强化记忆。

图6-15是一幅学生利用XMind绘制的思维导图，用来记录建筑学课程的学习笔记。

图6-16是一幅学生绘制的思维导图，用来记录线性代数课程的学习笔记。

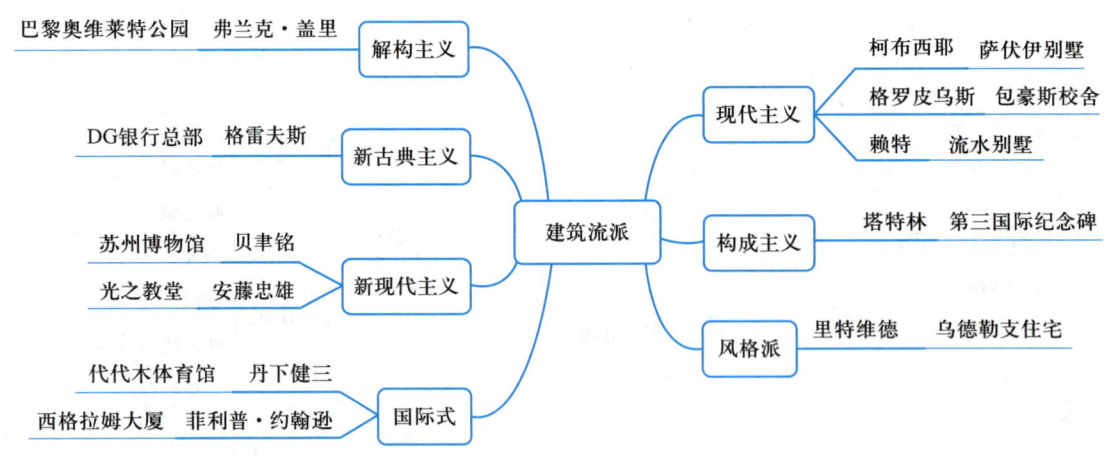

图6-15　用思维导图记录建筑学课程的学习笔记

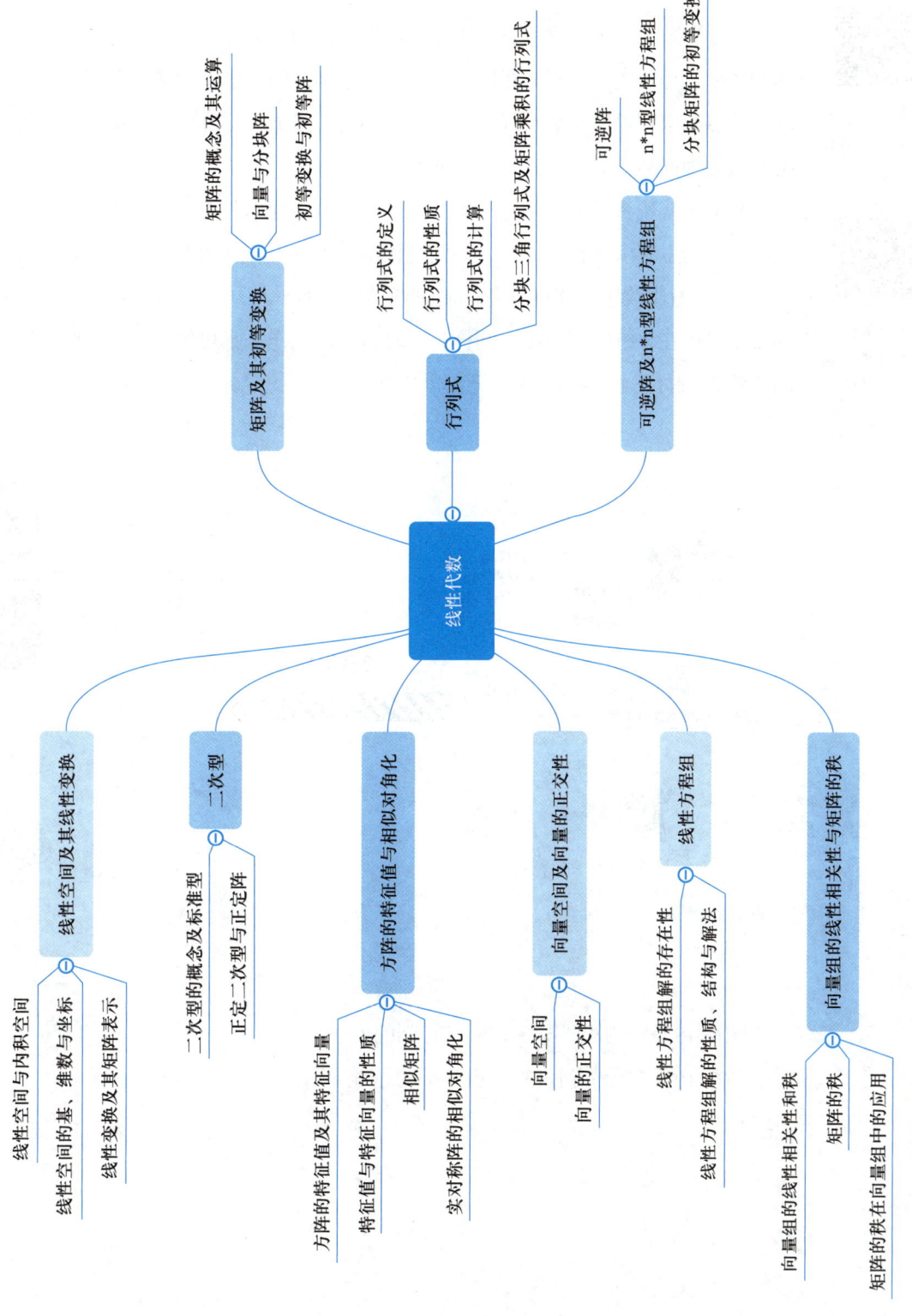

图6-16 用思维导图记录线性代数课程的学习笔记

线性代数

矩阵及其初等变换
矩阵的概念及其运算
├ 向量与分块阵
└ 初等变换与初等阵

行列式
行列式的定义
行列式的性质
行列式的计算
分块三角行列式及矩阵乘积的行列式

可逆阵及n*n型线性方程组
可逆阵
├ n*n型线性方程组
└ 分块矩阵的初等变换

线性空间及其线性变换
线性空间与内积空间
├ 线性空间的基、维数与坐标
└ 线性变换及其矩阵表示

二次型
二次型的概念及标准型
正定二次型与正定阵

方阵的特征值与相似对角化
方阵的特征值及其特征向量
├ 特征值与特征向量的性质
├ 相似矩阵
└ 实对称阵的相似对角化

向量空间及向量的正交性
向量空间
向量的正交性

线性方程组
线性方程组解的存在性
线性方程组解的性质、结构与解法

向量组的线性相关性与矩阵的秩
向量组的线性相关性和秩
├ 矩阵的秩
└ 矩阵的秩在向量组中的应用

五、制订计划或提示

扩展阅读6-7
思维导图助就
高风险投资

扩展阅读6-8
利用思维导图
来安排课程

一个有效的计划是进行良好工作的前提，计划的完整度、精细度都影响着之后工作的效率。与传统的计划表相比，思维导图中丰富的色彩、线条、图案使得计划更生动，重要的事项可以被放在显著的位置，不会被遗漏。同时，大量符号元素的运用使得计划更为简洁，提高了做计划的速度。

东尼·博赞将年度计划思维导图当作"年度规划本"来使用，用符号、颜色、图案将一年的主要事件记录下来，在此过程中考虑每一部分所占用的时间是否大致"平衡"，从而做出改进。年度计划的制订通常是在新一年开始之前，对这一年的憧憬和期望都呈现在思维导图当中。同样，这时也可以制作一张思维导图用于回顾过去一年的成绩，如图6-17所示，主干分支以事件为单位。

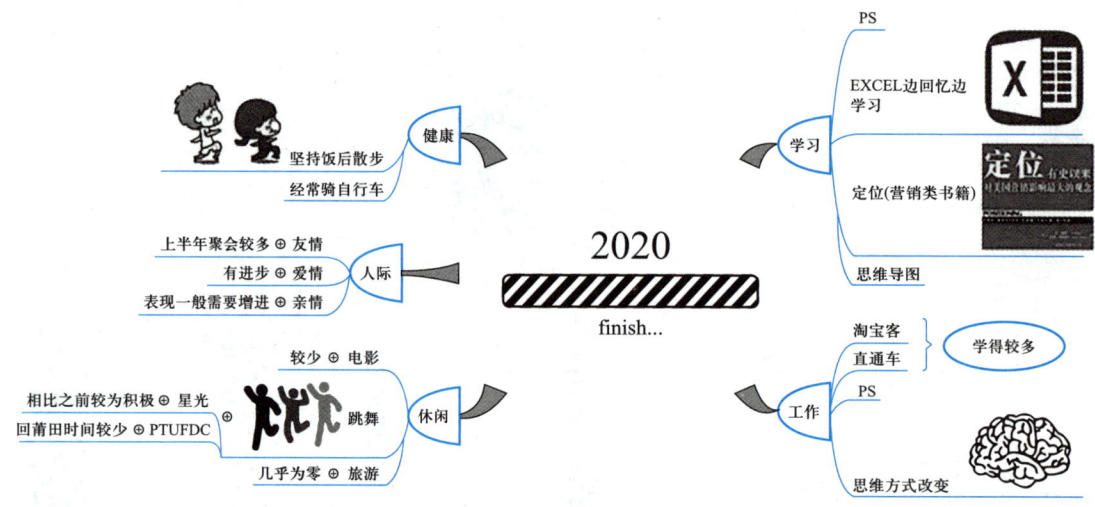

图6-17 2020年年度总结思维导图

图6-18是利用思维导图来制订计划的例子。

图6-19是提示如何进行垃圾分类的思维导图。

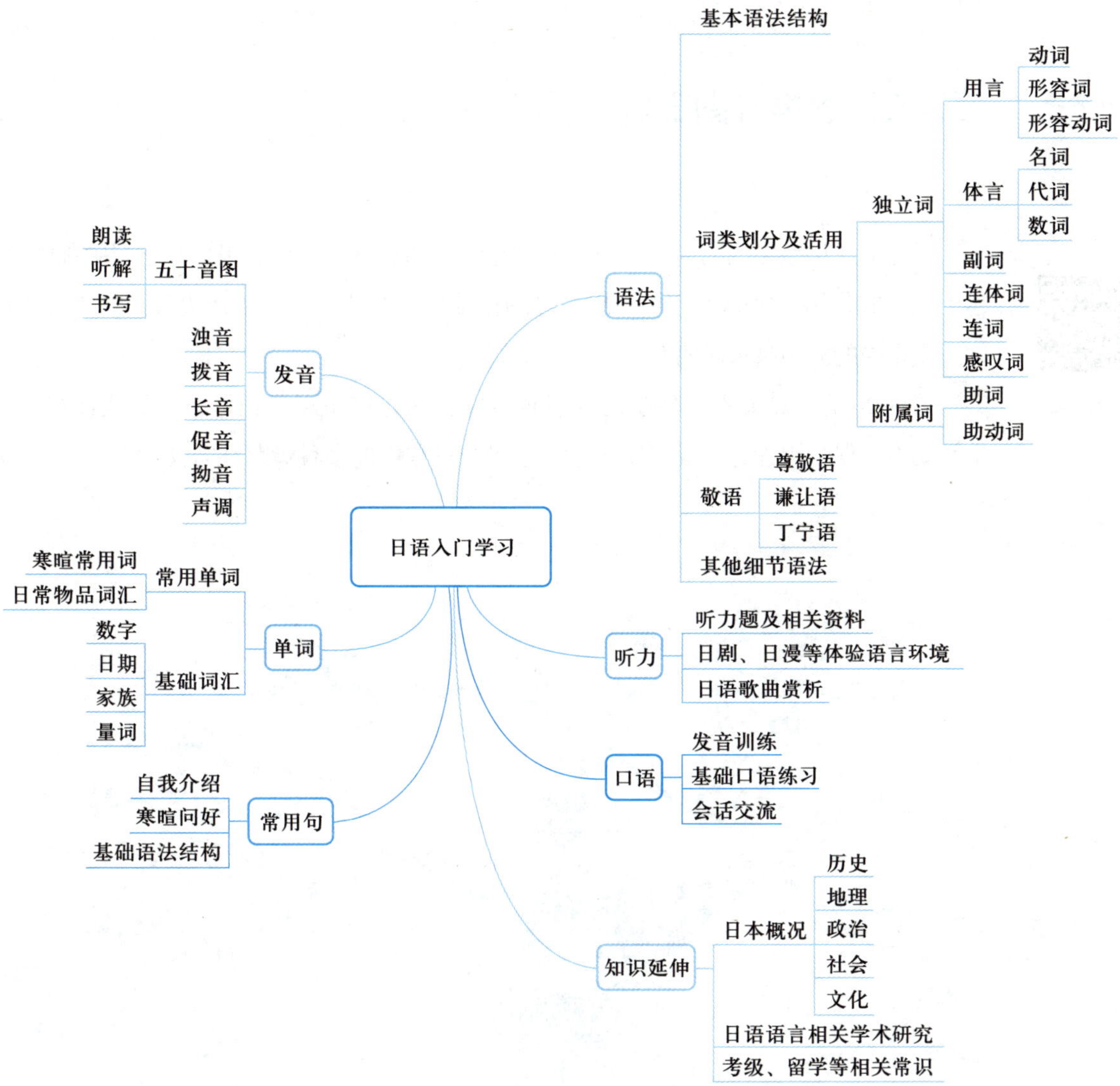

日语入门学习
语法
基本语法结构
词类划分及活用
独立词
用言
动词
形容词
形容动词
体言
名词
代词
数词
副词
连体词
连词
感叹词
附属词
助词
助动词
敬语
尊敬语
谦让语
丁宁语
其他细节语法
听力
听力题及相关资料
日剧、日漫等体验语言环境
日语歌曲赏析
口语
发音训练
基础口语练习
会话交流
知识延伸
日本概况
历史
地理
政治
社会
文化
日语语言相关学术研究
考级、留学等相关常识
发音
五十音图
朗读
听解
书写
浊音
拨音
长音
促音
拗音
声调
单词
常用单词
寒暄常用词
日常物品词汇
基础词汇
数字
日期
家族
量词
常用句
自我介绍
寒暄问好
基础语法结构

图6-18　用思维导图制订日语学习计划

垃圾
可回收垃圾
金属类
玻璃类
织物类
塑料类
有害垃圾
电池
油漆
灯管
厨余垃圾
果皮
其他垃圾
餐具

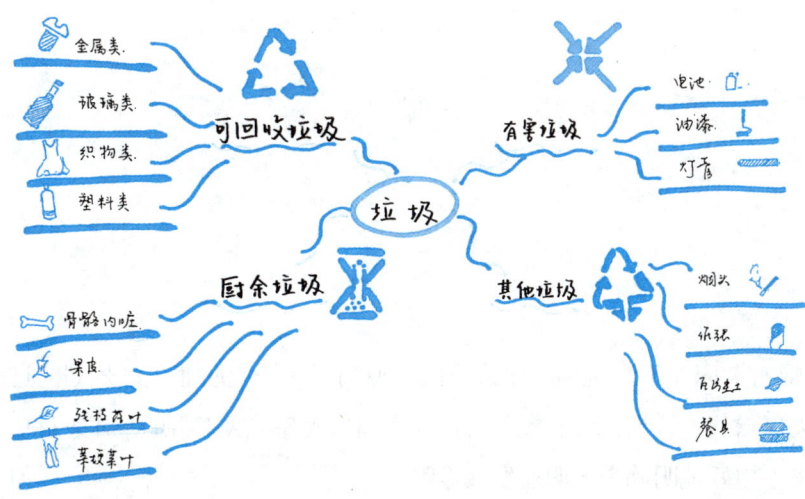

图6-19　用思维导图开展垃圾分类

第五节　思维导图赏析

视频6-4

通过上述思维导图的应用，可以看到思维导图在日常生活、工作和学习中都能够起到积极的作用。实际上，由于思维导图在结构上的特点，在工作决策、日常生活、休闲娱乐中的应用越来越常见。

图6-20是一幅关于如何学习的思维导图，从记忆策略、记忆系统、运作模式、生活助力、促学锦囊等方面说明了学生在学习过程中的多种策略和方法。

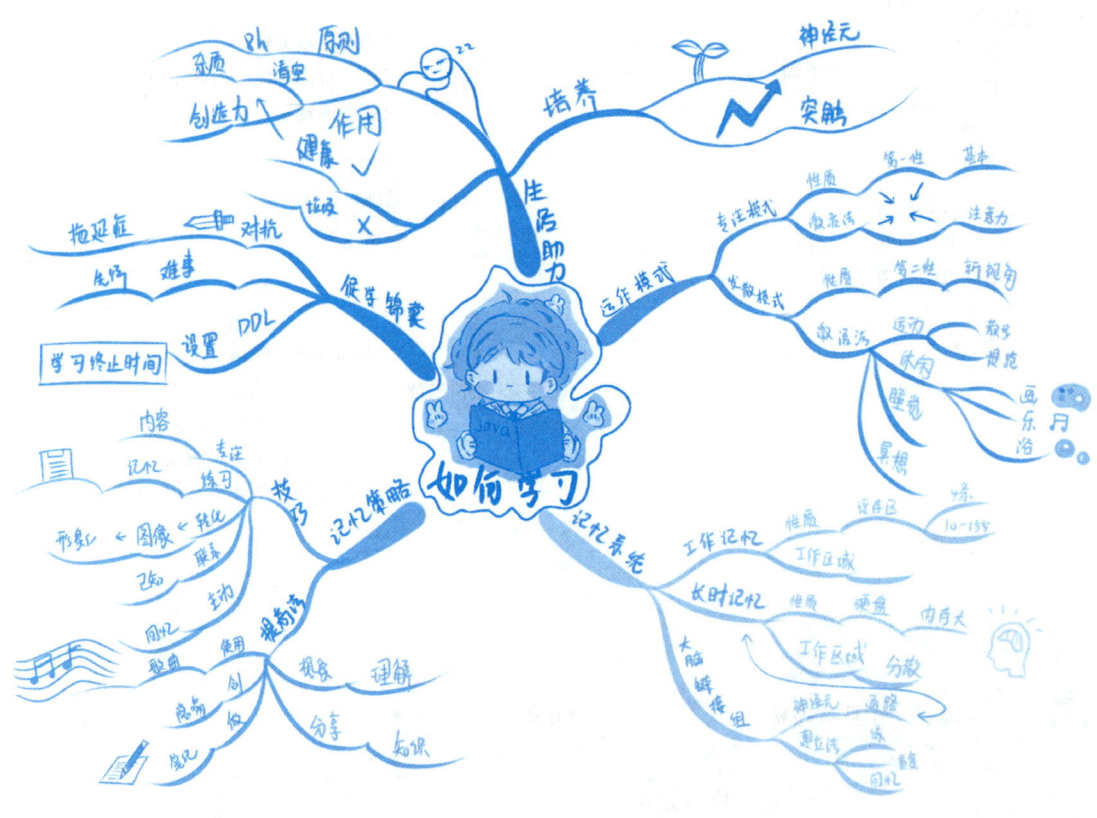

图6-20　如何学习的思维导图

图6-21是一幅有关职业生涯规划的思维导图，说明了在个人职业生涯规划的过程中，可以通过发展自我、认识自我、实现自我、幸福自我等层次来帮助个体进行自我剖析、挖掘潜能，更好地明确个人职业发展道路。

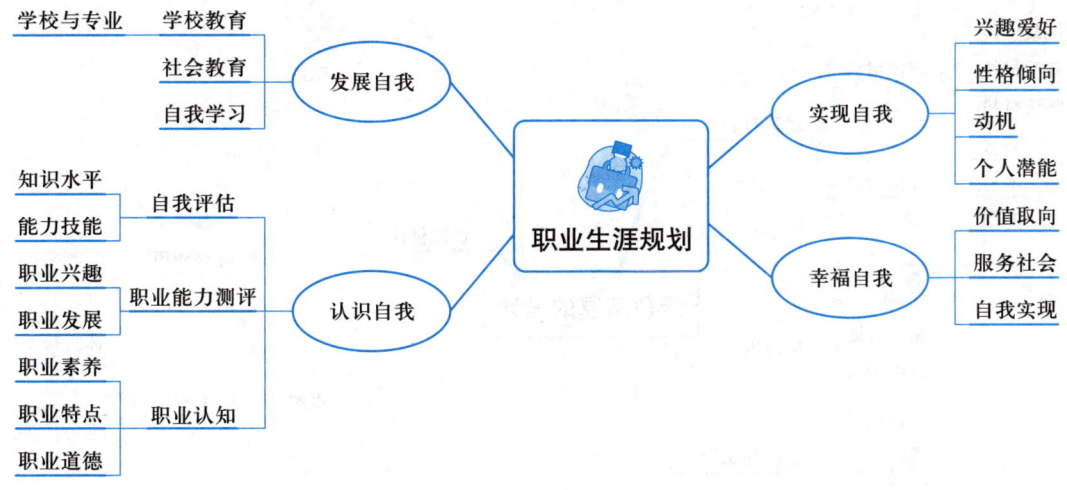

图 6-21 职业生涯规划的思维导图

有一些思维导图可以通过图像、符号加上简单的文字描述来呈现特定的应用场景，虽然其文字描述很少，但却同样给人以直观、清晰的感受。

如图 6-22 认识创新、图 6-23 绿色房屋设计的思维导图所示。

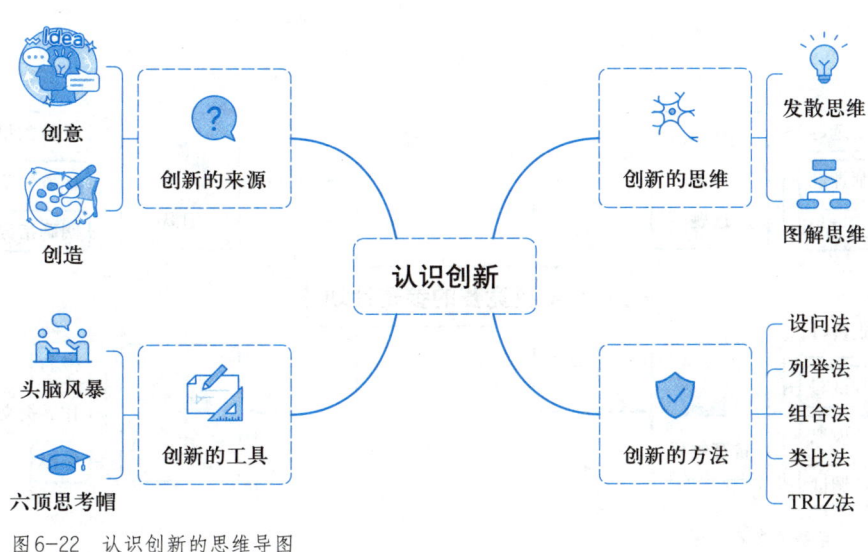

图 6-22　认识创新的思维导图

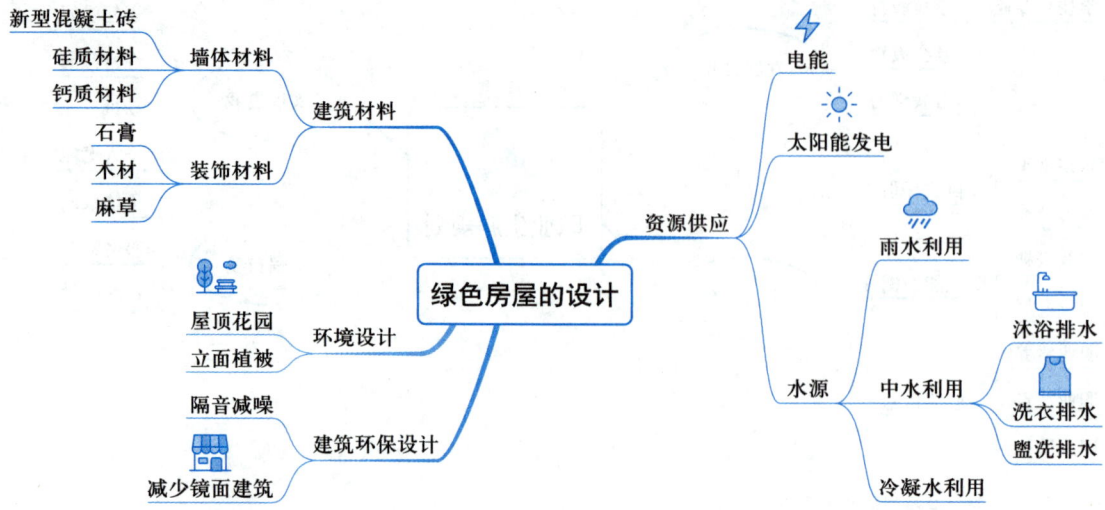

图6-23　绿色房屋的设计的思维导图

　　很多学生在大学期间有参加学科竞赛或创新实践的计划，对于没有参赛经验的学生个人和团队来说，从何入手、如何组织、如何参加会存在一定的疑惑，其实可以通过思维导图把前期准备和后续计划安排清晰地罗列出来。图6-24、图6-25分别是关于学科竞赛的参赛计划和某个游戏产品创新设计的思维导图。

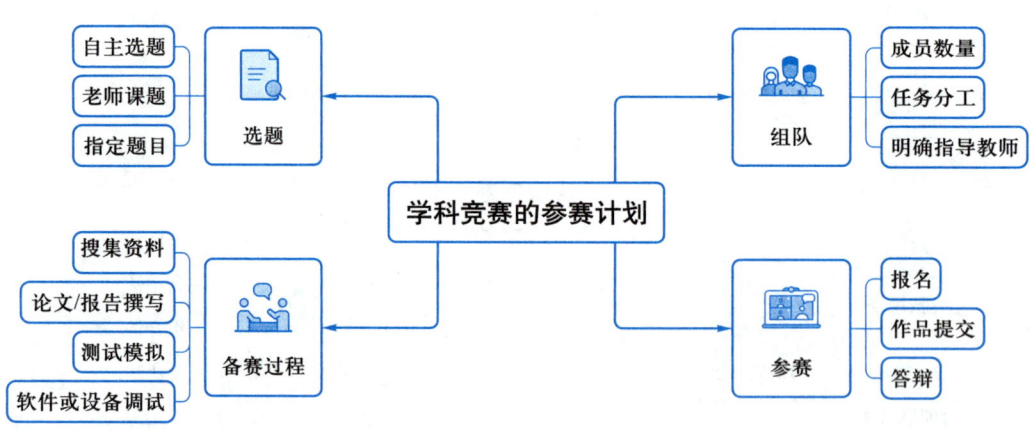

图6-24　学科竞赛的参赛计划

图6-25　游戏产品创新设计的思维导图

【思考与练习6-3】

年度计划思维导图。

思维导图的珍贵之处在于能够融入我们的生活，指引我们的生活。请认真思考自己当前的生活、学习或工作状态，画出未来一年有关自己学习或工作规划的思维导图（试着注入更多的色彩）。

第七章　团体创新方法

倘若你有一个苹果，我也有一个苹果，
而我们彼此交换苹果，那么，你和我仍然只
有一个苹果。但是，倘若你有一种思想，我
也有一种思想，而我们彼此交流这些思想，
那么我们每个人将各有两种思想。

——［英］萧伯纳

三大公司如何激发团体创意

谷歌公司：谷歌公司有一个原则非常有趣，无论你在公司哪个位置，都确保100英尺以内有食物，因为人们会在有食物的地方聚集。公司中随处可见各种各样的饼干、冰激凌、寿司、沙拉。当人们聚集在一起时，他们便会聊天、分享，互相激励启发。这就是谷歌公司的一种文化——思考如何把人们聚到一起，给他们机会变得更加强大。

Facebook公司：每周五，扎克伯格会组织一个很大的会议，所有员工都可以参加。他会介绍一些管理上的内容，任何员工有任何问题都可以提问，无论是"你赚多少钱""你每周工作多久"，还是"你在中国的下一步战略是什么"。这样的问题，他都会一一诚实地回答，这建立起员工之间的信任。

Airbnb：Airbnb的办公室装修得非常有趣，设计得很有家的感觉。当看着眼前的工作环境时，所有人都会感觉这真像人们梦想中的房间。

不得不承认，良好的公司环境需要创造出一种创新的氛围，让有创意的人们愿意待在那里，无论是完成重要的工作还是别的。

扩展阅读7-1
头脑风暴法的
认知加工模式

第一节　头脑风暴法

头脑风暴法出自头脑风暴一词，起源于精神病理学，指精神病患者的精神错乱状态。如今，这个词的主要含义已经变成"无限制的自由联想和讨论"，目的在于产生新的观念或激发新的设想（见图7-1）。

图7-1　头脑风暴

视频7-1

头脑风暴法亦称奥氏智力激励法、群体集智法或团体创新方法，是由美国创造学家奥斯本于1939年首次提出、并于1953年正式发表的一种激发思考的方法，因此他被称为"头脑风暴法之父"。

一、头脑风暴法的来源、原理及特点

早在20世纪20年代，著名的动画大师华特·迪士尼（Walt Disney）就鼓励跟他一起工作的艺术家借用头脑风暴式的团体创意策略来开展动画创作。然而，头脑风暴法正式作为一种方法被广泛应用，归因于奥斯本的贡献。奥斯本最早关注的是如何提高团体的创造力，他认为过早评判设想是妨碍团体创造力发挥的重要因素之一。评判将抑制新设想的产生和呈现。因此，他建议在新设想产生的过程中，训练个体对自己和他人的设想应尽量做到延迟判断。他还强调参与者应注重新设想的数量，尽可能多地产生设想。鼓励参与者去自由畅想，并能组合和改进他人提出的设想。他还引用了许多日常的证据来说明头脑风暴法的效用。

头脑风暴法的特点是以一种与传统会议截然不同的方式召开专题会议，通过贯彻

若干基本原则和特殊规定，给与会者创造一种主动思考、自由联想、积极创新的特殊气氛，从而有效发挥群体智慧，以获取量多、面广、质优的发明创造设想。

群体智慧不是个人智慧的简单叠加。因为在群体之间，人们的思维可以相互启发并相互激励，做到思维共振；人们的设想可以相互补充并相互促进，做到连环增值。一些科学测试证实，在群体联想时，成年人的自由联想可以提高50%或更多。国外有人对38次智力激励会提出的4 356个设想进行分析，结果表明其中有1 400条设想是在别人的启发下获得的。

为什么这种方法会有助于产生新的想法呢？一般认为有以下四个原因。

1. 联想反应

联想是新想法产生的重要途径。在集体讨论问题时，人们提出的观念都会引发他人的联想，相继产生一连串的新观念，产生连锁反应，从而形成新观念堆，为创造性解决方案的产生提供了肥沃土壤。

2. 个人欲望

在不受限制、没有顾虑的情况之下，人的倾诉欲望会增强。在竞争的氛围下，个体也会有表现自我的欲望，因此个体会不断地开动思维机器，努力突破固有观念束缚，力求有独到见解并加以展示，这就有利于新观念的产生。

3. 竞争意识

心理学研究告诉我们，人类都有争强好胜的心理，在有竞争意识的情况下，人的心理活动效率可增加50%或更多。在群体讨论中发言，实际上也是对个体的展示，本质上是一种竞争的形式。这样人人不断地开动思维机器，争先恐后，竞相发言，力求有独到见解、新奇观念，创新的效率将大大提升。

4. 热情感染

人或多或少都有从众心理。在轻松愉快的氛围中，人人发言，人人讲话，这就能使得个体参与讨论的热情互相感染，互相增强，能形成热潮，最大限度地发挥创新思维能力。

实践经验表明，头脑风暴法可以排除折中方案，对所讨论问题通过客观、连续的分析，找到一组切实可行的方案，所以头脑风暴法在军事决策和民事决策中得到了较广泛的应用。例如美国国防部在制定长远科技规划时，曾邀请50名专家采取头脑风暴法开了两周会议，参加者的任务是对事先提出的长远规划提出异议。通过讨论，得到一个使原规划文件变得协调一致的报告，在原规划文件中只有25%～30%的意见得到保留。由此可以看到头脑风暴法的价值。

二、基本原则

视频7-2

头脑风暴法的精华和核心在于它的四项原则，即自由畅想、推迟评判、以量求质、综合集成。其有效性取决于人们对这些原则的贯彻程度。

1. 自由畅想原则

① 让与会者尽可能地解放思想，不受任何传统思维和观念的束缚，不必介意自己的想法是否荒唐可笑，自由畅谈、随意想象，使思想始终保持自由发散的状态，想法越新越奇越好；

② 让与会者充分发挥想象力，使思路做大幅度的回转跳跃，通过发散、侧向、逆向思维和联想、幻想、想象等形式，从广阔的学科领域寻找新颖的发明创造方案。

2. 推迟评判原则

创新构思的产生有一个不断诱发、深化和完善的过程。构思在刚开始提出时似乎没有什么科学根据和实际用途，但它们却可能蕴藏着极好的创意，如过早地评判则可能会使其在萌芽阶段就被扼杀。日本创造学家丰泽丰雄曾说过，"过早地评判是创造力的克星"。因此，会议期间绝对不允许批评别人提出的设想，任何人在会上不能做判断性结论。发言者胆怯的自谦之语、讽刺挖苦的否定之语、夸大其词和漫无边际的吹捧之语，甚至怀疑的讥笑神态、手势等，都是智力激励会的大忌。因此，像那些"这根本不通""这个想法已经过时了""您的想法太妙了""这个设想真绝了""我水平有限，想法不一定行得通""我提一个不成熟的设想"之类的肯定或否定的评判均应避免。美国心理学家梅多和教育学家帕内斯在做了大量试验和调查之后认为，采用推迟评判，在集体思考问题时，可多产生70%的设想；在个人思考问题时，可多产生90%的设想。

3. 以量求质的原则

该原则的关键是"质量递进效应"。谋求数量原则的目的是"以数量保证质量"。参加会议的人员不分上下级，平等相待，在规定的时间内提出设想的数量越多越好。奥斯本认为，理想结论常常出现在过程后期提出的设想中。后期提出的有实用价值的设想要比初期提出的多；在群体激励的过程中，最初的设想往往并非最佳。有人曾用实验证明，一批后半部分的设想，其价值要比前半部分的设想高出78%。另据统计，一个在相同时间内比别人多提出两倍设想的人，最后产生有实用价值的设想的可能性比别人高10倍。因此，智力激励法强调与会者要在规定的时间内，加快思维的流畅性、灵活性和求异性，尽可能多地提出有一定水平的新设想。

4. 综合集成原则

该原则的依据是"集成也是创造"。与会者应认真听取他人的发言，并及时修正自己不完善的设想，或将自己的设想与他人的设想集成，确保提出更有创意的方案。奥斯本曾经指出，"最有意思的集成大概就是设想的集成"。

上述四项原则各有侧重，相辅相成。第一条原则突出求异创新，这是智力激励法的宗旨；第二条原则要求人们思维轻松、会议气氛活跃，这是激发创造力的保证；第三、第四条原则强调互动性，即相互启发、相互补充和相互完善，这是智力激励法能否成功的关键。

爱因斯坦曾经说过，"很少有人镇定地表达与他们的社会环境之偏见相左的意见，大多数人甚至无法形成这种意见"。大多数人害怕出现错误，在自然界中，错误可能意味着受伤、死亡或被掠夺者消灭，进行不必要冒险的动物不会活得很久。在人类生活中，错误通常导致心灵的痛苦而不是身体的痛苦。对于许多人来讲，心灵的苦闷比身体的痛苦更加让人害怕。所以一些人害怕如果他们的想法失败，他们就会存在危险。犯错误是最大的阻碍，因为它能导致一个人对未来幻想的毁灭。所以，将这些人置入一个房间并叫他们提出可能不起作用的疯狂的观点，这是非常困难的。

扩展阅读7-2
盖莫里公司的新产品头脑风暴会议案例

每个人的头脑里都可能有数以千计的好主意等待被说出来，这些主意可能有助于解决问题，但是听起来可能不那么好。问题就在于如何创造出一个让这些主意可以提出来的环境，并且提出者不会感觉到对"犯错误"的害怕。这个环境就是头脑风暴要营造的环境。在这个环境里，小组成员都积极地执行不对成员提出的观点进行评判的原则，尤其是那些有可能影响或者决定提出者未来发展的人，这一点尤为重要。在这里，"犯错误"和提出并不可行的观点不仅是可接受的，而且是受到鼓励的。有的观点或许根本就是一个错误，但它可以作为对他人的一种激发，所以是被鼓励的。头脑风暴的原则用来消除或减少成员对"犯错误"的担忧，这就是为什么要严格坚持规则的原因。

【思考与练习7-1】

根据头脑风暴法的原理和原则，设想一下，如果你要召开一个头脑风暴会议，应该注意哪些方面的问题？

思考与练习7-1
参考答案

三、头脑风暴法的运用流程

头脑风暴并不是简单地将一群人集合在一起开个会，它有自己的原则和技巧。一次糟糕的头脑风暴会议会使参与者因担心负面影响而不敢表达自己的观点，组织者觉得参加的人没有创造力，头脑风暴将会变成一个大家都觉得无趣甚至畏惧的事情。所以，头脑风暴法的运用是有步骤的，如图7-2所示。

图7-2 头脑风暴法运用程序

视频7-3

1. 会前准备

（1）确定会议主题

头脑风暴法适合解决目标单一的问题。头脑风暴需要有一个定向目标，这样大家才能沿着主线进行思维拓展升级。因此，对涉及面较广或包含因素较多的复杂问题应进行分解，分成不同讨论议题或不同会议，使与会者沿同一方向思维发散、共振和互补。否则，就会让大家的讨论失去焦点，极易"跑题"。主题确定后，会议召集者需要拟订一个相应的问题进行机会陈述，描述想要达到的目标。尤其需要注意的是，这份陈述不能暗示问题解决的典型方法可能是什么，因为这将阻碍新观点的产生。

（2）确定会议主持人

会议主持人（也称为促进者）需要介绍问题、提醒时间和确保大家服从头脑风暴的规则，这个人将掌控会议进程使其顺利开展，同时要确保参加者觉得身心愉悦，愿意参与到发言中来。合适的主持人对头脑风暴法的成功运作有很大作用。

主持人最好由对决策问题的背景比较了解并熟悉头脑风暴法的处理程序和处理方法的人担任。头脑风暴会议主持人的发言应能激起参加者的思维灵感，促使参加者感到急需回答会议提出的问题。通常在头脑风暴开始时，主持人需要采取询问的做法，因为主持人很少有可能在会议开始5~10分钟内创造一个自由交换意见的气氛，并激起参加者踊跃发言。主持人的主动活动也只局限于会议开始之时，一旦参加者被鼓励起来以后，新的设想就会源源不断地涌现出来。这时，主持人只需根据头脑风暴的原则进行适当引导即可。一般来说，发言量越大，意见越多种多样，所讨论的问题越广越深，出现有价值设想的概率就越大。

通常，问题的提出者就是会议的主持人，但这不是绝对的。例如，问题的提出者并不熟悉头脑风暴的原则，或者主题是一个利益相关议题（比如对提出者发展方向的讨论），这时提出者做一个参与者而不是主持人可能更好。有时可以聘请一个外来的主持人，来确保保持公平、消除偏见。

（3）确定与会人员

头脑风暴会议与会人数过多，无法保证与会者有充分发表设想的机会，使思维目标分散而降低激励效果；人数过少，会造成专业面过分狭窄，达不到为解决问题所需要的不同专业知识的互补，难以形成信息碰撞和思维共振的环境和气氛，同时也容易因缺乏足够的思考与联想时间而造成冷场，从而影响智力激励的效果。一般来说，头脑风暴会议以5～15人为宜。当然，这并不是死板的要求，可以根据具体情况灵活变化。

如果有条件的话，头脑风暴会议的参会人员应当由专家小组构成，一般包括：方法论学者——专家会议的主持人；设想产生者——专业领域的专家；分析者——专业领域的高级专家；演绎者——具有较高逻辑思维能力的专家。

头脑风暴会议的所有参加者都应具备较强的联想思维能力。在进行头脑风暴时，应尽可能提供一个有助于把注意力高度集中于所讨论问题的环境。有时某个人提出的设想，可能正是其他准备发言的人已经思考过的设想。其中一些最有价值的设想，往往是在已提出设想的基础之上，经过"思维共振"的头脑风暴，迅速发展起来的集成，以及对两个或多个设想的综合集成。因此，头脑风暴法产生的结果，应当被认为是专家成员集体创造的成果，是专家组这个宏观智能结构互相感染的总体效应。

扩展阅读7-3
功能各异的烤面包机

现实中最容易实现的方式是把与问题相关的部门、团体或公司的人聚集起来进行头脑风暴。当然，也可以邀请通常不与其共事的，来自其他部门、团体或公司的人，以获得更宽广的视野。

【案例7-1】 新型烤面包机的设计

美国某公司决定在内部征集新型烤面包机的设计方案，召开了头脑风暴会议，规定谁的想法有价值就奖励谁一大笔钱。设计师、工程师们你一言我一语，可谁都没提出太好的想法。这时旁边负责清洁的老妇人问："你们能不能设计一种能抓老鼠的烤面包机？"大家都大笑起来。"我经常在家烤面包，不过烤面包机老是掉下面包屑，老鼠就经常来吃。"老妇人的话让大家陷入了沉思。

于是，一个新的设计方案诞生了——新的机器最下层装上了一个抽屉，用于收集掉下来的面包屑。新产品一上市，立即得到了广大主妇的欢迎，老妇人也得到了那笔奖金。

（4）确定记录人员

头脑风暴会议提出的设想应由专人记录下来，以便会后对会议产生的设想进行系统化处理。这一工作可由专人负责，可由主持人或服务人员兼任，也可以安排与会者自己将想法记录下来。随着现代信息记录手段如录音、录像等技术的发展，这一过程也可自动完成。

（5）预定时间地点

会议地点看似只是确定一个开会的地点，其实，如果条件允许的话，其中的讲究还是不少的。会议地点可以选择室外，例如草地、树荫等静谧的环境，在大自然里更容易让人心情放松。但大多数情况下，由于现实条件制约，还是多在室内举行会议，如图7-3所示。如果条件允许的话，房间最好温度适中、光线柔和，让人体感觉比较舒适。座席设计最好能够让参与者围成圆圈坐下。比较理想的是用一张圆形的会议桌，或者是将桌子围成圆圈。其次，一个宽广的U形布局也是比较好的。这类座席的排布会使每个人都感到平等。在圆圈或U形的中央提供一个物体供人们在思考的时候有东西可以凝视，这样就消除了在提出建议时直视他人面部的必要性。

图7-3　会议地点的选择

在参会人数较多时，把人们安排成一个圆圈而又不想隔得太远以致产生距离感，这是不可能的。这时可以考虑剧场风格的座席安排，让主持人坐在前面，同时配备可以传递的麦克风，以便让大家都能听清楚，如图7-4所示。

如果有条件的话，配有白板、投影仪或实物展台，将会使观点表达更明晰。每个人配以记录纸和笔，再准备一些供休息放松的茶点。与可能得出的问题解决方法相比，这些额外的费用是物有所值的。

头脑风暴会议时长取决于参加者的经验和待解决问题的性质。时间太短与会者难以畅所欲言，太长则容易产生疲劳感，影响会议效果。经验表明，创造性较强的设想一般要在会议开始10～15分钟后逐渐产生。美国创造学家帕内斯指出，会议时间最好安排在30～45分钟之间。当然，现场会议时长一般由主持人临场掌握，不宜定得太死。倘若会议确实需要较长时间，为了使参与者保持新鲜感，应该被分割成几个时间段进行，中间辅以短暂的休息。休息时间里人们可以进行思考和反思。

图7-4　剧场风格的座席安排

（6）准备文字邀请函

准备发送给参与者的文字邀请函，内容包括会议的名称、议题、日期、时间、地点、背景资料等。文字形式的邀请函描述更加准确，避免与会者产生歧义。议题以提问的形式描述出来，可以列举一些设想作为参考，但要注意不要暗示问题解决的典型方法可能是什么，因为这将阻碍观点的产生。邀请函应提前几天送达与会者，使他们在思想上有所准备，提前酝酿解决问题的设想。

2. 热身阶段

会议主持人应该早点到达，把头脑风暴规则贴在一个显眼的地方，进行会议准备。主持人应保持友好的状态欢迎每个与会者，互相介绍一下从未见过面的人，努力使每个与会者感到放松。如果条件允许，可以使用一些柔和的音乐作为背景音以放松与会者的心情。

当大多数人到达的时候，主持人把他们聚集起来，安顿在相应座位上，进行热身活动。热身活动可以是做智力游戏、看有关创造力方面的录像、回答脑筋急转弯问题、猜谜语、讲幽默故事等方式，目的是使与会者尽快进入"角色"，使他们暂时忘却个人的工作和私事，形成平等、轻松、热烈的气氛，进入"临战状态"。

扩展阅读7-4
脑洞大开畅想
汇——小鸡过
马路

3. 明确问题

热身大约5~10分钟后，当大家的热情被调动起来以后，就可以进入明确问题阶段了。

首先，主持人需要向与会者说明头脑风暴会议必须遵守的四项基本原则。尤其对于第一次参加头脑风暴会议的人，主持人需要着重指出规则的重要性，让他们知道看似怪异的观点可以用作问题的解决方法，也可以激发他人的观点，应当大胆说出来，并且不要评价别人的观点。同时，主持人应建议大家把手机关机或者调至静音，以避免会议的进程被干扰、思路被打断。

接下来，主持人需要简明扼要地介绍问题，使与会者对会议所要解决的问题获得比较一致、准确的理解，从而能有的放矢地进行创造性思考。主持人只是点出问题的实质，选择有利于激发大家热情和开拓大家思路的方式；还可以将问题分解成不同要素，从多角度提出问题。这个阶段尽量不要对任何问题解决方法设置障碍，要让与会者相信任何方法都是可行的。

一旦主持人确定与会者对所议问题的内容正确理解后，如果时间允许的话，可以留5~10分钟让大家先独立思考一下方案。之后，会议即可转入下一个阶段。

4. 自由畅谈

这是智力激励法的核心步骤，也是能否成功的最关键阶段。该阶段应尽力形成高度激励的气氛，使与会者能突破心理障碍和思维定势，让思维自由驰骋，提出大量有价值的创造性设想。

在这一阶段，除了必须遵守的头脑风暴四项原则外，还要遵守下述规定：

① 应力求简明扼要地表述设想，以便有更多的观点能够被提出；每次只谈一个设想，以有利于该设想引起与会者的共鸣，使他们受到启发。

② 主张独立思考，不准私下交谈，以免干扰别人思维；同时确保会议始终只有一个中心点，防止形成小团体、"开小会"。

③ 不强调个人或小团体的利益，应以参会人员的整体利益为重，注意和理解别人的贡献。创造民主环境，不以权威或群体意见的方式妨碍他人提出个人的设想，激发个人追求更多更好的主意。

④ 与会人员一律平等，各种设想全部记录下来。如果条件允许的话，找几个写字快的工作人员将每个想法的要点简明记录在白板上，以便于启发他人。

⑤ 见解无专利，鼓励巧妙地利用和改善他人的设想。这是激励的关键所在，每个与会者都可以从他人的设想中激励自己，从中得到启示；或补充他人的设想；或将他人的若干设想综合起来提出新的设想；等等。

⑥ 提倡自由奔放、随意思考、任意想象、尽量发挥，主意越新、越怪越好，因为它能启发人推导出好的观念。

这一阶段需要主持人良好掌控进度。如果大家发言不积极，可以采用轮流发言的方式，每轮每人简明扼要地说清楚一个创意设想，避免形成辩论和发言不均。主持人要以激励的话语、语气和微笑点头的行为，鼓励与会者多提出设想。对于违反基本原则的行为，要及时加以转移化解，并重申会议的基本原则。当有人提出新观点，尤其是非常怪异的观点时，主持人要加以鼓励，感谢他们说出自己的观点。主持人说话的时候要多使用"我们"，尽量不要过多直呼参与者的名字，在潜意识中增加大家的团体观念，让与会者感受到这是一个团体在努力。

在头脑风暴会议中大家的创造力可能会逐渐减弱，出现沉默冷场，这是很正常的，人们需要时间来思考。这个时候，主持人应该找出一个问题来引导大家回答，借以激发创造力。比如说：我们能综合这些设想吗？或是说：换一个角度看怎么样？最好在开会前就准备好一些诸如此类的引导问题以避免临场尴尬。会议主持人可以根据课题和实际情况需要，引导大家一步步地进行头脑风暴。例如课题是某产品的进一步开发，可以从产品改进配方思考作为第一次头脑风暴、从降低成本思考作为第二次头脑风暴、从扩大销售思考作为第三次头脑风暴等。

会议进行一段时间后，与会人员的观点将会显得枯竭，这时需要中场休息。休息的时间并不固定，取决于分配给会议的时间和已产生的观点数量。休息的方法尽量让大家自由选择，散步、唱歌、喝水、游戏等均可采用。休息结束时，尽可能请与会者坐在不同的座位，让他们跟新的邻居问好，以一种新的心境与状态继续进行讨论。开始前，主持人应再次简短重申一遍议题，提醒人们注意头脑风暴的基本规则，然后会议继续。

一般情况下，头脑风暴会议持续1小时左右，形成的设想应该不少于30种以上，但最好的设想往往是会议要结束时才提出的。因此，预定结束的时间如果到了，可以根据情况再延长5分钟，这是人们容易提出好设想的时候。在几分钟时间里再没有新主意、新观点出现时，头脑风暴会议便可宣布结束。

这时，主持人应当感谢大家的参与，告诉大家这是一个令人愉快的会议过程。工作人员会将所有的想法整理成一个清单，如果是与会者自己记录想法，请他们务必先将想法写完整再离开。主持人要留下自己的联系方式，强调如果与会者在会后有任何新的想法，请务必在第一时间告知。如果条件允许，可以在会议结束后留给与会者一小段时间放松和互相交流，这样非常有助于新想法的产生。当所有人离开后，主持人应当将整个会议流程回想一遍，有时会发现一些当时没有记录却非常有价值的信息。

除了在会议结束时提醒与会者主动将新想法告知以外，在畅谈结束的第二天或第三天，主持人应该用电话或面谈的方式，与与会者进行第二次交流，收集与会者在会后产生的新设想，这是不可忽视的一步。心理学研究发现，当人们对某个问题进行长时间深入思考后，即使在做其他事情时，他的大脑也有可能在继续为这个问题寻找答案。弗洛伊德等人将其归功于人类的潜意识。这些在会后休息时不经意间产生的想法，很可能非常有用，犹如神来之笔。奥斯本就曾研究发现：人们在第一天的畅谈会上提出了百余条设想，第二天又增补了20多条设想，其中有4条设想比第一天提出的所有设想都更有实用价值。

5. 会后整理

通过头脑风暴会议和会后的回访，会得到一大堆想法，好比找到了一座金矿，接下来要做的就是在这座金矿中选出真正的金子。具体来说，就是要对设想进行评价和发展。这是相互联系的两个方面，评价是为了寻找出其中有用的想法，发展是将各种想法的合理之处综合利用，形成最终的方案。

第一步就是要将在会上和会后收集到的想法进行整理，形成一个设想清单。在信息时代，最简单的方法就是使用一个表格软件，如Excel等将它们列出来，便于后续进行编辑及发送给评判者进行评判。

第二步就是要确定一个设想的评价标准。用什么样的指标去评价设想是好的？是成本最低？工艺最简单？还是投入最少？具体拟定哪些指标，一般要根据问题本身的性质和问题提出者的要求来决定。

第三步就是要确定要由谁来评价和发展这些想法。参与评价和发展设想的人员可以是设想的提出者，也可以是对问题本身负有责任的人。例如在日本，多是召开第二次会议，由设想提出者自己来进行群体评议，以省去对设想做出重复说明的麻烦。而在美国，这一工作一般交由专家或问题提出者来处理。如果条件允许的话，由未参加头脑风暴会议的人士参与评价是最好的，因为这样可以跳出既有的思维定势，往往会有新的观点与角度来思考问题。从表决角度考虑，一般情况下评价委员会人数应该为奇数，经验证明5~7人为最佳人数。

一般来说，经过评价，想法会被分成三类：

① 优良的——一定会奏效，并且可以立刻被实施；

② 有趣的——可能会奏效，或需要进一步的分析来决定是否会奏效，需要更多调查与研究；

③ 无用的——确定不会奏效。

对于优良的想法，问题提出者必须逐一进行分析、比较、发展、完善，做到优中选优。可以以一个方案为主，吸收采纳其他方案的长处形成新的设想；或以两个或多个方案进行集成，优势互补，组合成新的方案。同时，问题提出者也应该对有趣的想法保留一定的关注度。如果条件允许的话，对它们进行进一步的调查研究，很可能一条截然不同的全新解决方案就隐藏在其中。

【案例7-2】电线除雪

有一年，美国北方格外寒冷，大雪纷飞，电线上积满冰雪，大跨度的电线常被积雪压断，严重影响通信。许多人试图解决这一问题，但都未能如愿以偿。后来，电信公司决定采用奥斯本发明的头脑风暴法试一试。公司召开了一次座谈会，参加会议的是不同专业的技术人员。会前所有人都学习了头脑风暴的四个基本原则，然后会议开始，大家七嘴八舌地议论起来。有人提出设计一种专用的电线清雪机；有人想到用电产生热量来化解冰雪；也有人建议用振荡技术来清除积雪；还有人提出能否带上几把大扫帚，乘直升机去扫电线上的积雪。对于这种"坐飞机扫雪"的想法，大家心里尽管觉得滑稽可笑，但鉴于基本原则，在会上也无人提出批评。一位工程师在听到用飞机扫雪的想法后，突然灵光乍现——不是用扫帚扫雪，而是在下雪后趁雪还比较松软的时候让直升机沿积雪严重的电线飞行，依靠旋转的螺旋桨产生的风力即可将电线上的积雪迅速扇落。他马上提出"用直升飞机扇雪"的新设想（如图7-5所示），顿时又引

图7-5　螺旋桨除雪

起其他与会者的联想，有关用飞机除雪的主意一下子又多了七八条。不到一小时，与会的10名技术人员共提出90多条新设想。

会后，公司组织专家对设想进行分类论证。专家们认为设计专用清雪机、采用电热或电磁振荡等方法清除电线上的积雪，在技术上虽然可行，但研制费用大，周期长，一时难以见效。因"坐飞机扫雪"而激发出来的几种设想，倒不失为大胆的新方案。如果可行，将是一种既简单又高效的好办法。经过现场试验，发现用直升机扇雪真能奏效，一个久悬未决的难题，终于在头脑风暴会议中得到了巧妙的解决。

【思考与练习7-2】
既然利用直升机可以给电线除雪，那么能否将其应用到地面除雪呢？

思考与练习7-2
参考答案

四、头脑风暴法的应用

1. 头脑风暴法应用的注意事项

在实施应用头脑风暴法的过程中，需要注意以下事项：

① 团体成员应对产生的设想的分享持有责任感。

② 为团体的头脑风暴制定一个较高的目标。

③ 通过手动书写或者电脑互动的形式将阻碍降到最低。

④ 个体的头脑风暴与团体的头脑风暴过程可以交替进行，在可能的情况下，应尽可能减少团体头脑风暴后对个体头脑风暴实施的拖延。

⑤ 在可能的情况下，实施头脑风暴的团体成员工作知识等背景应尽可能丰富多样。

⑥ 尽可能激发参与者多关注他人的观点和建议。

⑦ 在头脑风暴过程中，应适当安排短暂的停顿间歇。

⑧ 每次头脑风暴尽可能只专注于问题的某一方面，不宜把多方面问题或复杂问题混杂在一起来开展头脑风暴。

⑨ 可以在头脑风暴正式开展之前，先采用一系列明确的对于团体互动有效的规则进行热身训练。

⑩ 使用受过训练或对头脑风暴实施流程比较熟悉的协调者去引导和激励那些开展头脑风暴的团体。当有效地运用引导方法时，会促进团体产生更加有效的设想。

2. 头脑风暴法适用的主要问题类型

头脑风暴法一般较适用于开放性问题，问题的类型可以包括如下几种：

① 关于产品和市场的创意　新的消费观念、未来市场推广方案等。

② 管理问题　拓展业务面、改善职业结构等。

③ 规划问题　如对可能增加的困难的预期。

④ 新技术开发　如开发一项可以获得专利权的新技术。

⑤ 改善流程　如对生产流程进行价值分析。

⑥ 故障检修　如追寻不可预期的机器故障的潜在原因。

【思考与练习7-3】

以小组为单位，尝试使用头脑风暴法解决身边生活中的现实问题。将自己每一步做的事情记录下来，反思或互相评价哪些事情是对头脑风暴有利的、哪些是不利的。认真思考其原因和改进办法。

第二节 头脑风暴法的类型

一、会议模式

这是适用范围最为广泛的头脑风暴法类型。在特定的时间和地点，通过小型会议的组织形式，让所有参与者在自由愉快、畅所欲言的气氛中，自由交换想法或点子，并以此激发与会者创意及灵感，使各种设想在相互碰撞中激起脑海的创造性"风暴"。随着现代信息技术的发展，视频会议、网络会议等信息手段已经将会议时间地点的苛求性大大降低，使其应用起来更为便捷，具体表现形式也更多种多样，适用范围更广。

二、默写式智力激励法（"653法"）

奥氏智力激励法传入德国后，根据德意志民族爱沉思的性格，德国人鲁尔巴赫提出默写式头脑风暴法。其基本原理与奥氏智力激励法相同，不同的是通过填写卡片的方法来实现，而不是"畅谈"出来的。该法规定，每次会议由6人参加，每个人在5分钟内提出3个设想，所以又称为"653法"。

在举行"653法"会议时，由会议主持人宣布议题，即宣布发明创造目标，并就到会者提出的疑问进行解释。之后，每人发几张设想卡片，对每张设想卡片进行1、2、3编号，在两个编号之间留有一定的间隙，可让其他人填写新的设想。要求填写时字迹必须清楚。在第一个5分钟内每人针对议题在卡片上填写3个设想，然后将设想卡片转给右侧的人；在第二个5分钟内每个人从别人的3个设想中得到新的启发，再在卡片上填写3个新的设想，此后再将卡片传给右侧的人；连续在半小时内可以传递6次，一共能产生108个设想。将收集上来的卡片，尤其是将最后一轮填写的设想进行分类、整理，根据一定的评判原则和程序，筛选出有价值的设想。

默写式智力激励法可以避免由于少数人争着发言使部分参会者失去发言机会而造成设想遗漏的情况，并且还可以避免因为某些参会者不善于言辞或不习惯当众畅谈而无法表达清楚自己的设想从而影响激励效果的情况。

图7-6所示为默写式智力激励法的应用样例。

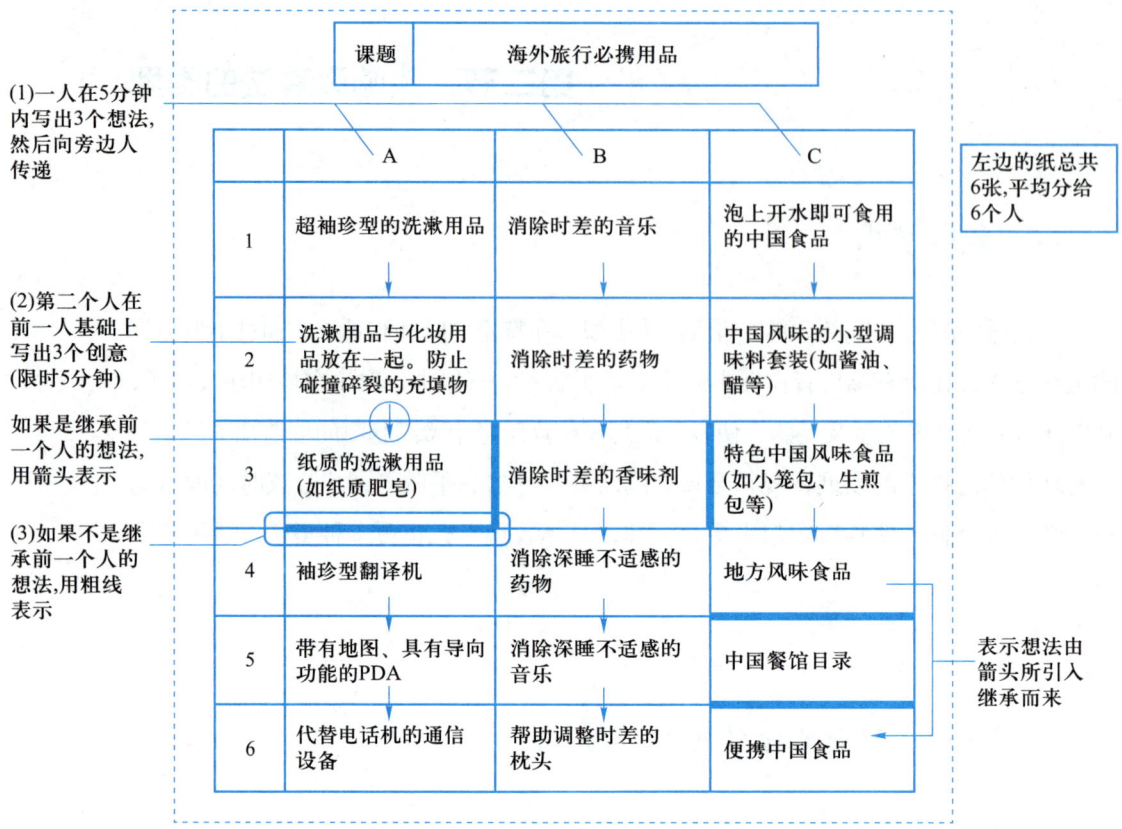

图7-6 利用默写式智力激励法的应用样例

三、卡片式智力激励法

卡片式智力激励法又可以分为CBS法和NBS法。

1. CBS法

CBS法由日本创造开发研究所所长高桥诚根据奥氏智力激励法改良而成。具体做法是：会前明确主题，每次会议由4~8人参加，每人持5张名片大小的卡片，桌上另放200张卡片备用。会议举行1小时左右。最初10分钟为"独奏"阶段，每人填写自己的设想，每张卡片上写一个设想。接下来的30分钟，由到会者按座位次序轮流讲述自己的设想，每次只能宣读一张卡片，宣读时将卡片放在桌子中间，让到会者都能看清楚。在宣读后，其他人可以提出质询，也可以将受激励后启发出来的设想填入未用的卡片中。最后的20分钟，让到会者相互交流和探讨各自提出的设想。

2. NBS法

NBS法是由日本广播公司为了充分发挥智力激励的作用，把口头和书面两种激励法结合起来而提出的一种方法。具体做法是：会前必须明确主题，每次会议由4~8人参加，每人必须提出5个以上的设想，每个设想填写在一张卡片上。会议开始后，各人出示自己的卡片，并依次做出说明。在别人宣读设想时，如果自己发生"思维共振"而产生了新设想，应立即填写在备用卡片上。待会议发言完毕后，将所有卡片集中起来，按内容进行分类后排列在桌上。在每类卡片上加一个标题，然后再进行讨论，从中挑选出可供实施的设想。

四、三菱式智力激励法（MBS法）

奥氏智力激励法虽然能产生大量设想，但由于它严禁批评，难以对设想进行及时的评价和集中。日本三菱树脂公司对此改进，创造出一种新的智力激励法——三菱式智力激励法，又称MBS法。

MBS法的具体做法是：第一步，提出问题；第二步，由参加会议的人各自在纸上填写设想，时间为10分钟；第三步，各人轮流宣读自己的设想（此时，聆听者可根据宣读者提出的设想填写新的设想），每人宣读1~5个设想，由会议主持人记录下每个人宣读的设想；第四步，将设想写成正式提案，并进行详细说明；第五步，相互咨询，进一步修改提案；第六步，由会议主持人将各人提出的方案画出结构图贴在黑板上，让到会者评判，并把修改的意见写到相应的位置上；第七步，组织专门人员对所有提案进行筛选，以获得最佳方案。

例如，某公司急需研制一种净化池，公司领导召集十余名技术人员，采用三菱式智力激励法，花了半天时间就提出70种方案。他们从中选出10种较优方案，画出结构图贴在黑板上，再将各人对新方案提出的改进设想写在纸条上，贴在相应的位置。通过公司技术人员的评审，得出最佳方案。

五、亚奥氏智力激励法

亚奥氏智力激励法与奥氏智力激励法的原则相反，它要求与会者对他人提出的设想百般挑剔，设想提出者也要据理力争，在这种争论中激励思维振荡，从而使设想成熟和完美。

由于亚奥氏智力激励法违背奥氏智力激励法所规定的"推迟评判原则",所以适合在训练有素的与会者之间使用。另外,在使用这种方法时,还要注意以下两点:

① 适宜在初步设想经筛选后使用,以利于最终评选出有价值的最佳设想;

② 要就事论事,争论过程中不要伤和气。

六、卡片整理法

人们解决问题的过程是一个信息收集和整理的过程。1954年,日本文化人类学家川喜多二郎整理他在喜马拉雅山探险中获得的资料时,尝试着使用一种称为"纸片法"的方法。其特点是将所得到的与议题有关的杂乱无章信息或设想记入卡片中,通过排列、组合这些卡片,以寻找逻辑关系,最后形成比较系统的解决问题方案。这种方法在启发创造性思维方面有神奇功效,于1965年被正式提出。

此方法的出现在创造学界引起了轰动,并逐步在多个领域传播开来。为了纪念川喜多二郎先生,人们以他姓名的首字母重新命名了该方法,称为KJ法。KJ法的操作分为以下6个步骤:

(1) 准备工作

确定主持人,拟定参加会议的人选(一般为4~8人),并准备好卡片和黑板。

(2) 获取设想

按智力激励法进行,获取30~50条信息或设想(卡片)。

(3) 制作卡片

将这些设想(卡片)分别用两行左右的短语写在黑板上,并让与会者抄录一套,制成"基础卡片"。

(4) 卡片分类

① 每人按自己的思路将卡片进行分组,把在某点上内容相同的卡片归在一起,制成"小组卡"。不能归类的,每卡自成一组。并针对内容在"小组卡"上写出标题。

② 将所有的"小组卡"放在一起,共同讨论,将内容相近的"小组卡"归在一起,制成"中组卡"。不能归类的,每卡自成一组。在每组卡片上给出适当的标题。

③ 把所有"中组卡"放在一起,经共同讨论,将内容相近的"中组卡"归在一起,制成"大组卡"。不能归类的,每卡自成一组。在每组卡片上给出适当的标题。

(5) 图解

将所有的"大组卡"贴到黑板上,并用箭头表示不同组卡之间的相互隶属关系,形成综合方案图解。

（6）形成新设想

将上一步完成的图解，用文字形式表述成比较完整的新设想方案。

七、函询智力激励法

1. 基本原理

函询智力激励法借助信息反馈，通过反复征求专家意见和见解来获得新的设想。具体做法为：选择若干名相关专家作为函询调查对象，以调查形式将问题寄给专家，规定期限请求回复。待收到全部回复后，将所得建议或见解加以概括后整理成综合表，将综合表连同函询表再次寄给各位专家，使其在别人设想的激励下提出新的设想或修改原有设想。通过数轮函询，最终得到有价值的新设想。

2. 具体步骤

① 选聘专家。选聘专家应遵循以下原则：专家的专业类型要精博结合，特别要重视交叉学科专家的独特作用；所选专家应对函询调查主题有浓厚兴趣，愿意承担任务；专家人数要视所解决问题的性质、规模和要求而定，不能太多也不能太少。

② 函询调查表的编制。函询调查表是组织者和专家之间、专家和专家之间的主要信息载体和沟通渠道，其编制水平对激励结果影响很大。因此，对函询调查表上所列问题应尽可能分门别类、简明扼要，便于专家理解和填写。力求避免先入为主、诱导专家按设计者的意志回答问题。

③ 函询调查的组织和设想的加工整理。函询调查表不应拘泥于某种固定的形式和内容。第一轮，将设计好的调查表寄给专家，要求专家在规定的时间内把填写好的调查表寄回。组织者收到专家自由思考和独立判断所获得的设想后，应对设想进行统计分类、归纳概括，将整理好的信息反馈给各位专家。此时，可根据专家的设想，优化原始调查表结构和内容，以便在其他专家设想的激励下，提出新的设想或修正自己原来的设想。如此循环多次，以得到较为完善的方案。

本章部分四色插图

【思考与练习7-4】

参照表7-1，依据默写式智力激励法的应用原则，6人一组进行实践，针对某一生活用品开展头脑风暴训练。

表7-1　默写式智力激励法表格

头脑风暴的课题：			
序号	A	B	C
1			
2			
3			
4			
5			
6			

第八章　设问型创新方法

提出一个问题往往比解决一个问题更重要……而提出新的问题，新的可能性，从新的角度去看旧的问题，都需要有创造性的想象力。

——[美] 爱因斯坦

精 确 书 签

　　读者在合上书本之前常常将书签（通常是矩形的纸片或者布料）夹于最后阅读页面中，有助于他下次阅读时快速找到正确的页面继续阅读。然而这种简单书签只能帮助记忆页面，读者不得不重新阅读一整页来寻找之前阅读到哪一段落。这是一个很好的问题，那么怎样解决这个问题呢？

　　于是，有人对传统的书签进行改进，改变原书签的形状，增加了功能，借鉴了测量水位温度的水温尺的设计，发明了精确书签。这种书签由长条矩形塑料制成，在书签顶部有一U形切口形成的夹板，用以将书签固定在书页上。此外这种书签还有一片塑料指示条，指示条上下部有两条水平切缝，书签主体以编织的方式穿过。通过这样的组合，指示条可以在书签主体上面上下移动。而指示条上的两条水平切缝的两端向内弯曲，有助于增加摩擦力将指示条固定在指定的位置。当阅读到一定阶段时，将这种书签别在书页顶端，然后把指示条滑到最后阅读行，合上书本。下次再重新打开书本时，就能找到精确的段落继续阅读了，如图8-1所示。

图8-1　精确书签

第一节　典型方法——奥斯本检核表法

一、奥斯本检核表的内容

视频8-1

　　创新设想之所以珍贵，一是因为创新设想的产生需要人的创新思维，需要灵感，而创新思维的产生需要打破常规，需要克服思维障碍的限制，需要创新方法的引导；二是因为创新者缺少创新经验的引导和提示。显然，促进创新设想的产生就需要从这两个角度入手，尤其是第二个方面，能够总结前人的创新做法，并进行系统化和简单化处理，就可以形成一个便于提示发明、引导创新的"创新经验图"，或许"创新密码"就蕴含在这个图中。这个"图"也可以称为检核表。

　　每个人都有这样的经验，即筹备一件事或考虑一个问题时，先制成一览表，对每个项目逐一进行检核，以免遗漏要点，这就是"检核表法"。例如准备长途旅行，很多人都用到检核表，即预先列表写出需要携带的东西，并在出发之前按表进行检查。

　　中国古代有个成语叫"按图索骥"，讲述秦国的伯乐善于鉴别马匹，他把自己识马的知识和经验写成一本书，叫《相马经》，书中图文并茂地介绍了各类马匹。他儿子熟读这本书之后，以为学到了父亲的本领，便拿着《相马经》到处去按图索骥（好马）。有一次他见到一只癞蛤蟆，前额刚好与《相马经》上的好马特征相符，便以为找到了一匹千里马。后人用"按图索骥"这个成语来比喻做事呆板，机械地照搬书本知识。

　　然而现实中，在不机械照搬的前提下，按前人的创新经验和创新路径去从事创新活动，是提高创新效率的好方式。同理，用于产生设想或解决问题的检核表也不限于上述那种"保守性"（防止考虑不周）的一览表，可以是一个指导创新（用以得到新设想）的一览表。创新也需要有指导人们寻创造之"骥"的"图"。事实上，人们通过对大量创造案例和经验的总结，已提出了许多指导人们进行多向思考的线索，这些线索也可称为创新提示表或创新检核表，由于大多数检核表是以设问的形式进行提示，所以都归结为设问型创新方法。

　　检核表法就是创新者通过查阅创新检核表，对创新检核表提示的内容一一核对、思考，从而发掘出解决问题的创新设想。它引导人们根据检核项目的各个思路求解问题，从而形成比较周密的思考和创新设想。

　　检核表法帮助人们从许多方面提出问题、强制思考，实质上是一种多路思维的方法。它要求人们从多角度、多侧面、多渠道观察和研究问题。检核表法的核心是突出一个"变"字，它把创新的思路科学化和系统化，克服了那种漫无边际的、没有目标的乱想，节约了创新时间，有效地帮助人们突破旧框框，闯入新境界。检核表法几乎适用于任何类型和场合的创造活动，因此，享有"创造技法之母"的称号。

最常用的创新检核表是被称为"创造学之父"的美国人亚历克斯·奥斯本提出的检核表。奥斯本在其著作《创造性想象》一书中，介绍了许多新颖别致的创意技巧，有些就成了后来的各种创造方法的基础。美国麻省理工学院创造工程研究室的学者从这本书中选择出75个激励思维的思考角度，分成9个方面，编制出《新创意检核用表》，以此作为提示人们进行创造性设想的工具。这种建立在奥斯本创意检核表基础上的检核表，被称为奥斯本检核表。奥斯本检核表由如下9类提问构成，如表8-1所示。

表8-1　奥斯本检核表

序号	检核项目	具体提问内容
1	有无其他用途	现有的东西（如发明、材料、方法等）有无其他用途？保持原状不变能否扩大用途？稍加改变，有无别的用途？
2	能否借用	能否从别处得到启发？能否借用别处的经验或发明？外界有无相似的想法，能否借鉴？过去有无类似的东西？有什么东西可供模仿？谁的东西可供模仿？现有的发明能否引入其他的创造性设想之中？
3	能否改变	现有的东西是否可以做某些改变？改变一下会怎么样？可否改变一下形状、颜色、音响、味道？可否改变一下意义、型号、模具、运动形式？……改变之后，效果又将如何？
4	能否扩大（放大）	现有的东西能否扩大使用范围？能不能增加一些东西？能否添加部件，拉长时间，增加长度，提高强度，延长使用寿命，提高价值，加快转速？……
5	能否缩小（省略）	缩小一些怎么样？现在的东西能否缩小体积，减轻重量，降低高度，压缩、变薄？……能否省略？能否进一步细分？……
6	能否代用	可否由别的东西代替？由别人代替？用别的材料、零件代替？用别的方法、工艺代替？用别的能源代替？可否选取其他地点？
7	能否调整	从调换的角度思考问题。能否更换一下先后顺序？可否调换元件、部件？可否使用其他型号？可否改成另一种安排方式？原因与结果能否对换位置？能否变换一下日程？……更换一下，会怎么样？
8	能否颠倒	从相反方向思考问题。倒过来会怎么样？上下是否可以倒过来？左右、前后是否可以对换位置？里外可否调换？正反是否可以调换？可否用否定代替肯定？……
9	能否组合	从综合的角度分析问题。组合起来怎么样？能否装配成一个系统？能否把目的进行组合？能否将各种想法进行综合？能否把各种部件进行组合？……

奥斯本检核表是一种具有较强实用性的创新方法。它以设问的形式强制人们去思考和回答。由于创造发明的最大敌人是思维的惰性，大部分人的思维总是不自觉地沿着长期形成的思维模式来看待事物，对问题不敏感。即使看出了事物的缺陷和毛病，

也不进行积极的思考，因而难以有所创新。而提问，尤其是提出有创意的新问题本身就是创新的主要组成部分。检核表法使人们突破了不愿提问或不善于提问的心理障碍，在进行逐项检核时，强迫人们思维扩展，突破旧的思维框架，开拓创新的思路，从而提高了创新的成功率。

奥斯本检核表又是一种多向发散的思考，使人的思维角度、思维目标更丰富。检核表法的特点之一是多向思维，用多条提示引导人们去发散思考。如检核表中有九个问题，就好像有九个人、从九个角度帮助你思考。创新者可以把九个思考点都试一试，也可以从中挑选一两条集中精力深思。另外，检核表提供了创新活动最基本的思路，可以使创新者尽快集中精力，朝提示的目标方向去构想，去创造、创新。

利用奥斯本检核表法尽管可以启发思维，产生大量的原始思路和原始创意，但运用此方法时不能机械呆板，而应该根据具体的课题，结合改进对象（方案或产品）来灵活地思考和运用，还要和具体的知识经验相结合。首先，奥斯本检核表只是提示了思考的一般角度和思路，具体的创新思路及方案的完善还要依赖人们的具体思考。其次，在运用此方法时，使用者还可以自行设计大量的问题来提问，补充这个检核表。最后，奥斯本检核表法更多的是产生改进型的创意方法，使用时必须先选定一个有待改进的对象，然后在此基础上设法加以改进，因此它更多的不是产生原创型的创新方法。当然有时候，用这种方法也能产生原创型的创意。比如，把一个产品的原理引入另一个领域，就可能产生原创型的创意。

扩展阅读8-1
采用检核表法
对保温瓶进行
提问

【思考与练习8-1】

图8-2、图8-3是两个创意设计，请分析这两个创意分别是由检核表的哪项提问而想到的。

思考与练习8-1
参考答案

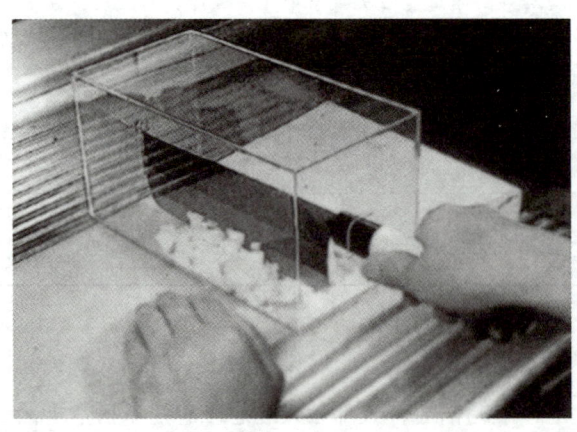

图8-2　切洋葱罩

图8-3　可视雨伞

二、奥斯本检核表的应用

1. 检核表第一项：有无其他用途

现有的东西（如发明、材料、方法等）有无其他用途？保持原状不变能否扩大用途？稍加改变，有无别的用途？

人们从事创造活动时，往往沿着这样两条途径：一条是当某个目标确定后，沿着从目标到方法的途径，找出达到目标的方法；另一条则与此相反，首先发现一种事实，然后想象这一事实能起什么作用，即从方法入手将思维引向目标。后一种方法是人们最常用的，而且随着科学技术的发展，这种方法将越来越广泛地得到应用。

某个东西，"还能有其他什么用途？""还能有其他什么方法使用？"……这类提问能使我们的想象活跃起来。电灯在开始时只用于照明，后来，改进了光线的波长，发明了紫外线灯、红外线加热灯、灭菌灯等。橡胶有什么用处？有家公司提出了成千上万种设想，如用它制成床毯、浴盆、人行道边饰、衣夹、鸟笼、门扶手、棺材、墓碑等。炉渣有什么用处？废料有什么用处？边角料有什么用处？……当人们将自己的想象投入这条广阔的"高速公路"上，就会以丰富的想象力产生出更多的好设想。

再如，从格雷戈尔发现钛，到美国化学家亨特、荷兰科学家阿克尔和德博尔制出高纯度的金属钛，钛一直没有派上用场，被人们称为"毫无用处的金属"。然而，到了20世纪40年代，人们发现钛合金在高温下能保持良好的机械性能，开始将钛合金引入飞机制造业。后来，人们发现钛还有亲生物性，并且强度高、耐高温、抗腐蚀，其密度与人骨相似，能很好地和人体肌肉长在一起。于是，又将其引入医学，用来制造人骨，以代替人体损坏的骨头。1960年，美国科学家发现钛镍合金具有记忆力，于是，钛又被人们广泛用于固定机器零件和制成航天器用自动开合的天线。不久，人们又发现钛有抗磁性，便将它作为舰船材料。按照这一思路，只要充分认识钛的性质，它可以被引申到更广泛的领域。

玩具的目标市场历来是儿童，许多人认为只有儿童才玩玩具。殊不知随着人们物质生活水平的提高，精神生活要求也更丰富，玩具在成年人、老年人中也有吸引力。不少老年人把玩具当作健身娱乐、陶冶情趣的活动。于是，一些玩具商在儿童玩具设计的基础上，提高智力水平和情趣，成批地生产出成年人玩具，如魔方、猜谜球、智力纸牌等。

2. 检核表第二项：能否借用

能否从别处得到启发？能否借用别处的经验或发明？外界有无相似的想法？能否借鉴？过去有无类似的东西？有什么东西可供模仿？谁的东西可供模仿？现有的发明

能否引入其他的创造性设想之中？

他山之石，可以攻玉。在发明创造中存在大量的借鉴和移植，这已经成为创新最重要的手段。世间的事物总是存在相似性，其他事物的原理、结构、功能、方法、思路等都可以被借用、借鉴和移植，这样不仅会大量产生创新设想，而且还会新颖独特。

【案例8-1】螃蟹汽车

城市交通常发生堵塞，汽车被堵后进退不能，如果可以横行爬出车队，那该多好！这种想法许多人都有，但汽车自发明至今已有一百多年，汽车后轮不能转向，且原地不能调头已成惯例，最笨的办法可以将它抬离地面横着走，或抬起来掉一个头，这少说也要数十个人。台湾发明家黄庆堂并没被这个惯例吓倒，他发明了一种可横行的汽车——螃蟹汽车。这个发明的创意来源于飞机。一次在机场候机时，黄庆堂看到飞机起飞时渐渐收起起落架，降落时要放下起落架，思路一下开阔了。他利用飞机轮子可伸出缩回的方法和手段改进了现有的汽车，在汽车下面安装一个类似的装置，叫作横向驱动器，它的作用是可伸缩升降，放下时，能将汽车支撑起来离开地面，然后驮着汽车旋转任一角度放下，然后再收起这个装置，汽车就可以正常行驶了。这一发明在1987年日本世界天才作品大展中获得了天才奖。

【案例8-2】"药物导弹"

导弹通过制导手段可以自动跟踪、追击目标，将目标击毁。科学家将导弹的工作原理引入临床治疗，研制出"药物导弹"，使药物能像那些"长着眼睛"的导弹一样，进入人体后直奔病灶。

与之相反，胃镜是医学领域的发明，它是将有小镜的光纤送入人的胃部，在人体外面进行观察的装置。搞树木种植的技术人员把这一手段借鉴到自己的工作中，用于探查树木的病虫害。

3. 检核表第三项：能否改变

现有的东西是否可以做某些改变？改变一下会怎么样？可否改变一下形状、颜色、音响、味道？可否改变一下意义、型号、模具、运动形式？……改变之后，效果又将如何？

【案例8-3】改变中得到的创意

喝汤时，把汤匙放入汤碗里，汤匙常会滑到汤里去。吃饭的人要费很大劲去把它捞上来，还得清洗匙把，很不方便。那么，从匙把的形状上改一改，把它弯一下，或者在匙把上开一个斜的小豁口，让它能卡住碗边，不就解决问题了吗？

大街上设有许多绿色的信箱，这为人们的生活提供了方便。但邮政部门每天要派许多专车去取这些信箱里的信，投入的成本较高，长此以往，亏损严重。一位聪明人出了一个主意：改变一下信箱的外观，将它们制成漂亮的铝合金材质的信箱，在它们的正面部分设有天气预告栏和广告栏，再装上灯，让它营造现代都市的气氛。这样一来，这些信箱每年仅广告收入就很可观。

图8-4　彩色图案创可贴

改变一下玻璃的颜色，就可以用来装饰和制作太阳镜。日本人在豆腐中加入蔬菜汁，制成了绿色豆腐。传统"创可贴"的背面都是灰白色的，有人设计了各种彩色图案的创可贴（如图8-4所示），特别是为儿童设计了卡通人物创可贴。

4. 检核表第四项：能否扩大

能否放大、扩大？现有的东西能否扩大使用范围？能不能增加一些东西？能否添加部件，拉长时间，增加长度，提高强度，延长使用寿命，提高价值，加快转速？……

利用自我设问的创新方法，研究"再多些"与"再少些"这类有关联的问题，能给想象提供大量的空间。使用加法和乘法，会使人们扩大探索的领域。

以下6个新发明都是"增加""附加"思路。

设想1是一种带火柴的香烟，将一排火柴杆和小磷片贴在香烟盒的侧面，使人免去"借火"的尴尬；设想2是一种三用笔，一端是钢笔，另一端根据双芯圆珠笔的原理制成圆珠笔与铅笔两用式；设想3是在普通打气筒上用皮带连上一个可给球打气的打气针；设想4是在原有量角器上加一个指针。用这种量角器测量两个边很短的夹角，就不用先画延长线将一边延长使之与量角器的刻度相交了；设想5是织袜厂通过加固袜头和袜跟，使袜子的销售量大增；设想6是在指甲刀上加上一个放大镜，就成了婴儿指甲剪（见图8-5）。

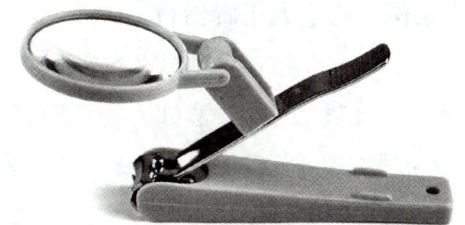

图8-5　带放大镜的婴儿指甲剪

5. 检核表第五项：能否缩小

能否缩小、省略？缩小一些怎么样？现在的东西能否缩小体积，减轻重量，降低高度，压缩、变薄？能否省略？能否进一步细分？……

前面一项沿着"借助于扩大""借助于增加"来通往新设想，这一项则是沿着"借助于缩小""借助于省略或分解"的途径来寻找新设想。袖珍式收音机、微型计算机、折叠伞等就是缩小的产物。没有内胎的轮胎、尽可能删去细节的漫画，都是省略的结果。

【案例8-4】生日蛋糕

买生日蛋糕需要事先订购，常常蛋糕上面还要用奶油写上订购者所需的一些问候话语。这样一来，订购者来回跑店铺，太麻烦了！后来，一位发明者想到，把蛋糕的中心部分空下来，让购买者自己去"写"，只要给他们一支"笔"就行了。于是，他将三色奶油的大盒向"缩小"的方面考虑，分别灌入三个像牙膏管一样的小管里，放在蛋糕盒旁边。顾客不用事先定购，直接到店铺买完蛋糕后就可回家，在家里用"奶油笔"写上自己所需要的"祝生日快乐"等问候语，一则节省了时间，二则增加了情趣。

【案例8-5】儿童型号的玩具柜台

一家儿童用品商店为了扩大营业额，就让每位营业员出主意。一位营业员利用"缩小"的思路，想到将玩具柜台改成"儿童型号"的，即比普通的柜台矮一半。这样做，虽然营业员取放东西不方便，但能吸引孩子们参与挑选玩具，可以促进销售。

6. 检核表第六项：能否代用

能否代用？可否由别的东西代替？由别人代替？用别的材料、零件代替？用别的方法、工艺代替？用别的能源代替？可否选取其他地点？

【案例8-6】人工降雨材料

1946年，在美国通用电气公司工作的物理学家沙弗尔等人发现，干冰颗粒对水蒸气有凝聚作用。他们由此进行研究，发明了人工降雨方法。然而，干冰不易存放，一般要保存在保温设备中。为了解决这一问题，美国物理学家冯内加特便开始探索可以代替干冰的其他物质，并终于发现碘化银是替代干冰的良好的人工降雨材料，它能在室温下长期保存。

【案例8-7】安全爆竹

采用硫黄、氯酸钾、炭粉等原料生产的爆竹敏感度高，容易引起燃烧爆炸事故，燃烧时放出大量的一氧化碳、二氧化硫等有害气体，既污染空气，又危害人的健康。南宁市的余坤工程师研制出一种替代品，它不是用电子音响的方式替代，而是用炭粉、松香、锰粉、淀粉等新原料制成的安全鞭炮。这种鞭炮比传统的鞭炮爆响率高，响声好听，还能散发出玫瑰香味，对人体没有危害，又可安全运输。

7. 检核表第七项：能否调整

能否调换？能否更换一下先后顺序？可否调换元件、部件？是否可用其他型号？可否改成另一种安排方式？原因与结果能否对换位置？能否变换一下日程？……更换一下，会怎么样？

【案例8-8】订书器的改进

普通订书器，我们都会把它用在纸张的左上角，斜斜的一颗订书钉——这会使左上角翘起、变皱……为了解决这个问题，德国人发明了直角订书器。

这种订书器专门为装订材料、报告之类的情况而设计，在材料的一角钉下一颗直角的订书钉，刚好同时压住纸的两边，再不会翘起、变皱。而且，由于它每次都是将纸张塞进盒子装订，所以可以保证每次订书钉的位置都是一样的（见图8-6）。

图8-6　直角订书器

8. 检核表第八项：能否颠倒

能否颠倒？倒过来会怎么样？上下是否可以倒过来？左右、前后是否可以对换位置？里外可否调换？正反是否可以调换？可否用否定代替肯定？……

从相反方向思考问题，通过对比也能成为萌发想象的宝贵源泉，可以启发人的思路。

这是一种反向思维的方法，它在创造活动中是一种颇为常见和有用的思维方法。第一次世界大战期间，有人就曾运用这种"颠倒"的设想建造舰船，建造速度也有了显著的加快。

【案例8-9】合页的改进

铁片合页在不少场合都被用到，但它有一个缺点，就是如果合页没有被好好固定在门后而是伸出来，在出入门口的时候往往容易伤到人。南京艺术学院工业设计学院的同学给合页做了一个小小的改动，让合页呈45°放置。如此一来，当合页被打开之后就会自然落下，"躲"到门后，而不是伸出来了。一个小小的设计就能让生活中的小麻烦迎刃而解（见图8-7）。

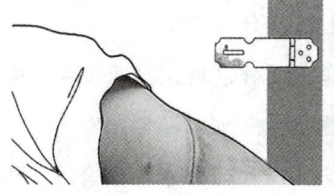

图8-7　45°的合页

9. 检核表第九项：能否组合

能否组合？组合起来怎么样？能否装配成一个系统？能否把目的进行组合？能否将各种想法进行综合？能否把各种部件进行组合？

把铅笔和橡皮组合在一起成为带橡皮的铅笔，把几种部件组合在一起变成组合机床，把几种金属组合在一起变成性能不同的合金，把几件材料组合在一起制成复合材料，把几个企业组合在一起构成横向联合……

图8-8所示是跑步机和洗衣机的组合。

图8-8 跑步机与洗衣机的组合

【思考与练习8-2】

从下列物品中任选一样，采用检核表法进行提问，可以做哪些改进？

自行车、保温瓶、投影仪、钢笔、电灯、眼镜、电脑、暖水瓶。

此外，针对检核表的每一项，回答下列提问：

（1）水壶还有别的用处吗？

（2）为减轻劳动强度，钳工手搬虎钳可否借用别的技术？

（3）手风琴有一个大风箱，背着很重，可否改变结构减轻重量？

（4）自行车可以扩大吗？

（5）在不改变演奏功能的前提下，如何才能将一台1m长的电子琴装进一个不大的提包，成为一台便携式电子琴？

（6）纽扣可用什么代替？

（7）你每天的作息时间可否重新安排？

（8）普通热水瓶可以颠倒吗？

（9）帽子可以和什么东西组合在一起？

思考与练习8-2
参考答案

三、美国通用汽车公司的检核表

美国通用汽车公司在鼓励员工进行发明创新的实践中，总结并推广了自己的一套检核表，主要是从以下10个方面提问：

① 为了提高工作效率，能不能利用其他适合的机械？

② 现在使用的设备有无改进的余地？

③ 改变滑板、传递装置等搬运设备的位置或顺序，能否改善操作？

④ 为了同时进行各种操作，能不能利用某些特殊的工具或夹具？

⑤ 改变操作顺序能提高零部件的质量吗？

⑥ 能不能用更便宜的材料代替目前的材料？

⑦ 改变材料的切割方法，能不能更经济地利用材料？

⑧ 能不能使操作安全些？

⑨ 能不能除掉无用的形式？

⑩ 现在的操作能不能更简化？

四、基于创新课题的检核表

为了便于启发人们去发现问题，更高效地提出创新课题，在总结已有创新课题的基础上提出如下检核表：

① 可否从多方面寻找社会潜在需求？

② 可否以已有新技术为对象，先跟随、再设法超越？

③ 可否另辟蹊径，从原有新技术间的夹缝中试探寻找新课题？

④ 可否从现有问题或烦恼入手，想办法消除和解决它们？

⑤ 可否用挑剔的眼光列举现有事物的缺点和不足，努力去克服它们？

⑥ 可否从降低成本、消耗，提高效率方面考虑选题？

⑦ 可否试着对现有事物增加新功能、开辟新用途？

⑧ 可否求助于大胆的幻想和美好愿望来提出课题？

⑨ 国家倡导的产业方向是什么？国际趋势呢？

第二节　引申方法——和田十二法等

一、和田十二法

检核表法的实质是将发明经验聚集在一起，强调"求变"，通过强制思考来实现多侧面、多渠道观察、研究问题。按照这个思路，自从有创新方法以来，人们设计了相当多的创新检核表法，除上述的奥斯本检核表外，还有中国人设计的和田十二法和5W2H法等。

和田十二法是我国学者许立言、张福奎在奥斯本检核表基础上，借用其基本原理加以创造而提出的一种创新方法。

和田十二法所涉及的动词分别是："加一加""减一减""扩一扩""缩一缩""变一变""改一改""联一联""学一学""代一代""搬一搬""反一反""定一定"。和田十二法源于检核表法的原理，同样也给发明创造提供了若干种思考的方向。它既是对奥斯本检核表法的一种继承，又是一种大胆的创新。比如，其中的"联一联""定一定"等，就是一种新发展。同时，这些方法更通俗易懂、简便易行、便于推广。

视频 8-2

1. "加一加"

在这件东西上添加一些东西，或者把这件东西跟其他东西组合在一起，行不行？"加一加"后会产生什么新东西？这些新东西有什么新的功能？

"加一加"主要是从添加、增加、附加、组合等角度考虑问题。例如，把常规的印刷铅字加大一点，成为大号字，便于老年人阅览；把普通雨伞加大一点，成为海滨游泳场的晴雨两用伞；铅笔和橡皮原来是分开的两件东西，美国威廉发明了橡皮头铅笔，这也是加一加的方法；帽子和衣服加在一起，有了带帽子的外套；X射线照相装置同电子计算机加在一起，成为CT扫描仪，具备了诊断脑内疾病和体内癌变等特殊功能。

2. "减一减"

我们能在某件物品上减去一些部分吗？能把某件东西的质量减轻一点吗？能在操作过程中减少频率或次数吗？这些从形态上、质量上、过程中的"减一减"能产生怎样的效果？

"减一减"主要是从删除、减少、减小、拆散、去掉等角度考虑问题。例如，为使建筑管道安装工人省力、安全和高效率，现在广泛采用了合成树脂制成的水管，这种水管与原来的水管相比，重量大大减轻；大米改成小包装反倒卖得快；目前市面上很多全功能的数码照相机，90%的功能普遍用不到，这个时候减去一些功能，就意味着成本的降低。

3. "扩一扩"

"扩一扩"主要从加大、扩充、延长、放大等角度考虑问题。例如将彩色照片的版面扩大，这样可以更好地欣赏人物和风景；有一个中学生雨天与人合用一把雨伞，结果两人都淋湿了一个肩膀，他想到了"扩一扩"的思路，就设计出一把"情侣伞"——将伞的面积扩大，并呈椭圆形，结果这种伞在市场上很畅销。

4. "缩一缩"

把某件东西压缩、折叠、缩小，它的功能、用途会发生怎样的变化？"缩一缩"主要是从改小、缩短、缩小等角度考虑问题。

例如，将大型电子管变为小的晶体管，制成丰富多彩的电器元件。随着科学技术的进步，家用电器的功能不断完善与增加，这种多功能化一方面受到消费者的赞赏，另一方面也因产品结构复杂化而增加了操作使用上的难度。早期的家用微波炉按钮多达10余个，对老人和儿童使用者来说功能过于复杂，操作程序烦琐。于是韩国人开发设计出操作简单的单旋钮微波炉，让任何人都可以熟练操作使用。佳能当初也是看准施乐大型复印机的不足，利用小型复印机占领其大部分市场。在塑料薄膜球体表面印上世界地图，在球体上装有气嘴，可随时折叠、充气，便于携带，方便使用，具有结构简单、成本低廉等特点。

5. "变一变"

"变一变"主要是从改变事物的形状、颜色、音响、味道、顺序等角度考虑问题。

例如，最初的电扇都是黑色的。1952年，日本东芝公司一度积压了大量的电风扇卖不出去。为了打开销路，七万多名职工费尽心机想了不少办法，依然进展不大。有一天，一名职员提出建议，将黑色的电扇改为浅色。公司采纳了这个建议，推出了一批浅蓝色电扇，大受顾客欢迎。市场上掀起了一股抢购热潮，几个月之内便卖出了几十万台。电扇从此也一改清一色的黑面孔，变得多姿多彩。手机、家电变换款式很容易吸引眼球，当年的摩托罗拉V70"会旋转的手机"及夏新A8"会跳舞的手机"都是变换款式抢先获得高额利润的典范。

6. "改一改"

某件物品在使用时还有哪些不足和缺点？把这些不足和缺点列一列，是否可以克服或尽量减少缺点？怎样改进才能使缺点最小化？

"改一改"主要是对原有的事物进行修改，使它消除缺点，变得更方便、更合理、更新颖。例如以前的饮料大多是玻璃瓶装，运输、保管和使用都不方便。改变一下它的材质，使用塑料、纸制软包装极大地方便了人们的生活。卖点"改一改"，产品就卖"活"了，比如王老吉凉茶，把卖点改为预防上火的饮料就迅速火了起来。

7. "联一联"

寻找某个事物的结果和它起因的联系，从事物的联系中找到解决办法或提出新方案。

例如，澳大利亚曾经发生过这样一件事，在收获的季节，有人发现一片甘蔗田里的甘蔗产量提高了50%。这是由于甘蔗栽种前一个月，有一些水泥洒落在这片田里。科学家认为水泥中的硅酸钙改良了土壤的酸性，导致甘蔗的增产。这种原因与结果联系起来的分析方法经常能使人发现一些新的现象和原理，从而引出发明。由于硅酸钙可以改良土壤的酸性，于是人们研制出了改良酸性土壤的"水泥肥料"。农夫山泉用纯净水和矿泉水养花的试验让人联想到久喝纯净水于身体无益，从而提升了矿泉水的销量。

8. "学一学"

有什么事物可以让自己模仿、学习一下？学习或模仿它的某些形状、结构或某些原理、方法。这样做会有什么好的效果？又会产生哪些新的东西？

"学一学"就是学习别人的做法，模仿现有事物的形状、结构、原理等。例如模仿海豚皮肤的特殊结构制成鱼雷的外壳，在航行中将阻力减到最小；模仿蛇的嘴巴能张大到超过它自己的头的特征，发明蛇口形晒衣夹，用这种衣夹可从上往下将衣物连晾衣杆一起夹住，更好地防止衣物被风吹落。

9. "代一代"

"代一代"是用其他的事物（材料、零件、方法等）代替现有的事物，从而进行创新的一种思路。有些事物尽管应用的领域不同，使用的方式也各有差异，但都能完成同一功能，因此，我们可以试着替代。既可以直接寻找现有事物的替代品，又可以从材料、零部件、方法、颜色、形状等方面进行局部替代。

例如，用激光这把纤细的"手术刀"代替原来的金属手术刀，在电子计算机的控制下做矫正近视的手术，获得了极大的成功。当钢笔被圆珠笔、签字笔逐渐取代后，钢笔便成为一种步入衰退期的产品，但是将其定位转向有意义的、有价值的礼品，就能大获成功。

10."搬一搬"

把一件事物移到别的地方，还能有什么新的用途吗？把某个设想、原理、技术等搬到别的场合或地方，能派上新的用场吗？

"搬一搬"就是把一个事物搬到别的地方，将新事物移到别的领域，寻找新用途。例如，将电视上的拉杆天线"搬"到圆珠笔上，成了可伸缩的"教鞭"圆珠笔；再将它"搬"到水杯上，便设计出可拉伸的旅行杯。

11."反一反"

"反一反"是把一种东西或事物的正反、上下、左右、前后、横竖、里外等颠倒一下。例如，人们常用的泡茶方法是把茶叶从袋子里取出来放到茶杯里，倒入开水，茶叶在水中四散漂开，喝茶时茶叶还容易往嘴里钻。有人反其道思考，把茶叶留在袋内一起泡，这样就解决了传统喝茶方法的不便，于是袋泡茶应运而生。戴尔公司不经营传统销售渠道转而发展直销，使其有机会成为计算机领域的成功者。皮革里外"反一反"，成为翻毛制品。平时人们穿拖鞋只能朝一个方向穿进去，如果脱拖鞋时把拖鞋放倒了，那么到要穿的时候，又需要把它摆正才能穿。能否做到反方向也能穿呢？日本横山康子发明了两面都能穿的拖鞋，只需要把拖鞋的十字搭襻移到中央就可以了。

12."定一定"

"定一定"是为了解决某一问题或改造某件东西，提高学习、工作效率和防止可能发生的事故或疏漏等，而需要做出一些规定。例如，为了使交通有秩序，防止事故发生，发明了信号灯。规定黄灯亮时，车辆停止行驶，已经越过停车线的车辆可以继续行驶；红灯亮时，禁止车辆通行；绿灯亮时，车辆通行。再如，医生测量患者的体温要用温度计，温度计刻度的规定是瑞典科学家摄尔修斯的一大创举，他规定水结冰时的温度（冰点）为0℃，在一个标准大气压下沸水的温度（沸点）为100℃，中间分为100等分，每一等为1℃，这就是摄氏温度计使用的"摄氏温标"，记为"℃"。

【思考与练习8-3】
用和田十二法对U盘进行创意设计。
提示："搬一搬"，有无新用途？"学一学"，是否有新的使用方法？"改一改"，

思考与练习8-3
参考答案

是否改变现有的使用方法？"加一加"，能否增加些什么？"变一变"，是否改变形状？等等。

二、5W2H法

5W2H法也是一种通过线索提示而进行多向思考，从而产生创新设想的思考方法。这种方法提供了7个思考线索，以提问的形式让思考者将思考对象展开，从而全面了解认识事物，启发思维，寻找答案。

这7个角度前5个对应的英文第一个字母均为w，后2个对应的英文第一个字母均为h，故称为5W2H。它们是：

为什么（why）？

是什么（what）？

何人（who）？

何时（when）？

何地（where）？

怎样（how to）？

多少（how much）？

针对要解决的问题，从上述7个角度，将发现的疑问列出，经过讨论分析，寻找改进措施。

如果现行的做法或产品经过7个问题的审核已无懈可击，便可认为这一做法或产品可取，如果7个问题中有一个答复不能令人满意，则表示这方面还有改进的余地。如果某一方面的答复有独到的优点，则表明思路有一定创造性。5W2H法的7个角度因问题性质不同，发问的内容也不同。

5W2H法提问的几个角度，基本囊括了任何事物和过程的所有方面。因此，这一方法原则上可用于任何领域的任何问题。只要针对事物性质灵活具体地赋予这几个方面适当的内容，就可以抓住事物存在的根本方面和制约条件来分析问题，往往会准确找到问题发生的根本原因。有些事物的缺点并非一眼就可以看出来，借助缺点列举可以找到缺陷，但有的缺陷即使找到了，产生原因却相当复杂，若能进一步使用5W2H法，则能抓住缺陷、问题背后隐藏的原因，就能使解决问题的范围得以确定，使问题迎刃而解。

1. 为什么

这类问题可以是：为什么会这样？为什么要改进？为什么非做不可？为什么要遵守这一规定？为什么采用这个技术参数？为什么不能有响声？为什么停用？为什么变成红色？为什么要做成这个形状？为什么使用机器代替人力？为什么产品的制造要经过这么多环节？等等。

【案例8-10】古代学者的思考

古希腊哲学家柏拉图说过："我发现了一个新的因果关系，比获得王位还要高兴。"找原因、探索事物的奥秘，都是从问"为什么"开始的。能回答出别人或自己的疑问，就是认识上的进步，就是在进行着发现。现代人用的钟摆要归功于伽利略当年的一个"为什么"。少年时期的伽利略每周要随父母去教堂做礼拜。一天，悬挂在教堂半空的一盏放蜡烛的吊灯吸引了他，只见吊灯被门洞里刮进来的一阵风吹得来回摆动。物体在风中晃动是一个很平常的现象，但当伽利略一面摸着自己的脉搏，一面计算着吊灯来回摆动的次数和时间时，他提出一个问题：为什么吊灯无论摆动大还是摆动小，来回所用时间都相同？回到家后，他找来一根绳子和几块铁片反复做实验，终于发现了一个规律：摆动的周期关键是由摆长决定的，与摆的重量和摆幅无关。后人根据这一原理设计出以钟摆来计时的机械钟。

2. 是什么

这种问题可以是：做什么？是什么？功能是什么？中心思想和主题是什么？开发什么新产品？遗漏了什么因素？条件是什么？哪一部分工作要做？目的是什么？重点是什么？与什么有关系？功能是什么？规范是什么？工作对象是什么？等等。

【案例8-11】"舒利芬计划"

第一次世界大战期间，德国参谋本部制订了一个"舒利芬计划"，根据这一计划的构想，德军仅用一小部分兵力来牵制当时力量较弱的俄军，同时集中全力对付法军，用闪电战一举歼灭法军，然后再转过来对付俄军。为此，在作战初期，德军自然要让俄军深入德国境内，等到对法之战获胜后，再开始对俄反攻。从表面看，这是一项很好的作战计划，但制订计划的官员们至少忽视了两个内容：一是俄军深入德境可能的各种后果；二是制订第二套及第三套应急方案。

结果该计划实施后，事情发展出乎其最初意料。俄军深入德境的速度特别快，使德国东部全面告急。在此危急时刻，德军却无可奈何，无计可施，只得走一步改一步，痛苦支撑，终遭失败。

可见，通常思考问题时把所有方面考虑周全是很难的，但从"漏掉了什么"这个角度考虑，是一个很好的捷径。

3. 何人

这类问题可以是：谁来办最好？谁是主人公？谁能完成？谁是我们的客户？谁会赞成？谁被忽视了？谁来办最方便？谁会生产？谁可以办？谁是顾客？谁是决策人？谁会受益？谁可以提供销售渠道？等等。

台湾有人设计出一种能按时提醒患者吃药的药瓶。这种药瓶的瓶盖在规定吃药时间一到，会发出微弱的铃声，等患者吃过药后，铃声便自行终止。企业为高空作业的建筑工人设计出单手敲钉的钉锤。旅行社设计导游录音带，使游人既能花钱少，又可以得到导游服务，还能将录音带留作纪念。

在思维训练中，有一种方法叫"他人观点法"，让人们摆脱和跳出自己看问题的角度，努力站在他人的角度和立场看待或处理某一问题。遇事先问问自己："如果我是他，我将如何？"了解他人的观点不仅可以补充和纠正自己的想法，而且可以制订有效的行动计划。兵法中所说的"知己知彼，百战不殆"就是这个道理。

4. 何时

这类问题可以是：何时发生的？利用什么时机？何时最佳？何时开业最好？何时安装？何时销售？何时是最佳营业时间？何时工作人员容易疲劳？何时产量最高？何时完成最为适宜？需要几天才算合理？等等。

【案例8-12】"最大的麦穗"

一次苏格拉底带领几个弟子来到一块麦地边。正是成熟的季节，地里满是沉甸甸的麦穗。苏格拉底对弟子们说："你们去麦地里摘一个最大的麦穗，只许进不许退。我在麦地的尽头等你们。"

弟子们听懂了老师的要求后，就陆续走进了麦地。地里到处都是大麦穗，哪一个才是最大的呢？弟子们埋头向前走，看看这一株，摇了摇头；看看那一株，又摇了摇头。他们总以为最大的麦穗还在前面呢。虽然弟子们也试着摘了几穗，但并不满意，便随手扔掉了。他们总以为机会还很多，完全没有必要过早地定夺。

弟子们一边低着头往前走，一边用心地挑挑拣拣，经过了很长一段时间。突然，大家听到苏格拉底苍老的、如同洪钟一般的声音："你们已经到头了。"这时两手空空的弟子们才如梦初醒。

苏格拉底对弟子们说："这块麦地里肯定有一穗是最大的，但你们未必能碰见它；即使碰见了，也未必能做出准确的判断。因此最大的一穗就是你们刚刚摘下的。"

苏格拉底的弟子们听了老师的话，悟出了这样一个道理：人的一生仿佛也是在麦地中行走，也在寻找最大的一穗。有的人见了那颗粒粒饱满的"麦穗"，就不失时机地摘下它，因为他们知道时机的重要；有的人则东张西望，一再错失良机。

5. 何地

这类问题可以是：在何地举办？从何处入手？何地最适合？何地影响面大？到何地开展业务？何地最适宜某物生长？何处生产最经济？从何处买？还有什么地方可以作为销售点？安装在什么地方最合适？何地有资源？等等。

6. 怎样

这类问题可以是：怎样做？怎样能实现目的？怎样做最省力？怎样才能做得更快？怎样改进？怎样避免失败？怎样才能得到别人的支持？怎样做效率最高？怎样得到？怎样求发展？怎样增加销路？怎样才能使产品更加美观大方？怎样使产品用起来更方便？等等。

一般来讲，对"怎样"这类问题的回答，要在分析"什么""为什么""何时""何地""何人"的基础上才能做出，它具有一定的结论性。比如，某商业街上新开了一家高档时装店，一个月后发现生意冷清，出现亏损。用5W2H法分析，找到了原因：

① 顾客没选准，该商业街长期形成的定位是大众化消费档次，有钱人不愿光顾。

② 地点设立不对，左右两家店都不是经营服装的。

③ 关门时间早，许多顾客吃了"闭门羹"后不愿再来了。

找到问题后，对"怎样赢利"这个问题就好回答了。如商品要针对大众消费者、地点和时间要适当调整等。

7. 多少

这类问题可以是：达到多高的水平？成本多少？售价多少？带多少东西？人员多少？功能指标达到多少？效率多高？尺寸多少？重量多少？等等。

任何事物都有一个量的概念。量是事物性质的一种规定，超过一定的量，事物就会发生质变。所以，思考问题时，"多少"这一线索十分重要。

【案例8-13】5W2H法在点检基准卡编制中的应用

通过分析得出点检基准卡的基本内容应包含点检部位、点检内容、点检周期、点检责任人、为什么做点检、点检手段、点检判定标准等七个方面。表8-2是5W2H法在点检基准卡编制中的具体应用。将5W2H法应用于点检基准卡的编制中，会使编制更科学、更完善、更安全。

表8-2　5W2H法在点检基准卡编制中的应用

5W2H	中文含义	管理上的理解	点检基准内容对应	点检基本内容
where	何地	在哪里做	定部位	点检部位
what	何事	做什么	定内容	点检内容
when	何时	何时做	定周期	点检周期
who	何人	由谁做	定人员	点检责任人
why	为何	为何要做	定理由	为什么做点检
how to	如何	怎么做	定方法	点检手段
how much	多少	做多少	定标准	点检判定标准

由于5W2H法过于普遍，在创新中不易聚焦，有人将其具体化，专门设计出用于产品开发和发明革新的5W2H法。具体包括如下提问：

为什么开发此产品？为什么需要革新？

开发什么产品？革新的对象是什么？

被用在什么地方？起什么作用？从什么地方着手？

谁来使用？什么人来承担革新任务？

何时使用？什么时候完成？

竞争形势如何？生产能力怎样？怎样实施？

成本多少？市场规模多大？赢利程度如何？达到怎样的水平？

本章部分四色
插图

思考与练习8-4
参考答案

【思考与练习8-4】

用5W2H法思考，如何解决快递员上楼送货后，放在楼下的其他物品无法看管、发生被盗的问题。

【思考与练习8-5】

用5W2H法思考，如何在大学宿舍区附近开设一家独具特色的主题咖啡店？

第九章 类比型创新方法

我珍爱类比胜于一切，它是我可信赖的
主人，它了解自然的所有秘密。

——［德］开普勒

引导案例

海鸥侦察机

海鸥是常见的海鸟。在海边、海港，在盛产鱼虾的渔场上，人们可以看到成群的海鸥。它们有的悠然自得地漂浮在水面上，有的觅食，有的低空飞翔。它们飞起来就像离弦之箭，在空中直击海面，瞬间又腾空而起。海鸥的飞行本领是有目共睹的。

美国佛罗里达大学的工程师里克·林德（Rick Lind）从海鸥身上得到启发，研制出一种能够在高层建筑周围穿越，同时又俯冲于林荫大道的远程遥控侦察机，这种远程遥控侦察机迎合了现代战场的需要。如图9-1所示，林德手中拿的侦察机原型充分利用了海鸥可在肩部与肘部灵活弯曲翅膀的能力特点，笔直的肘部在最大程度上可提高侦察机的稳定性，肘部以下部分则提高飞机在骤降、俯冲和翻滚时的机动性。

扩展阅读 9-1
灵感源于自然的
十大创新发明

图9-1 海鸥侦察机

类比一词源于希腊语，含义为"按比例"。古希腊数学家发现，两个尺寸不同的三角形若三条边的比例关系相同，则这两个三角形相似。这种利用比例来发现相似性质的方法，是最早意义上的类比。

所谓类比，就是由两个对象的某些相同或相似的性质，推断它们在其他性质上也有可能相同或相似的一种推理形式。

类比型创新方法是一种主要的创新方法，古往今来，人类利用这一方法发明创造了无数的生活用品、生产工具、科学仪器等。在科学领域，1678年荷兰物理学家惠更斯将光和声进行类比，从而提出了光的波动说。德国物理学家欧姆把关于电的研究和法国科学家傅立叶关于热的研究加以类比，建立了欧姆定律。在技术领域，20世纪40年代，美国数学家维纳等人通过类比，把人的行为、目的等引入机器，又把通信工程的信息和自动控制工程的反馈概念引进活的有机体，创立了控制论。

类比的思维过程分为两个阶段：

第一阶段，把两个事物进行比较；

第二阶段，在比较的基础上推理，即把其中某个对象有关的知识或结论推移到另一对象中去。

类比推理的基本模式为：A对象中有a，b，c，d；B对象中有a'，b'，c'；那么，B对象中可能有d'。

下面可以通过一个案例来解析类比思维的过程。

【案例9-1】动物细胞核的发现

生物学家施旺和施莱登分别发现了动物和植物的有机体都是细胞结构之后，施莱登又在植物细胞中发现了细胞核，并把这一发现告诉了施旺。正在从事科学研究的施旺由此进行了类比推理：植物有机体是一种细胞结构，植物细胞中有细胞核；动物有机体也是一种细胞结构，如果动植物有机体之间的相似不是表面而是实质的话，那么动物细胞中也应有细胞核。于是施旺便开始了动物细胞核假说的验证，经过观察与实验，果然在动物细胞中发现了细胞核的存在，为动物结构机理研究做出了贡献。

类比型创新方法的典型方法是综摄法，较为常见的引申方法有模拟法等。

第一节　典型方法——综摄法

综摄法，也称提喻法、类比法、集思法、分合法、举隅法等，其主要含义是将两个表面不相干的事物"生拉硬扯"地放在一起，通过类比隐喻产生创造性的设想。综摄法是美国创造学家威廉·戈登（William J. Gordon）与乔治·普林斯（George M. Prince）在长期的研究和实验基础上提出的一种新颖独特、比较完善的创造发明方法。

视频9-1

一、综摄法的创新原理

1. 变陌生为熟悉（异质同化）

简单来说是指把看不习惯的事物当成早已习惯的熟悉事物。在发明没有成功前或问题没有解决前，它们对我们来说都是陌生的，异质同化就是要求我们在碰到一个完全陌生的事物或问题时，要用现有的全部经验、知识来分析、比较，并根据这些结果，理解这个陌生的事物，然后再思考用现有的方案去解决这个新的问题。

扩展阅读9-2
变陌生为熟悉，
变熟悉为陌生

2. 变熟悉为陌生（同质异化）

所谓同质异化就是指对某些早已熟悉的事物，根据人们的需要，从新的角度或运用新知识进行观察和研究，以摆脱陈旧固定看法的桎梏，产生出新的创造构想。把熟悉的事物变成陌生的事物看待，是一种更具创新性的视角。

戈登认为，"陌生和熟悉与两个连接着的创造性过程有关，一个是学习过程，一个是创新过程"，如图9-2所示。

在16世纪，人们认为血液从心脏流到身体，像海水涨潮一样涌进涌出。哈维熟悉这个见解并相信它，直到他仔细地观察了一条被剖开的鱼，鱼的心脏仍然在跳动。他原以为会见到潮汐般的血流，然而他看见的是一个"泵"，对他来说，心脏就像泵一样工作，这个观点太陌生了，他必须打破他过去持有的"潮汐"联系，让新的"泵"联系取而代之。他完成了从熟悉到陌生的过程。哈维的发现拯救了无数人的生命，因为这个发现给医生提供了一个准确的关于血液循环的说明。什么是学习过程呢？我们设想有个学生也在观察一条鱼

图9-2　学习过程与创新过程

的心脏。他不懂生理学，他的教授刚好解释了心脏如何像泵一样工作。这个概念对他来说是陌生的，他需要去领会这个新事实，使其进入到他熟悉的经验中去。他想到了游泳池，那里的脏水被泵抽送进一个过滤器，然后又返回到池中。显然，这个学生使心脏和水泵发生了明显的联系，他通过一个自己经验中的例子，创造性地帮助了自己的学习，使陌生变成熟悉，依靠的是高度的个体联系过程。

3. 综摄法实施步骤

综摄法具有很强的操作性，在各行各业被广泛应用。其具体步骤为：

步骤1，组成综摄法小组。

在集体创造活动中，需要一个专业小组来实施综摄法。这个小组一般由5~7人组成。要有一名主持人、一名专家，其余为各学科领域的专业人员。

步骤2，提出问题。

由主持人将事先预定的、想要解决的问题向小组的成员宣读。此前，小组成员并不知晓该问题。

步骤3，分析问题。

由小组中的专家对主持人提出的问题进行解释和陈述，使小组成员了解问题的背景等信息，使非专业人员对该问题有一个大致的理解。

步骤4，净化问题。

小组成员围绕这一问题进行讨论，运用直接类比、亲身类比、幻想类比、符号类比等方法展开联想，尽可能多地提出问题的解决方案。小组中的专家从较专业的领域说出每个想法的不足之处，从中选择两到三个比较有利于问题解决的设想，达到净化问题的目的。

步骤5，理解问题——确定解决问题的目标。

从所选择的设想中的某一部分开始分析，让小组成员从新的问题出发，展开联想，陈述观点，从而使小组成员理解解决问题的关键环节，并提出解决问题的目标。

步骤6，类比灵活运用。

确定了解决问题的关键环节后，主持人要有意识地抛开原来的问题，把问题从熟悉的领域转到远离问题的领域，让小组成员发挥类比设想作用。从小组成员的类比中，再选出可以用于解决问题的类比，并对其进行分析研究，找出更详细的启示。

步骤7，适应目标。

把从小组成员灵活运用类比过程中得到的启示，与在现实中能使用的设想结合起来，使之更好地适应目标，从而形成一种新颖独特的解决方案。

步骤8，方案的确定与改进。

专家对于形成的方案进行反复论证，并对其中的缺陷进行改进，直到取得满意的结果。

在运用综摄法时，不一定要完全按照以上八个步骤，关键是要灵活运用类比。

【案例9-2】运用综摄法发明一种无声捕鼠器

旧式捕鼠夹响声特别大，老鼠听到响声后就不敢再靠近捕鼠夹了，所以需要发明一种无声的捕鼠器。按照综摄法，首先在确定小组成员以后，按照以下步骤进行：

第一步，提出问题。即怎样发明无声捕鼠器。

第二步，分析问题。什么生物能无声地捕猎呢？

第三步，净化问题。思考生物能无声捕猎的原理是什么。

比如，壁虎靠变色来伪装捕食，青蛙靠舌头伸缩卷曲来捕食，蝙蝠靠声波系统在黑暗中猎食，蜘蛛靠网来黏住猎物，毛毡苔靠分泌有香味和甜味的黏液来猎食。

第四步，理解问题。通过以上的类比可以发现，利用以上这些生物的捕猎原理可以发明无声捕鼠器。

第五步，类比灵活运用。如可以设计入口处有倒刺、老鼠只能进不能出的捕鼠器，设计用香味引诱老鼠并将老鼠黏住的捕鼠器，等等。那么，能不能发明一种老鼠看不到的捕鼠器呢？

第六步，适应目标。把问题从熟悉的领域转到远离问题的领域。比如，什么情况下老鼠看不到捕鼠器呢？联想到超声波可以穿透不透明的物体，广泛应用于清洗、消毒、探测等许多领域，那么，能不能将超声波运用到捕鼠器上呢？

第七步，方案的确定与改进。通过以上类比，就可以设计一种有香味的超声波捕鼠器。

如何变陌生为熟悉，如何变熟悉为陌生呢？综摄法提出了四种类比技巧。

最常见的类比就是比喻，如我们常把小孩的脸比作苹果。更高级的类比就是隐喻，隐喻是一种暗含的比喻，比如说人生是个舞台。隐喻是一种心理机理，缺乏具体性，所以几乎是不能言传的，往往通过直接类比、亲身类比、幻想类比、符号类比等具体操作表现出来。

【思考与练习9-1】

先做如下的练习，要努力使自己思维活跃起来，情绪也变得兴奋。

A. 什么样的机械，动起来的样子像一条发怒的蛇？

B. 什么动物的行为像送货车？

C. 什么动物像蒸汽挖土机？

思考与练习9-1
参考答案

D. 什么生物曾给发明瓦斯的人以启发？

E. 早期的人跟什么动物学会了愤怒？

F. 在自然界中，我们应该跟谁学习忍耐？

二、直接类比法

直接类比法是从自然界的现象或人类社会已有的发明成果中寻找与创造对象相类似的事物，并通过比较启发出创意。运用直接类比法，主要通过描述与思考对象相类似的事物、现象，去形成富有启发的创造性设想。直接类比是事物之间的类比，在技术发明中最经常使用的思路是将创造对象与其他事物进行类比。

1. 直接类比的原理

（1）隐喻的创造机制

隐喻是通过寻找暗含的相似性来获得启发性的思维形式。

隐喻的特点是在相距很远的事物中，或很不相同的事物中推出一点相同，是异中求同；隐喻类比通常借助联想、想象、灵感，产生非逻辑的跳跃。

运用隐喻的时候，人们的情感也会发生变化，对事物的认识就会处于一种模糊、童真的状态，会自然地打破那种沉溺于分析或仅仅注意技术细节的、靠常规方式解决问题的做法。这时长期储存在头脑深处的各种知识，各种信息，包括生物学知识、生活体验、耳闻目睹的事物、神话幻想，都会涌现出来，无须考虑任何想法在技术原理上是否正确，是否符合物理、化学等自然科学已经揭示的规律，暂时摆脱头脑中占主导地位的技术知识和经验，使头脑处于无拘无束自由联想的情况，于是大胆的设想浮出水面，惊世骇俗的想法脱颖而出。

扩展阅读9-3
甲虫与防卫

（2）学会使用隐喻

提高自己捕捉类比关系和隐喻的能力可从两方面入手。

第一，先记住一种物体的形象，再仔细观察其他物体，从中发现两者之间的相同之处。要大量地实践，经常使用，才会运用自如。

第二，随机地选取两个物体，从某一方面进行比较。刚开始会觉得不可思议，甚至荒唐，练习久了，渐渐就会发现自己的隐喻能力大有长进。

运用隐喻的关键是要求思维容忍不相关的事物，模糊事物的界线，要持一种游戏心态。否则，一切类比都无法进行，这是隐喻机制能发挥作用的重要心理条件。

许多技术发明也使用了直接类比法，如电话的发明。图9-3所示为贝尔设计的电话草图。贝尔回忆电话发明过程时说："它吸引我注意到，与控制耳骨的灵敏的薄膜相比，人的耳骨的确很大，这使我想到，如果一种薄膜也是这样灵敏以致能够摇动几倍于它的很大的骨状物，这就是较厚而又粗糙的膜片不能使我的钢片振动的原因。由此，电话被构思出来了。"

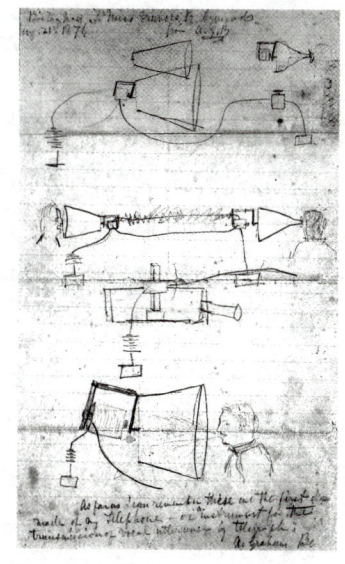

图9-3 贝尔设计的电话草图

2. 使用直接类比解决问题的程序

第一步，根据要解决的问题，想一想世界上还有什么事物与要解决的问题具有同样的功能。

第二步，那个事物的功能是如何发挥的（原理）。

第三步，运用那个原理到要解决的问题中。

第四步，完善这个设想。

【思考与练习9-2】

思考如何运用直接类比法发明新式别针。

发明一个安全别针，要求能把东西结合在一起，但绝不会扎人。它必须是你自己的发明，而且以前从未存在过。

发明过程的第一阶段：什么植物或动物为了不让某些东西分开，而把它们"扣"在一起？

发明过程的第二阶段：你选的那个植物或动物是如何"扣"的，它又是怎样松开这个"扣"的？你必须做点什么才能使它"松扣"呢？描述一下那个植物或动物的"别针"的特点。

发明过程的第三阶段：发明家最初的想法通常都有点不切实际，甚至有点疯狂，后来他才使其成为可行的和有用的。所以不必介意你的第一个想法好像很愚蠢。如果你利用那个植物或动物的"别针"的要素和方法，你会有什么发明？

如果你改变一下，使它的功能更完善，你将有何种发明？

发明过程的第四阶段：现在到了该看看你在第三阶段的那个有点疯狂的想法是否切实可行的时候了。对你的想法，必须做些什么才能做出一个真正安全的、人们可能去买的安全别针？尽可能简单些。

发明过程的第五个阶段：做个图，把你关于"别针"的想法、结果画下来。

三、亲身类比法

亲身类比又称拟人类比，即把自身与问题的要素等同起来，从而帮助人们得出更具创意的设想。在这个过程中，人们将自己的情感投射到对象身上，把自己变成对象，体验一下会有什么感觉。这是一种新的心理体验，使个人不再按照原来分析要素的方法来考虑问题。

1. 亲身类比的特点

扩展阅读9-4
苹果之旅

世界上的事物尽管千差万别，但并非杂乱无章，它们之间存在着某种程度的对应与类似。如果我们能善于在异中求同、同中见异，就可得到创造性的成果。亲身类比的特点是通过拟人化和移情，产生独特视角。

第一，拟人化。

运用亲身类比，最简单的做法是问"假如我是它……"即把要解决的问题、面对的事物人格化，使无生命的东西有了生命，这就是拟人化。

比如，"假如我是铅笔，我想变成什么？"把自己比作铅笔，想象一下自己的感受，这样的体会过程使设计师对铅笔的看法与过去不同了。设计师说"我想让自己变成项链""我想让自己变成一把锁""我想让自己变成麻花"，于是，一连串的创意像喷泉一样涌出。要记住，这些精美的设计都来自"假如我是它，我会……"这样的思考能激发人的情感，启发人的智慧，促使人提出独特的设想和解决问题的方法。

设计机械装置时，常把机械看作人体的某一部分，进行拟人类比，从而获得意外的收效。如挖土机的设计就是模仿人手臂的动作：它向前伸出的主杆如同人的胳膊，可以上下左右自由转动；它的挖土斗好比人的手掌，可以张开、合起；装土斗边的齿形好似人的手指，可以插入土中，挖土时，手指插入土中，再合拢、举起，移至卸土处，松开手让泥土落下。这是局部的拟人类比，各种机械手的设计也是如此。整体的拟人类比就是各种机器人的设计。这种拟人类比还常用于科学管理中，比如把某工厂的办公室比作人脑，把各车间比作人的四肢，把广播室比作嘴巴，把仓库比作内脏等，从而按人体的正常活动管理全厂。这样就能及早发现问题，实现协调有序的管理。

【思考与练习9-3】

想象你是一只飞蛾，飞舞在夏末傍晚的空中。一只饥饿的鸟看到了你，并且开始突袭！它只离你半米远！利用你身体的某些部分去逃跑，你会怎么做？

第二，移情。

亲身类比不仅把两个原本不同的事物等同起来，还赋予情感的投射，所以，这种比较可以引起特殊意义的智力启发和情感上的共鸣。因为在"感觉"上认为它们相似时，需要暂时忘记它们之间不相似的地方，而把它们看成是同类的，便会情绪激动，产生共鸣。

孔子的"智者乐水，仁者乐山；智者动，仁者静"，是用自然山水比拟人的性格，其他如石峰之坚固、正直，劲松之长绿不枯，寒梅之傲立风雪，都是主观情感的外移。所以，在创造发明中，如果我们能通过拟人化，把自身的性格、情感、感觉与课题对象（或问题因素）等同起来，会使我们看问题的角度改变，感受也就不一样了，能够获取关于对象（或问题因素）的全新感受和深刻见解，帮助我们最终产生创造性设想。

2. 亲身类比使用程序

第一，把自己比作要解决的问题（移情），或让无生命的对象变得有生命、有意识（拟人化）。

第二，变换角度后，你就是它，它就是你，可产生新的感受和看法。

第三，根据上述感受提出新的解决办法。

第四，恢复到原来的状态，评价设想的可行性。

曾有一家工厂要改进生产涂料的配方，使涂料能更好地黏附在白灰墙的墙面上，但试验了许多配方都不理想。一位技术人员用亲身类比法提出了解决问题的方案。

他想：我是一滴涂料，刚刚被涂到白墙的表面。我喜欢白灰墙的表面，因为我知道，我只能在这里为自己建造一个临时住所。但我处于恐慌之中，因为我在跌落、跌落……我试图挤到墙里面去，我就要被杀死了！我用我的手去抓一个像样的支撑物，但我在滑落，越来越快！我不能抓到支撑物了……

这样的亲身类比后，他又重新回到了现实的自我状态中，知道了涂料需要有一双有渗透力、能"插"到白灰墙里的"手"。实际是意味着涂料里应有一种溶剂，它能与结合力差的白灰相结合或渗透其中，能使涂料也随着结合渗透进去。

根据上面的思路，终于试制出一种渗透性很强的新型涂料。

四、幻想类比法

幻想类比就是将幻想中的事物与要解决的问题进行类比，由此产生新的思考问题的角度。例如，要设计能自动驾驶的汽车，人们想到神话中用咒语使地毯飞起来的故事，由此启发人们运用声电变换装置实现汽车的自动驾驶。

1. 幻想类比的创造机制

借用幻想、神话和传说中的大胆想象来启发思维，在许多时候是相当有效的。在这里，首先要强调幻想类比只是运用幻想激发想象力。幻想就像帮助我们过河的垫脚石，只是一个工具，幻想并不是我们马上要实现的目标。

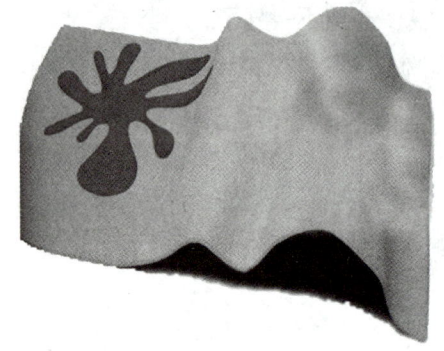

在设计中应用幻想类比往往会得到奇异的效果。例如，当你小时候阅读《一千零一夜》时，是否憧憬着拥有一块阿拉伯飞毯？现在你所看到的这块毯子虽然不能真正带你飞起来，但你却可以随心所欲地使用它，具有高度功能性和互动性的地毯为喜欢席地而坐的人们提供了选择的乐趣（见图9-4）。它的背面有三个互相独立的气囊，使用附带的充气装置，人们可以通过调整气囊中的空气容量来改变它的外观，使人感到更加舒适。

看到这项设计，还能说设计师的灵感与神话故事没有关系吗？

图9-4　飞毯式坐垫

2. 运用幻想类比的操作步骤

扩展阅读9-5
哲学家的幻想

第一步，根据要解决的问题，想一想有什么幻想故事或大胆的传说。

第二步，这个故事或传说中使用了什么新奇的想法。

第三步，根据上述想法受到启发，提出新的解决办法。

第四步，评价设想的可行性。

尝试解决好像不可能实现的理想状态，也需要幻想类比。

发明家幻想当主人离开屋子时，住宅屋面会自动关闭；在周末主人归来时，屋面又会张开。怎样实现这个幻想呢？

郁金香因阳光作用会自动地绽开和闭合；自动化的车库大门能做到自动开启；牵线木偶也能在人的控制下做各种动作。发明家想：如果有一个小人国里的人帮助自己开启门窗该有多好啊。

最后，发明家从牵线木偶借鉴灵感，使用绳索和滑轮来升降百叶板。升降体系设计成质量均等，因此通过人体重力就可以掀起屋面，屋面降低时，平台升到原位。平台的开、闭应用弹簧门固定。

【思考与练习9-4】

设计新型洗衣机。

《格林童话》中有一个《水妖》的故事，讲的是一个男孩和女孩在井边玩耍，不小心掉到水井里，被水妖捉去干苦力。孩子们忍受不了，连夜逃跑。没走多远就看见女妖追上来了。女孩朝身后扔了一把刷子，那刷子立刻变成了一座布满了成千上万根刺的大刷子山，水妖得费好大的力气才能爬过这座山，但她最终还是爬过去了。看到这情景，男孩朝身后扔了一把梳子，那梳子变成了一座布满了成千上万个尖齿的大梳子山，水妖却懂得抓牢尖齿往上爬，最后也爬过去了。这时，女孩朝后面扔了一面镜子，那镜子变成了一座非常光滑的镜子山，光滑得使水妖没法爬上去。

以这些情节为线索，用幻想类比的方法，提出有关洗衣机设计的新想法。

五、符号类比法

符号类比法就是通过逆向思考、浓缩矛盾等技巧，在抽象的语言（符号）与具体的事物之间建立新联系，从而从原有的观点中超脱出来，得到丰富、新颖主意的方法。

符号类比运用了两面神思维：对立事物的结合预示着矛盾，而且是自相矛盾。在科学研究中，碰到这种矛盾对立的现象，却往往预示着将会有新的突破。

1. 浓缩矛盾的技巧

矛盾是指对立的事物和概念，如冰雪和火山，冷酷和热情。浓缩是指抽象的概念、词语、符号。符号类比中的浓缩矛盾（compressed conflict）或称简约反差，即用精炼的、紧凑的、利落的语言形式去表达相互对立的、矛盾的属性。比如，"粗心的担忧""痛苦的微笑""笔直的弯曲""摇摆的稳定"，等等。

莎士比亚在一幕悲剧中使用了短语"被俘虏的胜利者"，描写一个靠魔鬼帮助取胜的人是自己的罪恶的俘虏。科学家们使用浓缩矛盾"安全攻击"，给法国科学家巴斯德（Pasteur）一个启发，他通过给患者注入少量的病菌去阻止患者的病情恶化，因为人体会变得适应那些病菌。用小病去替代死亡，这就是"安全攻击"。

掌握浓缩矛盾的技巧有什么重要意义呢？那就是能学会运用两面神思维方式去解决复杂的问题。

这种浓缩矛盾的基础训练从两个方面展开。

第一，从抽象概念到具体事物，训练从浓缩的矛盾的词意中联想具体的事物。一

扩展阅读9-6
莎士比亚的四大悲剧

个浓缩得自相矛盾的词能描述不止一个事物。例如，"庞大的精确"能形容一头大象用鼻子捡起一粒花生，又能形容一个巨大的电视接收系统或一台大型电脑，这完全取决于人们的大脑如何去想象它。

第二，从具体事物到抽象概念，训练由具体的事物概括出一个矛盾短语。用矛盾短语概括事物的方法是先找一个词，概括要解决的问题，再寻找这个词的反义词，把它们组合在一起。如要解决的问题是公用电话不卫生的问题，要用一个抽象的概念概括这个问题，就是"肮脏"。

自相矛盾在创造性思考过程中具有重要作用，因为它能同时容纳两种不同的，甚至是对立的见解。实际上，正是这种情况会刺激人们走出狭隘的思维轨道，迫使人们对已有的假设产生怀疑，带来科学上的重大突破。

2. 符号类比法的具体操作程序

运用两种技巧解决问题。

首先，从具体到抽象，把要解决的具体问题用抽象的概念表达；

其次，找到它的反义词，把两者联系在一起就构成了矛盾短语；

再次，从抽象到具体，体会词句，受这个矛盾短语的启发，联想到其他具有这种对立性质的事物；

然后，通过大量列举，发现有价值的对象，分析其原理；

最后，借助其原理产生直接类比，形成新的解题方案。

整个过程是以符号（主要是语言符号）为中介的类比，因此叫符号类比法。

在创造中我们如果有意识地运用这种矛盾词语组合的符号类比方法，一定会开阔思路，独辟蹊径。

扩展阅读9-7
创新作品案例

【案例9-3】运用符号类比法，创造新的建造房屋和架桥的方法

第一步，什么动物植物会建屋架桥？

第二步，分析它们建屋架桥的方法。

第三步，用对立矛盾的词语来形容这一过程。

第四步，选择其中一组词语，由这组词语产生新的联想，还有什么事物符合这组词语所描写的状态。

第五步，运用动植物的这一原理，发明一种新的房屋或桥梁。大胆运用，不要怕荒唐。

第六步，修改、完善设想，使设想变得可行。

解答：

A. 伸缩房屋

第一步，想到非洲和澳洲的白蚁，能用泥土筑成几米高的塔形的巢。

第二步，它们建造房屋的方法：白蚁先堆起两根下粗上细的泥柱，再推动泥柱的顶端，使两个柱头黏在一起。如此反复工作，便堆成一个大土堆，再把土堆加高，就成了塔。泥柱连接后成拱形结构，符合力学原理。

第三步，由泥土的特点和拱形结构的特点想到："柔软的坚硬"；由泥柱连接前后的特点想到："直立的弯曲"。

第四步，选择"柔软的坚硬"，由此联想到软体动物的触角，虽然很柔软却不易受到伤害，原因在于受攻击时，触角能很快地收缩；安全时，又能伸出来。

第五步，运用动植物的这一原理，发明一种类似天线那样的可伸缩式房屋。由数节逐渐变细的钢管和配件连在一起，不用时可收缩。

第六步，修改、完善设想：考虑到建造房屋的过程可横向展开，也可以纵向展开，设计能与主结构连接的墙板、楼板和相应部件。伸缩房屋作为一种可移动式建筑，是固定式建筑的补充，既可独立，又可附加在固定式建筑上。因此，还要考虑固定方式和连接方式的设计（见图9-5）。

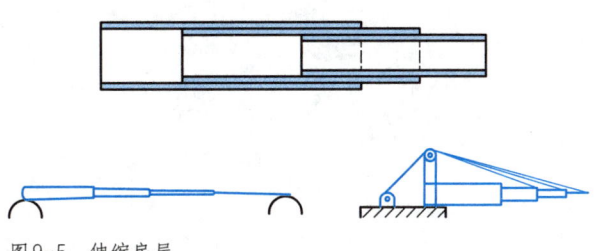

图9-5 伸缩房屋

第七步：画出结构图并建造模型。

B. 汽车桥

第一步，联想到猴桥。众多猴子互相抱紧，从一棵树到另一棵树，再由一个猴子来采摘树冠上的水果，猴子们都可便利地享受水果。

第二步，这种桥的诀窍在于每个猴子用自己身体的拉力和扭力来形成一个悬索结构的桥梁。

第三步，用矛盾的词来描述这种桥，就是"费劲的便利"。猴子搭桥很费劲，但采摘水果很便利。

第四步，通过"费劲的便利"想到更多同时具有这样对立性质的事物：驯养信鸽（驯养信鸽的费劲和信鸽能送信后得到的便利）；鲸鱼捕食（张开大嘴巴费劲地等待食物的到来，突然闭上嘴巴，就便利地得到了大量食物）；多米诺骨牌（费劲地搭起后，轻轻地一碰就一下子全倒了）。

第五步，由上述事物想到发明一种汽车桥。

在各辆汽车前后都装上凹凸装置，能使很多车连成一条长龙，具有不弯曲、不折断的整体效果。这样在过河和过洼地时，就由后面轮子着地的汽车来推动前面的汽车，前面的汽车到了对岸后，又用拉力把后面的汽车拉过去。

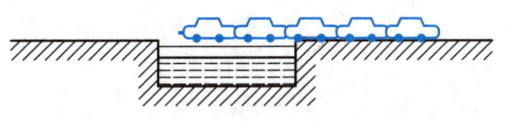

第六步，修改设想。

第七步，把设想画出来或做出模型（见图9-6）。

图9-6 汽车桥

【思考与练习9-5】

运用符号类比法提出一个有关"大学生就业难"问题的解决方案。

第一步，列举这个社会问题的现象和矛盾。

第二步，用什么对立的抽象词语能形容这个现象？

第三步，这个词语又能让你想到什么现象？

第四步，从这些现象中受到启发，提出一个非常大胆的想法。

第五步，完善这个设想，最终提出一个切实可行的、解决大学生创业基金的想法。

提示：关键在于不要急于提出自己的看法，而要先离开这个问题，从表面不相关的事情中获得灵感。

第二节　引申方法——模拟法等

模拟是一种直接类比，有时把原来极不相关的一些事物联系在一起，运用其中的一点进行模仿。所以，模拟不是简单的模仿，需要一种洞察力，打破原来的旧框框，以一种全新的角度去看待旧事物；并且，它带来了解决问题的思路，可以借用被模拟的事物特点去解决眼前的问题。模拟过程中的前半段是相似联想，后半段是类推，两者结合，构成了模拟法。

运用模拟法，主要通过描述与创造发明对象相类似的事物、现象，去形成富有启发的创造性设想。模拟，首先要对事物进行比较。仿生学是人类从动植物获得灵感的模拟，是研究生物系统的结构和性质以便为工程技术提供新的设计思想及工作原理的科学。雷达、飞机、电子警犬、潜水艇等科技产品都是模仿生物体的形态、结构和功能发明的，所以又叫形态模拟法、结构模拟法和功能模拟法。

扩展阅读9-8
仿生学简介

一、形态模拟法

1. 形态模拟的原理

（1）形态相似

形态相似是指不同事物在形态上的相似，使人产生相似联想。形态包括形状、颜色、肌理（质感）三个方面，形态相似是形态模拟的基础。

扩展阅读9-9
"水立方"

【案例9-4】"水立方"的设计

为迎接2008年北京奥运会，国家游泳中心启动了"水立方"设计方案。该方案由中国建筑工程总公司、澳大利亚PTW建筑师事务所、ARUP澳大利亚有限公司联合设计。设计者将水的概念深化，不仅考虑到水的装饰作用，还借鉴其独特的微观结构，基于"泡沫"理论的设计灵感，为方形的建筑包裹了一层建筑外膜，上面布满了酷似水分子结构的几何形状。表面覆盖的ETFE膜又赋予了建筑水泡状的外貌，使其具有独特的视觉效果和感受，轮廓和外观变得柔和，水的神韵在建筑中得到了完美的体现，如图9-7所示。

图9-7 "水立方"

通过了解"水立方"的设计方案，可以很直观地感受外形类比带给人们的无限灵感和创意。甲壳虫形状的汽车（如图9-8所示），仿照鸟巢形状设计的国家体育场（如图9-9所示），外形类比的实例比比皆是。

图9-8 "甲壳虫"汽车　　　　　　　　　　图9-9 北京"鸟巢"

（2）形态模拟

形态模拟法是通过对事物外在形态的模拟，在造型设计中启发灵感和拓展思路的方法。形态模拟仅仅是对事物的外在形态进行模仿，而不考虑其内部组成成分和构成方式，因而形态模拟具有直观性和形象化的特点。形态模拟的基础是模拟的事物与被模拟的事物在形态上的相似。

自然界中的形概括起来可以分为几何形和有机形。几何形具有一定的数理规则，容易分类、整理与确定，像正方形、长方形、三角形、圆形、椭圆形、球体、锥体等，这些图形都可以用固定的数学公式反映出来，而且可以通过作图表现出来，是一种非常理性的形。自然界中大量存在的还是有机形，有机形则不具有数理规则性，图形不易界定，如自然界中河流的曲线、花瓣的形状、山脉的轮廓线、种子的形状等。在以往的建筑、家具、机械、工业造型等设计中，几何形用得较多，随着人们对复杂形态的认识深入和计算机辅助绘图的出现，有机形在设计中的应用越来越广泛。早在1928年，美国杰出的工程师和建筑师布克敏斯特·富勒在他的移动式住宅汽车（dymaxion house）的设计中就采用了流线型，这种移动式住宅汽车车身采用金属外壳，好像一滴水的流线型，在世界的产品设计史上开了先河。不难看出，正是由于有机形的这种不确定性和不可预见性，才产生了趣味性和美的感受。所以，在产品设计中有机形的运用也是不可忽视的。

思考与练习9-6
参考答案

【思考与练习9-6】

流线型设计还被用在什么地方？

2. 形态模拟的应用

奔驰公司的新一代高效小型轿车设计是从水生生物获得的灵感,其设计原型是一种生活在热带的硬鳞鱼——箱鲀鱼,如图9-10所示。作为一种印度洋—太平洋地区的土著鱼类,箱鲀鱼拥有非常光滑的外表。在风洞实验中,这种小鱼油泥模型的风阻系数仅为0.06,非常接近理想流线型水滴的0.04。箱鲀鱼的身体比例与水滴也很相似,前脸非常小,而且它光滑的表面可以让气流顺利地通过它的身体,几乎不会产生影响空气动力效率的紊流。

奔驰公司按照箱鲀鱼的外形,设计并制造出了一辆风阻系数仅为0.19的仿生学汽车Bionic,如图9-11所示,这辆4座小车的空气动力远比目前的量产车要好。设计小组没有采用昂贵、复杂而且笨重的燃料电池和复合动力驱动系统,而是采用了1.9 L的4缸直喷增压柴油机,这使得这辆鱼形小车在8.2 s内就能从静止加速到100 km/h,混合道路工况下的油耗仅为3.4 L/100 km,90 km/h等速油耗更是低至不可思议的2.8 L/100 km。尽管这辆仿生小车没有出现在我们身边的汽车商店中,但奔驰公司还是希望它能对新一代小型车的设计带来影响。

图9-10　箱鲀鱼

图9-11　模拟箱鲀鱼外形的概念车

【思考与练习9-7】

设计可生长的售货亭。

请列举出可不断生长扩大的事物,如花朵、蘑菇、海草、珊瑚……挑选其中一件有生命的东西作为原型,设计一个"可生长"的售货亭。

思考与练习9-7
参考答案

二、结构模拟法

事物的结构是丰富多彩、千变万化的,但是各种事物间的结构又有着奇妙的相

扩展阅读9-10
运用蜂窝结构
的太空飞行器
设计

似性和规律性，看似完全不同的事物之间，有时却有着相似的结构和排列组成方式。例如天体的旋转和水中的波纹、太阳的圆形和葵花的形态、大气的涌动和流动的集市。

1. 结构模拟的原理

（1）结构相似

结构相似是指不同事物的组成部分搭配和排列上的相像。如蚂蚁王国的社会结构与人类社会结构构成方面的相似，都是金字塔式的，都有分工。又如，花生和豌豆的荚果在结构上相似，都是由两瓣壳和夹在中间的种子组成；伞和蘑菇在结构上也具有相似性，都由一根柱（杆）支撑一个圆锥形的壳。

（2）结构模拟

结构模拟是发现相距甚远的事物之间的问题结构，然后通过联想和类比进行结构移植、结构仿生，以达到开辟新的解题思路的方法。例如前文提到过的电话机与人耳的结构相似；模仿人眼的构造设计的照相机，在主要结构上与人眼相似。形态模拟是对事物外部特征的模仿，结构模拟则深入到事物的内部结构。一般来说，结构模拟的结果会产生相似的功能，也有的结构模拟自然伴随着形态上的相似。

2. 结构模拟的应用

（1）结构移植

结构移植就是将某种事物的结构方式应用到另一事物上的创新方法。事物的结构千差万别，但是对大量五花八门的事物进行结构分析与对比，就会发现许多事物之间有的结构原理相似、有的结构形态相似、有的结构方式相同。奥斯卡·尼迈耶设计的巴西新首都巴西利亚的规划（见图9-12），整个城市的结构形态是一个喷气式飞机的形状。"机头"部分是"三权广场"，包括了政府等三个权力部门的办公大楼；"机翼"各长约6 km，10层楼高的政府部门建筑一列延伸出去，直到"翼尾"；"机身"长度为8 km，包括了城市的休闲设施，动物园、植物园等；"机尾"为火车站。

（2）结构仿生

结构仿生是从生物的结构上进行对应联想，从而得到启发，应用到设计中的方法。

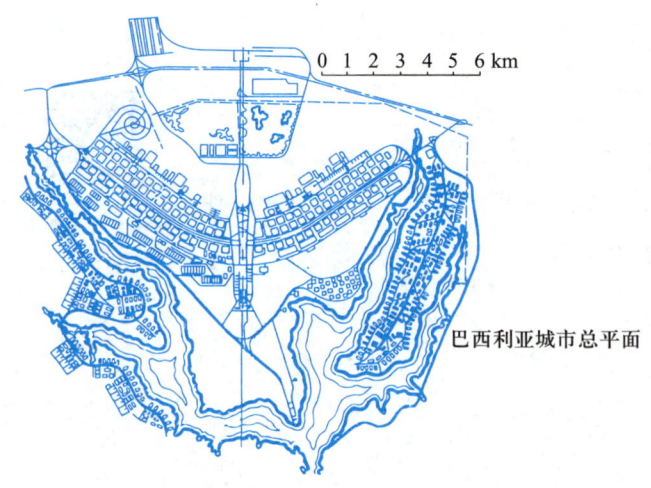

图9-12　巴西新首都巴西利亚的规划图

蝴蝶不仅给人们带来美的享受，它还给科学家以有用的启示，解决了航天上的一大难题。这件事说来十分有趣。人造地球卫星在太空飞行时会受到太阳光的强烈辐射，向阳的一面温度往往高达200℃，而背阴的一面温度却下降到−200℃。这样，卫星上安装的各种精密仪器、仪表就很容易被"烤"裂或"冻"裂，科学家为此大伤脑筋。后来，他们发现了蝴蝶的鳞片有巧妙调节体温的作用。当太阳光直射时，鳞片会自动张开，以减少太阳光的辐射温度，从而减少吸收太阳光的热量；当外界气温下降时，鳞片又会自动闭合，紧贴体表，使太阳光直射身上，以便吸收到更多的热量。因此蝴蝶能使自己的体温始终控制在一个正常的范围内。

科学家将人造卫星的温控系统制成了叶片正反两面辐射、散热能力相差很大的百叶窗样式。在每扇窗的转动位置安装有对温度敏感的金属丝，随温度变化可调节窗的开合，从而保持了人造卫星内部温度的恒定，解决了航天事业中的一大难题。

【案例9-5】模仿水生动物的另类机器人

全世界的研究者都想制造出可以模仿水生动物的机器。原因很简单，用来源于自然界的灵感制造出的仿生机器，会有更高的效率。

图9-13所示的机器金枪鱼查理可能是世界上第一个机器鱼类。经过麻省理工学院三年的研发，它于1994年第一次下水。为了尽可能模仿真实的鱼，查理体内被安置了40条肋骨、肌腱和一条分成几段的脊椎——这是它的2 843个部件和6个发动机的一部分。接下来几代的这种机器鱼的设计中减少了模仿鱼类运动的部件，而仍保留鱼类的样子。

2005年10月7日，一个孩子在伦敦水族馆观看一个像珠宝一样的机器鱼，如图9-14所示。5个这样的机器鱼用于在西班牙海岸巡逻，目的是寻找水中的污染物。

图9-15所示的机器龙虾很灵敏，可以搜寻到水雷。像真的龙虾一样，这种机器有一些触手，可以感知障碍物，8条腿可以使它向任何方向移动，而爪子和尾巴可以让它在湍急的水流或者其他类似的环境中保持稳定。机器龙虾的发明者约瑟夫·埃尔斯（Joseph Ayers）过去30年都在致力于为美国海军发展这样的仿生机器。

图9-13　机器金枪鱼

图9-14　机器鱼

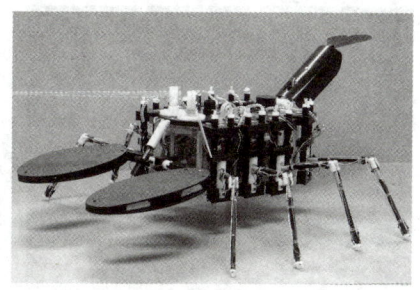

图9-15　机器龙虾

【思考与练习9-8】

树状结构与电影产业结构是否有相似之处？请你用树状结构做类比，写一篇介绍电影产业的文章。

三、功能模拟法

功能模拟法是以模型之间的功能相似为基础，通过从功能到功能的方式，模拟原型功能。它不受原型外观形态的制约，不受原型内部结构的制约，不受原型材质的制约，只对功能进行模拟。所谓功能，就是指事物的功效和作用。

功能模拟和结构模拟都是通过模型来模拟原型功能的，但是由于它们所依据的客观基础不同，因而它们再现原型功能的方式也不同。结构模拟以模型和原型之间的结构相似为基础，是在明确原型的内部结构的条件下，通过模拟原型内部结构的方式来再现原型功能的。而像人脑这样复杂的功能系统，其内部结构难以明确，难以复制，显然难以用结构模拟的方法来再现人脑的功能。运用功能模拟的方法，则可以在未明确人脑内部结构的条件下，用模型来模拟人脑的某些功能。目前常用的电子计算机就是通过功能模拟代替了人脑的一部分思维功能——判断、选择和计算的功能，因而被称为"电脑"。

【思考与练习9-9】

现有的人工智能还不能模拟人的什么特征？未来人工智能可以完全模拟人的大脑吗？

1. 功能模拟的原理

（1）功能相似

功能相似是指不同的事物在发挥作用和效能方面的相像。

在自然界中，有许多生物都能发光，如细菌、萤火虫、蠕虫、软体动物、甲壳动物和鱼类等。由于这些动物发出的光都不产生热，所以又被称为冷光。如图9-16所示，在众多的发光动物中，萤火虫是其中的一种。萤火虫约有1 500种，它们发出的冷光的颜色有黄绿色、橙色，光的亮度也各不相同。萤火虫发出冷光不仅具有很高的发光效率，而且发出的冷光一般都很柔和，很

图9-16　萤火虫的发光器

适合人类的眼睛，光的强度也比较高。因此，生物光是一种人类理想的光。

科学家研究发现，萤火虫的发光器位于腹部。这个发光器由发光层、透明层和反射层三部分组成。发光层拥有几千个发光细胞，它们都含有荧光素和荧光素酶两种物质。在荧光素酶的作用下，荧光素与氧气发生反应便发出荧光。萤火虫的发光实质上是把化学能转变成光能的过程。

早在20世纪40年代，人们根据对萤火虫的研究创造了日光灯，使人类的照明光源发生了很大变化。近年来，科学家先是从萤火虫的发光器中分离出了纯荧光素，后来分离出了荧光素酶，接着又用化学方法人工合成了荧光素。由荧光素、荧光素酶、ATP（三磷酸腺苷）和水混合而成的生物光源，可在充满爆炸性瓦斯的矿井中充当闪光灯。由于这种光没有电源，不会产生磁场，因而可以在生物光源的照明下，做清除磁性水雷等工作。

目前，人们已能用掺和某些化学物质的方法得到类似生物光的冷光，作为安全照明。

（2）功能模拟

功能模拟是指在未明确或不必明确原型内部结构的条件下，仅仅以功能相似为基础，来模拟原型功能的一种模拟方法。

意大利建筑师伦佐·皮亚诺设计的梅尼尔收藏博物馆如图9-17所示。博物馆的顶部重复使用了被称作"叶片"的统一规格的构件，由薄型的钢筋混凝土和钢结构大梁组成。轻型"叶片"能有效地起到支撑屋顶、通风和控制光线的作用。这种屋顶就是模仿自然界中树叶形成的树冠所具有的透气、遮阳、覆盖作用建成的。

图9-17　梅尼尔收藏博物馆

2. 功能模拟的操作程序

第一步，功能定义。用比较抽象的概念把原型的功能问题表达出来，体现出重点关注的本质问题。当我们要解决给定设计任务中的某一功能问题时，首先要准确定义出问题的实质，然后才能着手解决。例如我们要设计一个自动防漏气的自行车轮胎，"自我服务"就是我们要解决的最根本问题。

第二步，寻找具有相似功能的可替代物。例如有些植物的叶片受到损伤后会自动分泌一些液体来弥合伤口等。

本章部分四色
插图

第三步，对原型的功能进行模拟。对植物的叶片自动分泌一些液体来弥合伤口的功能进行模拟，构想在轮胎内部也含有一层材料，在受到划伤时会自动流出，见到空气后会自动凝结，具有弥合裂口的作用。

第四步，通过材料研发等技术手段实现创意，使新模型具有与原型相同的功能。

【思考与练习9-10】

美国空军通过毒蛇的"热眼"功能，研究开发出了微型热传感器。你能否模仿毒蛇身体柔软的功能，设计一款新的坐垫呢？

第十章　列举型创新方法

所谓创造，就是掌握呈现在自己眼前的
事物属性，并把它置换到其他事物上。

——［美］克劳福德

视频 10-1

"康师傅"的成功之道

1958年，台湾魏氏四兄弟在彰化县创立鼎新油厂，经过几十年的发展，成长为台湾岛内数一数二的食品集团，这就是后来的顶新集团。

20世纪80年代后期，顶新集团打算进入祖国大陆方便食品市场，当时大陆方便面食品工厂已有上千家，竞争比较激烈。顶新集团没有贸然投资，而是委托市场调查机构进行方便食品需求调查。调查分两部分，一部分是消费者对方便面的需求情况，另一部分是生产者生产的品种、规格和口味情况。调查结果发现，消费者对方便面食品并不感兴趣，主要原因是口味较差，而且食用很不方便。而市场现有的方便面大都是低档的，调料基本上是味精、食盐和辣椒面等原料。

顶新集团通过列举人们传统饮食方式的缺点和对新的饮食方式的希望，最后决定开发新口味方便面来满足大陆消费者的需求。根据调查，公司大胆预测，大陆方便面食品市场将更加追求高档、注重口味、更为方便的产品。于是他们在天津经济开发区投资500万美元，成立了顶益食品有限公司，生产高档方便面食品。

1992年8月21日，顶益食品有限公司在天津研发生产出第一包方便面——康师傅红烧牛肉面。在配合生产的同时，"康师傅"的方便面广告开始铺天盖地地出现在报纸、杂志、电视上，宣传最火热的时候平均每天在电视上出现上百次。"康师傅"迅速在全国范围内建立起品牌认知、品牌印象、品牌关联和品牌区别，并在此后10年间建立起我国方便面行业的霸主地位，小小的方便面硬是卖出了70亿元的销售份额。

方便面的出现改变了传统面条的属性，是食品领域的一大创新。本案例说明，改变事物的属性是可以实现创新的，问题是怎样找出关键属性并对关键属性进行改变。美国内布拉斯加大学教授罗伯特·克劳福德（Robert Crawford）在谈到新产品开发技巧时说："如果我要从某些方面改变这个产品，产生新的或更好的产品，我所能做的就是改变它的许多方面中的一个或多个。"他所说的"改变"，就是对事物属性进行列举和在列举基础上进行改变。在这种认识的基础上，人们提出了列举法。

列举法是把同解决问题有联系的众多要素逐个罗列，把复杂的事物分解开来分别加以研究，以帮助人们克服感知不足的障碍、寻求科学方案的方法。列举法是在罗伯特·克劳福德创造的属性列举法基础上形成的，是具体运用发散思维来克服思维定势的一种创新方法。该方法运用分解和分析的方法，人为地按某种规律列举出创造对象的要素分别加以分析研究，以探求创新的落脚点和方案。

列举法的要点是将研究对象的特点、缺点、希望点罗列出来，提出改进措施，形成有独创性的设想。例如，将一个熟悉的老产品的细节包括缺陷统统列举出来，强制性地分析、配对、组合，试着用别的东西代替，创造发明也就由此而产生。

列举法具有如下特点：

① 列举法采用了系统分析的方法，重视需求分析，使创造过程系统化、程序化。

② 列举法运用了分解和分析的方法，在详尽分析的基础上进行列举。

③ 列举法简单实用，是一种较为直接的创新方法，特别适用于新产品开发、旧产品改造的创造性发问过程。

④ 列举法不仅是创造性发问的主要方法，而且为创造性解决问题提供了方向和思路，常用于简单设想的形成与发明目标的确定。

按照所列举对象的不同，列举法分为属性列举法、缺点列举法、希望点列举法、成对列举法和综合列举法。

扩展阅读10-1
如何提高牙膏的销量

第一节　典型方法——属性列举法

一、方法原理及特点

属性列举法也称特征列举法，是通过——列举创新对象的特征，包括名词特性、形容词特性和动词特性等，然后分析、探讨能否以更好的特性替代，最后提出革新方案的创新方法。

属性列举法是克劳福德教授1931年提出的一个方法。克劳福德认为每一个事物都是从另一个事物的基础上产生的，一般创造物都是从已有的事物中加以改造得到的。所谓属性就是指事物所具有的固有的特性，例如人类有性别、年龄、体重等属性。一般而言，一个事物具有许多属性，事物的每一个属性都可以被分开加以增进或改变。通过对需要革新改进的对象做观察分析，尽量列举该事物的各种不同的特征或属性，然后确定应加以改善的方向及如何实施，可以大大提高创新效率。

视频10-2

属性列举法是列举法的典型方法，其要点是首先针对某一事物列举出其重要部分或零件及属性等，其次就所列各项逐一思索是否有改进的必要性或可能性，促使创新产生。

一般来说，有些产品的创新可以整体进行，例如水笔、口杯、闹钟等一些小产品。但有些产品就无法进行整体性的创新构思，必须在一个个部件或一个个性能特征进行创新构思后，才能最终形成一个总的构思方案。如汽车就无法进行整体创新构思，必须对每一个部件或每一个属性功能一步一步地分析、列举，然后就每一个部件或功能属性进行创新，才最终形成新汽车的整体构思。可以这样说，有些产品是"问题越缩小越能产生创造性构思"。实际上许多发明都是通过对多个局部方案创新的组合，才形成最终整体创新方案的。

通过对事物的分解或分析，可以缩小列举对象，容易实现一个部件或一个功能的创新。如汽车由发动机、传动装置、轮胎、刹车、转向系统、变速箱、外壳、安全系统等各种零部件组成。因此，分解可理解为把物体分解成不同的零件，分析就是主体将客体的特征从它存在的"背景"中区分出来。如汽车有载人（物）位移、快速安全、驾驶方便、经济低耗和美观装饰等功能，它们与汽车的各部件有关。几种属性是同一时间存在于同一零件上的，除功能以外，还有特征、优缺点、希望点的分析。因此，分析可理解为物体是由各种功能组成的。

二、操作步骤

① 明确研究对象，通过分解和分析的方法，将对象的特性或属性全部罗列出来。例如把一台机器拆分成许多零件，每个零件具有何种功能和特性、与整体的关系如何等都毫无遗漏地列举出来，并做出详细记录。

② 分门别类加以整理，主要从以下几个方面考虑：

（a）名词特性（性质、材料、整体和部分、制造方法等）；

（b）形容词特性（颜色、形状和感觉等）；

（c）动词特性（有关机能及作用的特性，特别是那些使事物具有存在意义的功能）。

③ 在各项目下设想从材料、结构、功能等方面加以改良，试用可替代的各种属性加以置换，引出具有独创性的方案。进行这一程序的关键是要尽量详细地分析每一特性，提出问题，找出缺陷。

④ 方案提出后还要进行评价和讨论，使产品更能符合人们的需要和目的。

三、应用规则

① 必须列举这一事物的所有属性，尽量避免遗漏。

② 属性列举法最好应用于解决问题单一的项目。如果研究对象是一个大的项目，就应分成若干个小项目来进行。

例如，研究新型汽车的创新方案，可按系统组成来划分，如图10-1所示。

在运用属性列举法时，每次只考虑其中一个子系统。如对发动机进行分析，罗列其特性，然后考虑从哪些方面来改善发动机的性能。如图10-2所示，对汽车发动机进行改进的方案可能有好几个，一般是逐个进行分析、评估后选出最佳方案。

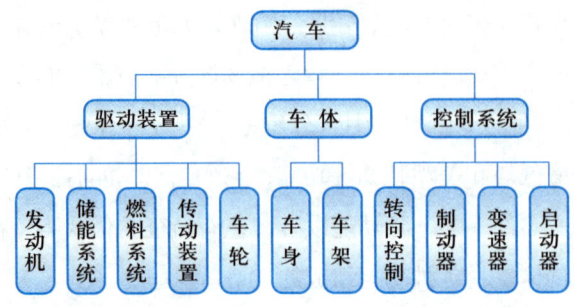

图10-1　汽车的组成

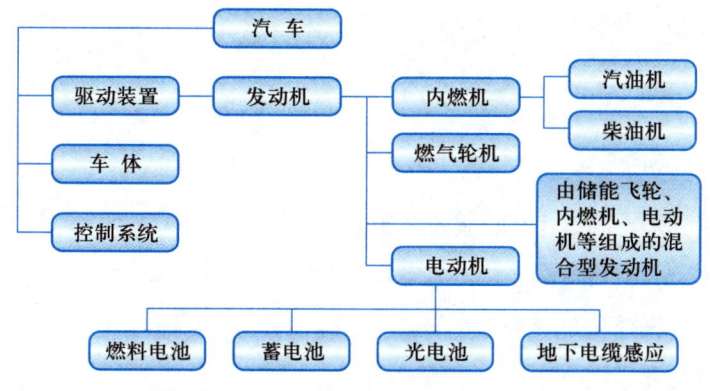

图10-2　汽车发动机可能的改进方案

当前，产品更新换代很快，使用属性列举法可以主动寻找改进产品的思路。可以把类似的产品都拿来分别列举其名词特性、动词特性、形容词特性，然后把这些同类产品的特性加以比较，取长补短，以获得最佳方案。

【案例10-1】羽毛球拍的改良

使用属性列举法改良羽毛球拍，可以先把羽毛球拍的构造及其性能按要求列出，然后通过对比、提问和替代的方式逐一检查每一特性，看看是否有改进之处。通过这种方法，针对看似无处可以改良的羽毛球拍可以形成许多创意，如图10-3所示。

（1）名词特性

整体：羽毛球拍；

部位：拍头、中杆、手握、接头、粒钉、网线；

材料：木材、碳纤维、航空纳米材料、铝合金、钛合金；

制造工艺：热压成型、丝印、穿线、烫柄皮、研磨；

附件：羽毛球包、羽毛球；

使用者：儿童、成年人、老人等各类人群。

对以上特性进行对比、提问和替代等思考，提出如下新设想：

手握部分是否可以使用增加摩擦力的吸汗材质？

材料是否又坚硬又轻便？

接头部分可不可以与拍头和中杆采用一体式？

附件可不可以与羽毛球拍相融合，增加整体性，防止丢失？

拍头是否可以更换？

是否可以避免羽毛球在携带时容易被挤压？

（2）形容词特性

颜色：红色、蓝色、黄色、白色、绿色等；

形状：拍头分为方形和圆形，整体呈Y形；

长短：长、略短；

重量：轻、略重；

粗细：细、略粗。

对以上特性进行对比、提问和替代等思考，提出如下新设想：

球拍和羽毛球是否可以发光，使得灯光昏暗时也可以打球？

中杆是否可以伸缩，适应不同的使用者需求？

手握部分的粗细是否可以变化，适应不同的手型？

是否可以用户自己变换颜色，彰显个性？

外形是否可以做成动物形状，适用于儿童的审美？

（3）动词属性

动作：携带、发球、挥拍、击球、捡球、收纳等；

功能：健身、娱乐、纪念、送礼品等；

对以上特性进行对比、提问和替代等思考，提出如下新设想：

是否可以更方便携带？

是否可以为初学者设计一些辅助学习的工具？

是否可以增加一些科技元素，比如增加音乐播放功能？

是否可以自动捡球，比如利用磁铁的原理等？

是否可以增加附加功能，使之在未使用时也可以具有一定的功能意义？

长时间运动，怎样能减少不必要的疲劳？

根据以上对三种特性所提出的问题进行分析，提出新创意：

第一，利用两种相吸的元素，使得捡球更方便，避免不必要的体力损失；

第二，将羽毛球在收纳时设置在固定的空间，防止丢失及被挤压变形；

第三，将羽毛球拍与羽毛球包相结合，增加产品的完整性，避免附件增加过多的操作步骤。

将以上方案进行综合，形成最终确定的方案：

第一，将魔术贴置于球拍顶部。其原因是成本低、质量轻。

第二，将接头处改为U形，使得在收纳时羽毛球可以放置在此处，避免了找不到羽毛球及携带中随便放在球拍包中而受到挤压变形。

第三，将背带设置在手柄内部，省去了使用球拍包的不必要的多余动作，简化了球拍的收纳方式。

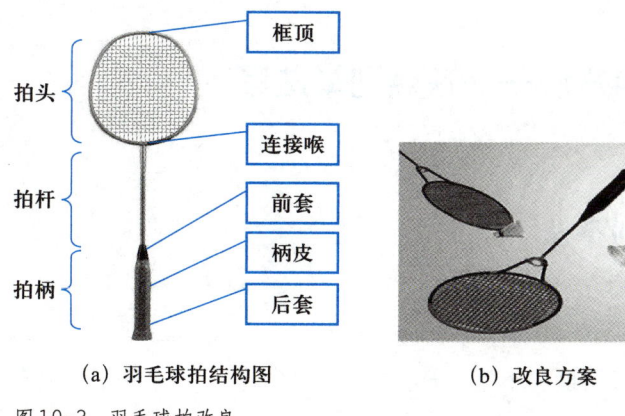

（a）羽毛球拍结构图　　　（b）改良方案

图10-3　羽毛球拍改良

扩展阅读10-2
属性列举的其
他形式

【思考与练习10-1】

如何对新型家用电冰箱的创新方案设计进行属性列举？

思考与练习10-1
参考答案

第二节　引申方法——缺点列举法等

一、缺点列举法

【案例10-2】减震球拍的发明

　　日本美津浓有限公司原是一家规模较小的生产体育用品的工厂，为了拓展产品销售市场，公司研发人员进行市场调查。在调查过程中他们了解到，最令网球初学者头疼的就是打不到球，即便打到了也是一个"触框球"。研发人员就网球拍的这一"缺陷"向公司提议研发，经过商讨决定制作一种比标准网球拍框大30%的供初学者使用的网球拍。这种球拍一上市，销售情况极好。后来，公司研发人员又了解到初学者打网球时，手腕容易患一种叫作"网球腕"的病症，这是腕力弱的人打球时因承受强烈的腕部震动而造成的。于是，公司用发泡聚氨酯作为材料，经过无数次试验，制成了著名的"减震球拍"（如图10-4所示），产品畅销国际市场。

图10-4　减震球拍

　　这家公司通过市场调查了解消费者需求，并列举出"初学者认为球拍过小、球拍造成腕部震动而导致病症"这两个方面的缺点进行改造，两次都得到了市场的认可。世界上任何事物不可能十全十美，总会存在这样或那样的缺点。如果有意识地列举分析现有事物的缺点，并提出改进设想，便可能实现创意。这个例子就是列举法中缺点列举法的具体运用。

1. 方法原理及特点

　　缺点列举法就是通过发现、发掘现有事物的缺陷，把它的具体缺点一一列举出来，然后针对发现的缺点，有的放矢地设想改革方案，从而确定创新目标，获得创新发明成果的一种创新方法。

　　事实上人们发明创造的产品总会有这样那样的缺点，主要原因有如下两点。

（1）局限性

　　设计产品时，设计人员往往只考虑产品的主要功能，而忽视其他方面的问题。比如，厨房里使用的锅，烧煮食物很方便，这是它的主要功能。但是，当用它烧煮汤、

视频10-3

羹时就暴露了它的局限性，因为锅的上口太宽，不便倒入小碗。有人根据这个缺点，设计了"茶壶锅"，如图10-5所示。这种锅的外形很别致，把上口宽的锅与倒水方便的茶壶巧妙地结合在一起，似锅似壶，一物多用，尤其适合烧煮汤、羹类食物。

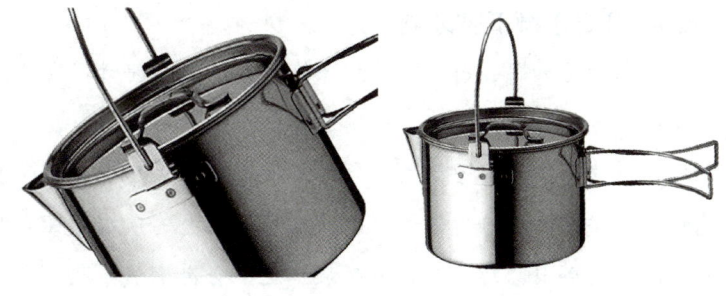

图10-5 "茶壶锅"

（2）时间性

随着科学技术的进步和时间的推移，有的产品从功能、效率、安全及外观上落后了。如果对习以为常的事物"吹毛求疵"，找出其不方便、不顺当、不合意、不美观的缺点，就容易找出克服缺点的办法，然后采用新的方案进行革新，创造出新的成果。

缺点列举法的运用基础是发现事物的缺点，挑出事物的毛病。尽管万事万物都并非十全十美，都存在着缺点，然而不是每一个人都能发现这些缺点，其主要原因是人们都有一种心理惰性，"备周则意怠，常见则不疑"。由于思维定势作怪，人们对看惯了或用惯了的事物，往往很难发现和找出它们的缺点，因此安于现状，失去了创造的欲望和发明的机会，实际上也就失去了每个人都应该具有的创造力。

缺点列举法的实质是一种否定思维，唯有对事物持"吹毛求疵"的态度，才能充分挖掘事物的缺陷，然后加以改进。有时候只要找出原有事物的一个缺点并加以改进就能产生巨大效益。因此，运用缺点列举法，必须克服和排除由习惯性思维所带来的创造障碍，培养善于对周围事物寻找缺点、追求完美的创新意识。

缺点列举法是不是万能的呢？答案是"不是"。因为缺点列举法一般是从比较实际的功能、审美、经济等角度出发来研究产品的缺点，进而提出切实有效的改进方案，因而简便易行，常可取得较好的效果。然而缺点列举法大多是围绕原有事物的不足加以改进，通常不触及原有产品的本质和总体。这属于被动型创新方法，一般只适用于对老产品或不成熟的新设想的改造，使其趋于完善。在实际操作中，如果想要使自己的产品更加完美，往往需要与更多的创新方法结合使用，例如希望点列举法、组合法等。

2. 方法类型

（1）改良型缺点列举法

改良型缺点列举法是针对已有一定完善程度的事物的某些特征缺陷或不足之处进行列举，在保持其原有基本状态的前提下，着手进行改进和完善，使其达到满意的创作目标的创新方法。

【案例10-3】狮王牌牙刷

日本狮王牙刷公司的职员加藤信三，早上刷牙时经常牙龈出血。他想了许多种解决牙龈出血的方法：牙刷改为较柔软的毛；刷牙前先把牙刷泡在水里，让刷毛变得柔软一些；多用一些牙膏；慢慢刷牙。这些方法都不管用。后来，加藤信三又想：牙刷毛的顶端是不是像针一样尖呢？他用放大镜观察一番，发现与他的估计居然相反，刷毛的顶端是四角形的。于是，他进一步动脑筋：如果把刷毛的顶端磨成圆形，那么用起来一定不会再出血了吧。试验结果相当理想。于是，他就把新创意向公司提出来，公司欣然采用。改良后的狮王牌牙刷销量极佳，而且经久不衰。

（2）再创型缺点列举法

再创型缺点列举法是指从工作和生活需要角度出发，发现现有事物具有较大的缺陷，不方便、不安全，从而彻底改变事物原有的结构或重新构想，创造一种与原有事物有本质不同的事物的创新方法。

【案例10-4】电炉的发明

人们家庭生活中普遍使用的电炉，是一个名叫休斯的美国记者发明的。一天，休斯应邀到朋友家吃饭。当他吃菜时，感到菜里有一股很浓的煤油味，想吐，但碍于情面和礼貌，只好把口中的菜咽下去。休斯边吃边想：做饭是家庭主妇最基本的一项工作，如能发明出一种用电的炉子，岂不既省事又能避免使用煤油炉时不小心把煤油滴入菜中的缺点吗？休斯回家后，立即从事电炉的研究工作。经过坚持不懈的努力，终于在1904年获得了成功，创造出一种新型的家用电器——电炉。后来，休斯又研究出了电锅、电壶等家用电器，成了一名"家用电器大王"。

（3）缺点逆用法

缺点逆用法实际上是一种反向思维方法。面对缺点，反过来想一想，就有可能"利用缺点"为人类服务。世界上的事物总是一分为二的，是对立的统一体。台风给人带来灾难，但如果把台风带来的雨水蓄入水库，可用来发电。煤焦油曾经是令人头痛的废物，今天却成了重要的化工原料。目前垃圾问题是许多城市的沉重负担，但是，垃圾处理会成为很有发展前途的行业。缺点逆用法包含三个方面：

第一，巧妙地给缺点派上合适的用场，即巧用缺点。

第二，将生活和工作中偶然碰到的"倒霉事"，转化为"幸运事"，即把握机遇。

第三，将人们的遗弃物转变为有用物，即变废为宝。

事物的缺点能转化为优点，一方面是事物的客观属性决定的，另一方面是由人的主观认识决定的。能否巧用缺点取决于一个人敏锐的观察力和思维的灵活性，这种观察力和灵活性不仅仅是能多方面、多角度去想问题，主要是一种能在价值观念上向对立面转化的灵活性，一种观察事物时能进行格式塔转换的独特的洞察力，即高级的辩证思维。

缺点逆用的目的是要化弊为利。使用这一思维方法，首先要发现事物可利用的缺点；其次要分析缺点，抽象出这种被认定为缺点的现象后面所隐藏的可以利用的原理和特性；最后，在一定科学原理的指导下，构思巧用缺点的方案。

【案例10-5】"人造洪峰"冲刷"地上悬河"

黄河水患，根在泥沙。黄河这条世界上含沙量最大的河流素有"斗水七沙"之说，每年携带约16亿吨泥沙进入下游，其中约有4亿吨淤积在下游河床，使河床逐年升高，目前下游河床滩面平均高出背河地面约3～5 m，是世界上著名的"地上悬河"。"悬河"如同悬挂在下游两岸头上的一个大水盆，严重威胁着黄河地区人民的生命财产安全。

2002年7月4日，水利部黄河水利委员会人工调控泥沙原型试验在小浪底水库拉开序幕。在为期12天的时间内，水利工作者利用小浪底水库放水，造洪峰，冲刷黄河下游河道，并从中寻求黄河下游不淤积的临界流量和持续时间。这是几代治黄人探寻自主调控黄河泥沙的一次伟大试验，目的在于通过调控小浪底水库下泄流量，冲刷下游河床，以寻找黄河下游不再淤积的临界流量和临界时间，从而解决这条世界闻名的"悬河"的泥沙淤积问题。这也是传统治黄走向现代治黄的重要里程碑。

黄河洪水严重威胁着人民生命财产的安全，但世界上的事物总是一分为二的，缺点和优点是一个对立的统一体。人造洪峰技术运用了缺点逆用法的原理，透过现象发现洪水本质中可以利用的基本原理，使之在黄河清淤的特定场合发挥作用，从而化弊为利。

【思考与练习10-2】

发现慢的好处。

迪士尼动画电影《疯狂动物城》在全球获得了不俗的票房。其中，广受观众喜爱的是树懒慢吞吞急死人的说话方式和呆萌表情。片中的树懒是车管所员工，举止和反应都比其他动物慢三拍。它的定位不仅是搞笑，更是制作人员用来嘲讽官僚部门办事拖拉的绝妙之笔。它的形象成了社交媒体传播的宠儿。

慢三拍只有坏处吗？让我们运用逆向思维，发现现实生活中慢三拍的好处。

3. 操作步骤

采用缺点列举法进行发明创造的操作步骤运用要点如下。

（1）做好心理准备

缺点列举法的实质就是发现产品的缺陷，寻找事物的不足，从而进行改革与创新。但由于心理惯性和思维惯性作怪，人们往往意识不到缺点的存在。因此，在运用缺点列举法时，人们必须培养起"怀疑意识"和"不满足心理"，要用"怀疑意识"的"显微镜"去寻找缺点，要用"不满足心理"的"放大镜"去分析缺点，使事物的缺点与不足暴露无遗。

（2）详尽列举缺点

列举事物的缺点不能仅凭热情，还要依靠科学的方法。用户意见法、对比分析法和会议列举法都能为人们详尽地列举事物的缺点提供帮助。

① 用户意见法。如果需要列举现有产品的缺点，最好将该产品投放市场，请用户提意见、找毛病，通过这样的方式获知的产品缺点最有参考价值。

② 对比分析法。没有比较就没有鉴别，通过对比分析，人们可以更清楚地看到事物间存在的差距，从而列举出事物的缺点。

③ 会议列举法。通过组织缺点列举会议，可以充分汇集群体的意见，较系统、深刻地揭示现有事物存在的缺点。

将所列举的缺点进行仔细分析和鉴别，找出有改进价值的主要缺点作为发明创造目标。在分析和鉴别主要缺点时，首先要从产品的标准、性能、功能、质量、安全等影响重大的方面出发，进行仔细筛选，使提出的新设想、新方案更有实用价值。在事物存在的缺点中，既有显露性缺点，又有潜藏性缺点，在某些情况下，发现潜藏性缺点比发现显露性缺点更有创造价值。

经上述步骤明确了需要克服的缺点之后，进行有目的和有针对性的创造性思考，并通过改进性设计以获得更为完善和理想的方案，从而发明创造出更为合理和先进的产品。

在此阶段，除需对缺点进行列举、分析和思考外，还应采用逆向思维，做到化弊为利。缺点列举法的应用范围很广泛，不仅可以用于改进或完善某种具体产品，解决属于"物"一类的硬技术问题，还可以用于改进或完善设想计划方案，解决属于"事"一类的软技术问题。因此，缺点列举法对发明创造活动的促进作用不可忽视。

【案例10-6】新型席梦思床垫

20世纪80年代初，在日本市场畅销的是欧洲的席梦思床垫，它们价格低、美观、实用，使得日本市场自产的床垫一蹶不振。日本西川产业有限公司的新产品开发人员思考，怎样在床垫市场上夺得一席之地呢？经过对席梦思使用者的调查分析，他们发现了席梦思的一大缺点，即长期睡席梦思床垫的人会感到腰酸背疼。为什么？分析后发现，睡在席梦思床垫上身体重量集中在骨头突出的部位，特别是肩和臀部。如果开发出一种能使人体压力分散、可通风透气的新型床垫，一定能够超越欧洲的床垫。该公司是通过联想构思出新产品的，有人联想到运输鸡蛋的包装垫（一种带凹槽的托垫，可均匀托起鸡蛋，与外界隔开，确保鸡蛋不被震坏）而构思出了新床垫。新床垫表面布满了一个个蛋状的突起物，人睡在上面被这些凸起物托住了身体，使人的压力分散而睡得舒服，而凸起物之间的空隙又可促进空气流通。1982年该新型床垫推向市场获得了极大成功，并远销欧美市场。

由此可见，缺点列举法对发明创造活动具有积极意义，它有助于直接选题，能帮助创造者获得新的目标。发明创造的第一步就是要提出问题，许多有志于发明创造的人，虽有强烈的愿望，却无法确定目标，面临错综复杂的研究对象不知从何下手。对现有事物的缺点进行列举，在通常认为没有问题的地方发现问题，在通常看不到缺点的时候找到缺点，利用事物存在的缺点和人们期望尽善尽美的愿望，形成创造者的革新动力和目标。

扩展阅读10-3
电冰箱的创新
构思

【思考与练习10-3】
试着运用缺点列举法对雨伞提出创新设想。

思考与练习10-3
参考答案

二、希望点列举法

1. 方法原理及特点

希望点列举法是从人们的愿望和需要出发，通过列举希望来形成创新目标和构思，进而产生出具有价值的创造发明的方法。

与缺点列举法不同，希望点列举法是从正面、积极的因素出发考虑问题，凭借丰富的想象力、美好的愿望，大胆地提出希望点。实际上，许多产品正是根据人们的希望而研制出来的。例如，人们希望走路时也能听音乐，于是就有了"随身听"；人们希望打电话时能看到对方的形象，就发明了可视电话；人们希望洗手后不用毛巾擦也能干手，于是发明了电热干手机；人们希望冬暖夏凉，于是就发明了空调；人们希望茶杯在冬天能保暖，在夏天能隔热，就发明了保暖杯；人们希望洗衣机更省心、更便捷，于是就发明了全自动智能洗衣机；人们希望上高楼不用爬楼梯，于是就发明了电梯；人们希望像鸟一样在天空翱翔，于是就发明了热气球和飞机；人们希望像鱼一样在大海中遨游，于是就发明了潜水艇；人们希望快速计算，就发明了计算器；等等。古今中外的许多发明创造，都是按照人们的希望所产生的科学结晶。

希望点列举法的主要作用在于克服人类感性知觉不足的障碍，采用发散思维的方法，促使人们全面感知事物，对希望点加以合理的分类。在重视内在希望的同时，应

视频10-4

对现实希望、潜在希望、一般希望和特殊希望区别对待，做出科学的决策。如果仅以表面希望来构思创造发明，就会导致失误。例如，有位假肢厂的工程师设计了一种功能颇多、能伸到几米以外的假肢，却不能得到残疾人的认同，因为残疾人的内心希望是能够像正常人一样生活。希望点列举法的不足之处是不适用于较复杂的项目，不能解决较复杂的问题，应通过希望点列举法的形式把智力激励法、综摄法等结合起来加以应用。这是一种积极、主动型的创造发明方法，通常用于新产品开发。

2. 方法类型

（1）功能型希望点列举法

功能型希望点列举法是在不改变原事物基本作用原理的前提下，针对事物不具备而又有所希望的方面，将希望点一一罗列，进行变换和创新的一种创新方法。

【案例10-7】派克笔的发明

美国有个叫派克的人，最初只开个卖自来水笔的小铺子，后来，他却以生产派克笔而闻名于世。

有一天他忽然想：为什么不把作为一个整体的自来水笔分成若干零散的部分来考虑呢？于是，他将自来水笔分成笔尖、笔帽、笔杆等部分，再对各个部分逐一加以思考。这样一来，许多以往想不到的好想法如泉水般地从脑海里涌了出来。

例如，设想制成可画粗线和细线的不同笔尖；设想用14K金、18K金、白金等不同材料做成的不同笔尖；设想制作螺纹式笔帽、插入式笔帽；设想制作流线型笔杆、彩色笔杆；等等。

派克首先选用流线型笔杆和插入式笔帽这两个设想加以深入研究，终于制成了誉满全球的派克钢笔，并由此获得了大量财富。以后派克钢笔又经过许多改进，可以称得上是笔中之王。

（2）原理型希望点列举法

原理型希望点列举法是针对现有事物的某些不足列举出希望点，并根据希望或理想，打破原事物概念的束缚，从全新的角度进行再创造的一种创新方法。

【案例10-8】瞬时显像照相机的发明

美国拍立得公司经理埃德蒙·兰德有一次给他的爱女拍照，小姑娘不耐烦地问："爸爸，我什么时候才能看到照片？"这句话触动了兰德，引起了他的深思：是啊，为什么照一次相需要几个小时甚至几天才能看到照片呢？如果照相机也像电视机等产品一样，通上电，一按开关就能看到结果，那将会进一步扩大市场。

兰德决心生产一种几分钟之内就能看到照片的新型相机。目标确立后，兰德夜以继日地工作，不到半年时间，就研制出了瞬时显像照相机，取名为"拍立得"相机，它能在60秒内洗出照片，所以又称"60秒相机"。这种相机投入市场后，受到了人们的热烈欢迎。拍立得公司的销售额从1984年的150万美元猛涨到1995年的6 500万美元，10年中增长40多倍。

3. 操作步骤

用希望点列举法进行创造发明的具体做法是：召开希望点列举会议，每次可有5～10人参加。会前由会议主持人选择一件需要革新的事情或者事物作为主题，发动与会者围绕这一主题列举出各种改革的希望点。为了激发与会者产生更多的改革希望，可将各人提出的希望用小卡片写出，公布在小黑板上，并在与会者之间传阅，这样可以在与会者中产生连锁反应。会议一般举行1～2小时，产生50～100个希望点即可结束。会后再将提出的各种希望进行整理，从中选出目前可能实现的若干项进行研究，制定出具体的革新方案。

扩展阅读10-4
需求鉴别与希望点列举

在电话刚出现的时候，美国创造学家艾可夫曾对电话罗列了下列希望点：

（a）不需要用手即可使用电话；

（b）只要想用电话就能在任何场合使用它；

（c）不会接到错拨号码的电话；

（d）听到铃声就能知道是谁从何处打来的，这样可以不去接那些不想接的电话；

扩展阅读10-5
罐头的发明

（e）如果拨电话给他人，遇到占线也不必挂断，待对方通话完毕后即可自动接通；

（f）当不方便接电话时，可以告知对方在电话里留言；

（g）能使三个人同时通话；

（h）可以选择使用声音或画面。

事实上，我们如今所用的电话，正是早年艾可夫所希望的电话。

我们以原始风扇的改进为例，看看人们是如何针对原有的风扇提出希望点并产生设计方案的，如表10-1所示。

表10-1　新型风扇的希望点列举

希望点	具体提问内容
希望角度不限制在固定范围内	可摇摆的风扇
希望不摆头部就能得到不同的风向	转页式风扇
希望风吹的范围更大一些	吊在顶部的吊扇
希望能随意调节风力的强弱，而不用换挡位	无极调整风扇
希望电扇能像电视那样遥控控制	遥控式电扇
希望电扇造型多样	造型可爱的卡通风扇等
希望风扇能随身携带	帽檐风扇、微型风扇等

【案例10-9】一种铅笔圆珠笔

日本的圆珠笔制造公司曾一度纷纷倒闭，制造商中田君也陷入了困境。他希望生产一种新型的笔来摆脱困境，希望这种圆珠笔能达到这样的要求：

——不漏水；

——圆珠磨损后虽然变小，但不至于立刻脱落；

——墨水在纸上不洇；

——双色；

——可用于复写纸复写。

从希望点出发，他设计了一种铅笔圆珠笔，兼有两种笔的特性。这种笔投入市场后大受欢迎。

希望点列举法应用非常广泛。如果能熟练地掌握这种方法，一定能大大地提高自己的发明创造能力。

思考与练习10-4
参考答案

【思考与练习10-4】

试运用希望点列举法对眼镜提出改进方案。

三、成对列举法

1. 方法原理及特点

视频10-5

成对列举法是通过列举两种不同事物的属性，并在这些属性间进行组合，通过相互启发而发现发明目标的方法。

此方法既利用了属性列举法务求全面的特点，又吸收了强制联想法易于破除条条框框、产生奇思妙想的优点，因而更能启发思路，收到较好的效果。使用成对列举法要遵循两个规则：

① 必须十分明确所要解决的问题，这样可以确定所列举事物的类别。

② 要把所列事物、因素的所有组合都加以研究，即使是一些初看莫名其妙的组合也不要轻易舍弃。这是与智力激励法中的延迟判断相似的原则，因为乍看起来荒唐的想法可能会随时间而成熟，或者能据此启发另外的思路。

2. 操作步骤

(1) 第一种方式

① 确定两类事物为研究对象；

② 把某一范围内所能想到的两类事物的所有事项依次列举出来：

一类事物甲、乙、丙、丁……

另一类事物A、B、C、D……

③ 任意选择其中两项依次组合起来，想象这种组合的意义；

④ 分析、筛选可行的组合，形成新的设想。

【案例10-10】新式多功能家具的设计

要设计新式多功能家具，可以先列举各种家具及室内用品：

各种家具：床、桌子、沙发、椅子、茶几、书架、衣柜……

室内用品：镜子、花盆架、电视、音响、梳子、台灯……

然后，两两配对组合：如床和沙发，灯和衣架，桌子和书架，床和箱子，床和灯，镜子和柜子，电视和花盆，音响和台灯，等等。最后对所有方案进行分析，发现许多方案均可发明出新式家具，有些方案事实上已经成为产品，如床和沙发组合成的沙发床、镜子和柜子组合成的带穿衣镜的柜子、床和箱子组合成的床底可兼作收纳柜的组合床等。有些方案则还没有人尝试过，如茶几与电视机结合、茶几与镜子结合、电视机与镜子结合等。分析这些设想中的组合能否构成可行的方案，如选取书架与椅子组合作进一步构思，在书架旁设计安装几块自动折叠的板条，既可坐人，又可临时放书，还可当踏板去拿书架上层的书，不用时可以折叠或插入书架，不占任何空间。

(2) 第二种方式

① 确定事物A和事物B为研究对象，如图10-6所示；

② 分别列出事物A和事物B的属性；

③ 考虑事物A的属性A_1能否与事物B中的每个属性配对组合，再考虑事物A的属性A_2同事物B中的每个属性的配对组合……依次全部组合；

④ 分析、筛选可行的组合，形成新的设想。

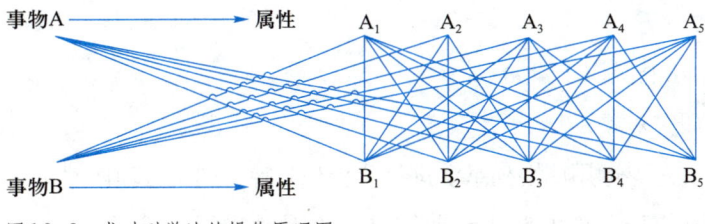

图10-6　成对列举法的操作原理图

【案例10-11】设计一种造型新颖的拟人化家具

首先，以一事物为人体各部位的形状，所属的子因素为：① 手的形状；② 嘴的形状；③ 耳朵的形状；④ 头的形状……另一事物为家具，所属的子因素为：① 床；② 椅子；③ 花盆架；④ 桌子……

其次，将两事物的所有因素列出，然后进行组合。如一事物中的①与另一事物中的①、②、③……依次组合，可得出手形的床、手形的椅、手形的花盆架等；将一事物中的②与另一事物中的①、②、③……组合，以此类推，便可产生大量新设想。

最后，分析上述所有组合的可行性，如有的家具设计师据此设计出了手形沙发椅，如图10-7所示，造型新颖别致，很受欢迎。

图10-7　手形沙发椅

思考与练习10-5
参考答案

【思考与练习10-5】
请思考如何应用成对列举法来设计一种新型的台灯。

四、综合列举法

1. 方法原理及特点

综合列举法是针对所确定的研究对象，从属性、缺点、希望点或其他任意创造思路出发列举出尽可能多的思路方向，对每一思路方向开展充分的发散思维，最后进行分析筛选，寻找最佳的创新思路的创新方法。

属性列举法、缺点列举法和希望点列举法都只偏重于某一方面来开展创造发明，因而在一定程度上也给创造发明带来一些束缚。从根本上讲，创造发明应该是没有任何限制的，因此，我们在开展发散型创新思考的时候，可以综合运用上述方法，这就是综合列举法。

视频10-6

2. 操作步骤

本章部分四色
插图

综合列举法的操作步骤如下：

① 确定研究对象；

② 对研究对象运用属性列举法进行分析和分解，列举各项属性；

③ 运用缺点列举法和希望点列举法对逐项属性进行分析；

④ 综合缺点与希望点对事物原特征进行替换，综合事物的新老特征，提出创造性设想。

【案例10-12】运用综合列举法开发相机新产品

相机新产品的综合列举如表10-2所示。

表10-2　相机新产品的综合列举表

创新方法	名词属性	形容词属性	动词属性
属性列举法	镜头、快门、机身、卷片器	圆的、重的、黑色的、金属的、耐压的	望远拍摄、放底片、留下记录、风景拍摄
缺点列举法	镜头太小、快门太吵、机身太单薄	体重太重、颜色单一	远拍模糊、调焦缓慢、装底片失败
希望点列举法	镜头加大、电子感应、随眼睛变化、快门声音安静	像鸡蛋造型、用轻金属使其轻量化	一次装两卷底片、瞬间实现望远设定

【思考与练习10-6】

运用综合列举法提出对学生食堂改进的新设想。

第十一章　组分型创新方法

发明创造的根本原则归根到底不过一条，
那就是将信息进行分割和重新组合。

——［日］高桥浩

自行车卡槽与可分离式模块化客舱

1．不占用人行道的公共停自行车卡槽发明

近些年来，为减缓城市交通压力，响应绿色环保出行号召，许多城市开始大力推广自行车出行。对于政府部门来说，在原有已规划道路的基础上，如何更合理有效地设计和布局自行车停车位，既能保证骑行者停用方便和有序停放，又能保证自行车大量应用于拥挤的商业、娱乐等人流聚集区，成为推广自行车出行需要解决的问题。

在解决上述问题的过程中，出现了一款非常独特的设计产品，可以解决部分道路自行车停放问题。如图11-1所示，产品设计师瞄准现有的人行道，在道路边缘设计了一款卡槽，当人们需要停放自行车时，按起卡槽，将自行车前轮插入并上锁；当人们取出自行车时，卡槽又重新恢复到与地面齐平的位置。

图11-1　不占用人行道的公共停自行车卡槽

这款设计开拓性地将人行道与停车卡槽组合在一起，合理利用资源，提供了更充足和便利的停车位；卡槽支撑架与卡槽本身在使用时的闭合与分离，更是巧妙地运用组合和分解方法，形成了富有创造性的设计方案。

2．可分离式模块化客舱设计

飞机故障的概率虽然不高，但几乎每次失事都会带来百分百的灾难性后果，尤其是客机失事事件给遇难者家属造成的心理阴影难以估量。

今后，也许飞机失事的概率会因为一项科技成果而大大降低。来自乌克兰的一位设计者设计了一款飞机，这款飞机的亮点在于它拥有可分离式模块化客舱。与一般的候机不同，乘客（包括货物）事先已经坐在客舱里候机，飞机到来后，直接将模块化客舱与飞机进行对接即可。

如图11-2所示，飞行途中，如果遇到无法挽救的事故，可以在经过合理的判断流程后，将客舱与机身脱离。之后，采用双减速伞模式，以及落地反射喷气装置、气垫缓冲装置，使得客舱安全着陆。如果是在水域上空，也可

图11-2　可分离式模块化客舱设计

以采用类似的方式。不仅如此，这个设计还有另外一个好处，它可以大大加快乘客登机、出机的时间，大家以后直接在机舱里候机，等飞机一到，除了正常检修以外，把机舱直接对接就可以了。目前，这个方案的设计者Tatarenko Vladimir Nikolaevich已经在美国和俄罗斯申请了专利，希望这项科技成果能够早日投入使用。

　　不占用人行道的公共停自行车卡槽和可分离式模块化客舱设计是组分型创新方法的创造性应用。在人们的生产生活中，利用组分型创新方法进行发明创造的例子可谓不胜枚举。作为一种非常重要的创新方法，组分型创新方法就是将整个创造系统内部的要素分解、重组，从而产生新的功能和最优的结果的方法。20世纪50年代以来，科技创新开始由单项突破走向多项组合，依靠新的科学原理而实现的独立技术发明已相对减少，而由组合求发展、由组合而创新，已成为当代创新活动的一种重要形式。统计表明，在现代技术开发中，组分型成果已占全部发明创造的60%～70%。

视频11-1

　　组分法绝非简单的分离、罗列、叠加，组分法中涉及的组合与分离时常会互补出现，本章最后一节也会对其中的分离法（分解法）做详细介绍。各种元素组合在一起的根本目的就是形成集合效应，实现单个元素实现不了的效果和价值，就像系统论中所描述的那样，系统的效果必须大于系统内各元素单独效果之和。

　　各种元素组合的依据与出发点是多种多样的。

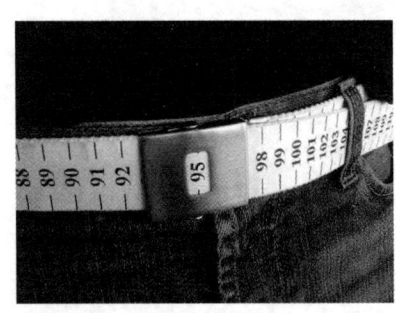
图11-3　带刻度的腰带

　　人们可以从需求出发进行组合，如图11-3所示，身体肥胖的人希望知道自己的腰围，但每次拿尺子去量很不方便，如果将刻度尺与腰带组合在一起，可以起到事半功倍的效果，同时还可以起到提醒减肥的效果。这就是从人自身的需求出发进行的组合创新，目的是带来更加便捷的体验，最大限度地满足需求。

　　还可以从新奇效果出发进行组合，如图11-4所示的"蹦床桥"设计，巴黎AZC建筑公司将桥和蹦床两种没有必然联系的事物结合在一起，形成了一个由三个直径为30 m的可充气组件接合而成、里面灌入3 700 m³空气、充气组件中间是蹦床的新式桥梁。这种从新奇效果出发进行的组合以绝妙的创意、适合的风格、独具特色的表现赢得关注。

图11-4　蹦床桥设计

　　有些元素之间的组合已经是司空见惯，但可以考虑结构组合的巧妙变化。比如包身和包带共同组成了包，包身主要起收纳功能，包带主要起提拉功能，二者结合在一起共同完成了包的运载功能。从功能角度而言，二者的组合可谓完美，但同时也缺乏一种新意。这时，我们可以通过结构上的巧妙组合来实现创新，将包身和包带分别作为完整构图中的一部分，二者结合形成一个颇有创意的整体，如图11-5所示。

还可以从功能互补的角度出发进行组合。有些技术产品存在明显的功能缺失，但是将其对立面功能产品与该技术产品组合到一起，就能有效规避其存在的功能缺失。比如，美国伊利诺伊大学的科学家发明了一种新功能的塑料——一种能够使其内部产生的任何细小裂纹自动封口的合成材料，如图11-6所示。这种材料就是将分裂和愈合两种功能组合起来的新产品。

扩展阅读11-1
组合法的分类

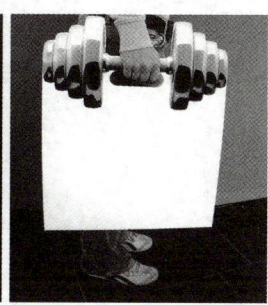

图11-5　创意手袋设计

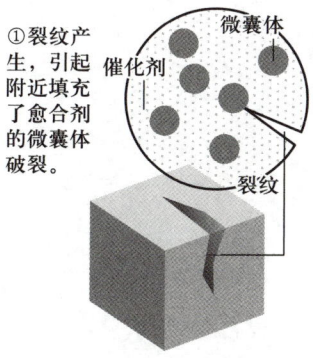
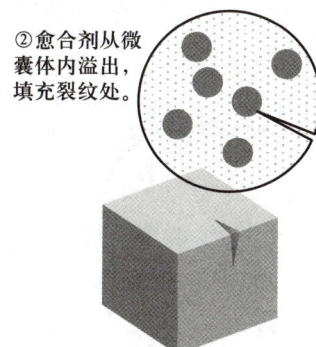
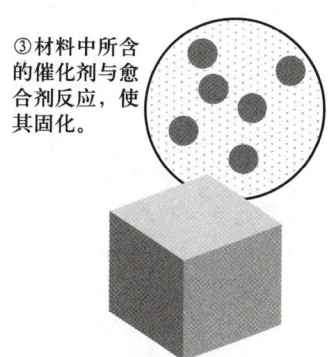

图11-6　新功能塑料的设计

【思考与练习11-1】

如果把办公室里的物品分类写成两栏，每栏各有6种物品，如表11-1所示，请采用掷骰子的方法来确定组合方式，以激发新的创意。

表11-1　办公室里的物品分类

第一栏	第二栏
1. 公文柜	1. 书架
2. 桌子	2. 太阳镜

第一栏	第二栏
3. 咖啡杯	3. 电灯
4. 电话	4. 闹钟
5. 地毯	5. 椅子
6. 钉书器	6. 电灯开关

在对组分型创新方法有了一定认识的基础上，本章着重介绍组分型创新方法的典型方法——形态分析法，以及其相关引申方法——信息交合法、主体附加法、焦点法、分解法等。

第一节　典型方法——形态分析法

一、形态分析法的来源

第二次世界大战期间，美国的科学家茨维基在研究火箭结构方案时，运用了一种新的创新方法。他根据当时可能的技术水平和物质条件，在一周之内共得到了576种不同的火箭构造方案，其中有许多是对美国火箭事业的发展很有价值的构想。更为有趣的是，当时德国正在研制新型巡航导弹和火箭，美国情报部门费尽心机也没有获得有关技术情报。而在茨维基的构想里则包括了当时德国正在研制并严加保密的带脉冲发动机的"V-1型"和"V-2型"导弹，因而相当于获得了技术间谍都难以得到的技术情报。这种神奇的创新方法就是茨维基于1942年创立的形态分析法。

视频 11-2

二、形态分析法的概念

形态分析法又称形态矩阵法、形态综合法，它是借助形态学的概念和原理，通过对创造对象的构成要素进行分析（因素分析），再对构成要素所要求的功能属性进行分析（形态分析），列出各因素可能的全部形态（包括技术手段），在因素分析和形态分析的基础上，采取表格的形式进行方案聚合，再从聚合的方案中择优的一种系统思维的方法。用公式表达为某事物M有A、B、C三大要素，A有x种可能选择，B有y种可能选择，C有z种可能选择，则某事物可能的方案数为$N=x \times y \times z$。

当年，茨维基以火箭结构为研究对象，将火箭分解为6大基本要素：使发动机工作的媒介物、与发动机相结合的推进燃料的工作方式、推进燃料的物理状态、推进的动力装置类型、点火的类型、做功的连续性。然后又对每一个要素分别进行形态分析，如表11-2所示，使发动机工作的媒介物的4种形态：真空、大气、水、粒子流；推进燃料的工作方式的4种形态：静止、移动、振动、回转；推进燃料的物理状态的3种形态：气体、液体、固体；推进的动力装置类型的3种形态：内藏、外装、无；点火类型的2种形态：自动点火、外点火；做功的2种连续性形态：持续、断续。最终，一共得出了$4 \times 4 \times 3 \times 3 \times 2 \times 2 = 576$种火箭构造方案。

表11-2　茨维基运用形态分析法获得火箭构造方案

火箭必备的要素	形态1	形态2	形态3	形态4	形态数量统计
使发动机工作的媒介物	真空	大气	水	粒子流	4
推进燃料的工作方式	静止	移动	振动	回转	4
推进燃料的物理状态	气体	液体	固体		3
推进的动力装置的类型	内藏	外装	无		3
点火的类型	自动点火	外点火			2
做功的连续性	持续	断续			2

　　形态分析法的核心是组合，但在组合前要进行系统的分析。形态分析法的一个突出特点就是所得方案具有全解化性质，获得的结果非常多，并且非常全面，有时又显得有些烦琐和无边际。因此，运用此方法最好选取一个元素和形态有限的问题，以避免无限度延展，形成过于庞大的解决策略体系。形态分析法的另一个特点是具有形式化性质，它需要的不是发明者的直觉和想象，而是依靠发明者认真、细致、严密的工作，并精通与发明课题有关的专门知识。经验证明，有专门知识和经验的个人或包括2~3名成员的小组是运用此方法较适当的组织形式。形态分析法经常应用于一些专业领域，在专业领域的创造活动中可起到重要的作用。形态分析法的关键是建立形态矩阵。

【案例11-1】挖掘机形态矩阵

　　以思考挖掘机的改进方案为例，用形态矩阵进行方案组合，就可以得到多种原理方案。在表11-3中，将挖掘机组成要素分解为9大基本要素，并分别对每一个要素的形态进行分析：铲斗（3种形态：正铲斗、反铲斗、抓斗），推压（3种形态：齿条、钢丝绳、油缸），提升（2种形态：油缸、

表11-3　挖掘机形态矩阵

组成要素	形态			
铲斗	正铲斗	反铲斗	抓斗	
推压	齿条	钢丝绳	油缸	
提升	油缸	绳索		
回转	内齿轮传动	外齿轮传动	液轮	
运送物料	履带	轮胎	迈步式	轨道-齿轮
能量转化	柴油机	汽油机	电动机	液压马达
能量传递与分配	齿轮箱	油泵	链传动	带传动
制动	带式制动	闸瓦制动	片式制动	圆锥形制动
变速	液压式	齿轮式	液压-齿轮式	

绳索），回转（3种形态：内齿轮传动、外齿轮传动、液轮），运送物料（4种形态：履带、轮胎、迈步式、轨道－齿轮），能量转化（4种形态：柴油机、汽油机、电动机、液压马达），能量传递与分配（4种形态：齿轮箱、油泵、链传动、带传动），制动（4种形态：带式制动、闸瓦制动、片式制动、圆锥形制动），变速（3种形态：液压式、齿轮式、液压－齿轮式）。运用形态矩阵，可得出 3×3×2×3×4×4×4×4×3＝41 472 个原理方案。在众多的原理方案中，我们应去除那些技术上明显不适用或不可行的方案，保留可行的方案。在剩余的可行方案中，再进行评价与决策，最终定出较为理想的方案。

【案例11-2】雪上汽车设计的形态矩阵

形态分析法在解决一般设计问题时最有效，像设计新机器，或者寻找新的概念性方案。下面是雪上汽车设计的形态矩阵。雪上汽车，顾名思义，就是在冰雪上行驶的汽车。经过专业的分析，如表11-4所示，可将雪上汽车设计参数轴分解为9大基本要素：驱动部分、推进部分、车体支撑、车体类型、悬梁装置、雪上汽车的控制、提供向后运动、刹车、防止冻结到地面上。其中每个基本要素的参数轴又分解为若干个形态的参数类别，如驱动部分可分为内燃机、汽轮机、电动机、涡轮喷气机、帆等5种形态；推进部分经过发散性思考可分为单轮（驾驶员室在轮子里）、传统轮子、加肋轮子、椭圆轮子、方形轮子、带气缸的气动、履带、雪上螺旋桨、滑雪橇、振动雪橇、空气螺旋桨、气垫、能行走的引擎（腿）、螺旋形的引擎、弹簧片、脉冲式摩擦引擎、雪上喷气引擎、旋转板等18种以上的形态；车体支撑可分解为在引擎上、直接在雪上2种形态；车体类型可分解为开放式舱体、封闭式舱体、双体车、两个舱、串联式等5种形态；悬梁装置可分解为引擎、特殊的吸振器、无悬梁装置等3种形

表11-4　雪上汽车设计的形态矩阵

参数轴	参数类别
驱动部分	内燃机，汽轮机，电动机，涡轮喷气机，帆（对于雪上汽车有意义）
推进部分	单轮，传统轮子，加肋轮子，椭圆轮子，方形轮子，带气缸的气动，履带，雪上螺旋桨，滑雪橇，振动雪橇，空气螺旋桨，气垫，能行走的引擎（腿），螺旋形的引擎，弹簧片，脉冲式摩擦引擎，雪上喷气引擎，旋转板等18种以上的形态
车体支撑	在引擎上，直接在雪上
车体类型	开放式舱体，封闭式舱体，双体车，两个舱，串联式
悬梁装置	引擎，特殊的吸振器，无悬梁装置
雪上汽车的控制	改变引擎位置，改变推进部件位置，雪舵，空气舵
提供向后运动	反转引擎，反转推进元素，不能反转
刹车	主引擎刹车，辅助引擎刹车，空气刹车，雪刹车
防止冻结到地面上	机械的，机械的但需要引擎帮助，电力的，化学的，热的，不能防止

态；雪上汽车的控制可分解为改变引擎位置、改变推进部件位置、雪舵、空气舵等4种形态；提供向后运动可分解为反转引擎、反转推进元素、不能反转等3种形态；刹车可分解为主引擎刹车、辅助引擎刹车、空气刹车、雪刹车等4种形态；防止冻结到地面上参数轴可分解为机械的、机械的但需要引擎帮助、电力的、化学的、热的、不能防止等6种形态。经过计算可得出上百万种设计方案，在如此庞大的方案矩阵中，需要设计专家尽力排除缺乏新意、没有价值的方案，最终找出理想方案。

以上是形态分析法在机械设计领域应用的两个具体案例。在元素及元素的形态比较明确的情况下，形态分析法能够有效地穷尽所有的解决方案。这种方法一方面可以帮助我们尽可能多地发掘在现有条件下能够形成的解决方案，另一方面也可以启发我们通过增加新的元素形态以形成新的解决方案。

三、形态分析法的实施步骤

形态分析法的实施具有一定的程序性，在发明创造求解过程中常分为五个步骤，下面我们将结合一个简单而具体的问题来介绍形态分析法的实施步骤。

第一步，明确有待解决的问题。也就是决定要分析的对象，比如设计一款新耳机。

第二步，因素分析。也就是根据需要解决的问题列出创造对象的所有构成要素。这些要素之间要彼此独立，不能存在包含关系且尽可能选取与最终目标关联性大的因素。这是非常重要的一步，也是较难的一步。最终能否获得较为合适的创意，完全取决于因素确定恰当与否。如果确定的因素彼此包含或不重要，就会影响最终组合方案的质量，并且使方案数量无谓地增加，为后续筛选工作带来困难；如果列出的因素不全面，遗漏了某些重要因素，则会遗漏有价值的创意。比如设计耳机，我们主要针对的是耳机的功能和结构，因此没有必要将其生产方式也纳入分析维度。如表11-5所示，经过分析可得出耳机设计的5个独立因素：佩戴方式、耳塞数量、工作原理、与设备的连接方式、通话功能。

表11-5　耳机的要素分析

要素	形态分析
要素一	佩戴方式
要素二	耳塞数量
要素三	工作原理
要素四	与设备的连接方式
要素五	通话功能

第三步，形态分析。即对研究对象所列举的各个因素进行形态分析，运用发散思维列出各因素全部可能的形态（技术手段）。为便于分析和做下一步的组合，这一步往往要采取矩阵列表的形式，把各因素及相对应的各种可能的形态（技术手段）列在表格中。如表11-6所示，耳机佩戴方式的形态有4种：头戴式、耳塞式、挂耳式、入耳式；耳塞数量的形态有2种：单个、双个；工作原理的形态有4种：动圈式、静电式、动铁式、压电式；与设备的连接方式的形态有3种：蓝牙、USB接口、针状接口；通话功能的形态有2种：有通话功能、无通话功能。

第四步，形态组合。分别将各因素的各形态一一加以排列组合，以获得所有可能的组合设想。通过上面的分析，这款耳机设计共产生4×2×4×3×2=192种可能的组合设想。

第五步，筛选最佳设想方案。由于所得设想数往往很大，所以设想筛选工作量较大，通常要以新颖性、价值性、可行性三者为标准进行多轮筛选和考评。上面我们组合出了192种设想，其中有一部分设想司空见惯、没有新意，有一部分缺乏价值，还有一部分不具可行性，我们要将这些排除掉，在剩下的方案中寻找最佳设想。比如，将挂耳式、单侧、静电式、蓝牙等形态组合在一起，这种耳机不但使用便捷而且收音效果好。

表11-6　耳机的形态分析

要素	形态分析			
佩戴方式	头戴式	耳塞式	挂耳式	入耳式
耳塞数量	单	双		
工作原理	动圈式	静电式	动铁式	压电式
与设备的连接方式	蓝牙	USB接口	针状接口	
通话功能	有	无		

【案例11-3】运用形态分析法探索解决交通拥堵问题

第一步，明确待解决的问题。即运用形态分析法探索解决交通拥堵问题。

第二步，因素分析。列出交通拥堵问题所有构成要素，主要包括交通道路规划、控制汽车总量和控制措施等3个组成要素。

第三步，形态分析。对上述3个组成要素进行形态分析，完善交通拥堵问题形态学矩阵，见表11-7。

表11-7 解决交通拥堵问题的形态学矩阵

因素（分功能）		形态（功能解）				
		1	2	3	4	5
A	交通道路规划	旧道路拓宽或改造	发展BRT	发展地铁	建立交桥、人行天桥	设置潮汐车道
B	控制汽车总量	拥堵路段禁骑电动车、摩托车	汽车限购	私家车牌号为单、双号的车辆隔天分别出行	增加公交车数量	
C	控制措施	信号灯合理分配时间	交警维护交通，严惩加塞	加快停车场建设		

第四步，形态组合。利用形态学矩阵，理论上可组合出 $N=5\times4\times3=60$ 种方案。有些方案没有创意，有的不具备操作性，分析后可以采用如下三种方案：

方案1：A1-B1-C1。这是最原始的方案，基本上每个城市都在实施。

方案2：A1-B1-C2。方案1实施效果有限，很多时候交通拥堵是由于太多人加塞，应该对加塞车辆加大处罚力度，使车辆有序运行。

方案3：A1-B1-C3。方案要跟城市化建设配套，有些地段太拥挤，无法修建大型停车场，可考虑修建地下停车场或立体停车场。

第二节　引申方法——信息交合法等

除了形态分析法这一典型方法，组分型创新方法还有许多引申方法，如信息交合法、主体附加法、焦点法、分解法等。

一、信息交合法

1. 信息交合法的概念

1983年7月，中国创造学第一届学术讨论会在南宁召开。与会期间，日本专家村上幸雄给大家作了精彩的演讲，演讲中他突然拿出一把曲别针说："请大家想一想，尽量放开思路来想，曲别针有多少种用途？"与会代表七嘴八舌议论开了："曲别针可用来别东西——别相片、别稿纸、别床单、别衣物。"有人想的要奇特一点："纽扣掉了，可用曲别针拉长，连接衣服。""可将曲别针磨尖，去钓鱼。"……归纳起来，大家说出了20来种用途。在大家议论的时候，有代表问村上："先生，那你能讲出多少种？"村上莞尔一笑，然后伸出3个指头。代表问："30种？"村上自豪地说："不！300种！"人们一下子愣住了，真的？村上拿出早已准备好的幻灯片，展示了曲别针的诸多用途。作为与会代表之一的许国泰，看着村上颇为自负的神态，心想：在硬件方面，或许我们暂时赶不上你们，但是，在软件上——在思维能力上，咱们倒可以一试高低！他向村上说："对曲别针的用途，我能说出3 000种、30 000种！"人们惊诧了："这不是吹牛吗？"许国泰登上讲台，在黑板上画出了图，然后，他指着图说："村上先生讲的用途可用勾、挂、别、连4个字概括，要突破这种格局，就要借助一种新思维工具——信息标与信息反应场。"他首先把曲别针的若干信息加以排序，如材质、重量、体积、长度、截面、韧性、颜色、弹性、硬度、直边、弧等，这些信息组成了信息标x轴。然后，他又把与曲别针相关的人类实践加以排序，如数学、文字、物理、化学、磁、电、音乐、美术等，并将它们连成信息标y轴。两轴相交并垂直延伸，就组成了信息反应场（如图11-7所示）。现在，只要将两轴各点上的要素依次"交合"，就会产生人们意想不到的无数新信息。比如，将y轴的数学点与x轴的材质点相交，曲别针可弯成＋、－、×、÷、1、2、3、4、5、6等数字和符号用来进行四则运算。同理，y轴的文字点与x轴材质、直边、弧等点相交，曲别针可做成英、俄、法等各国字母。再如，y轴的电与x轴的长度相交，曲别针就可以变成导

视频11-3

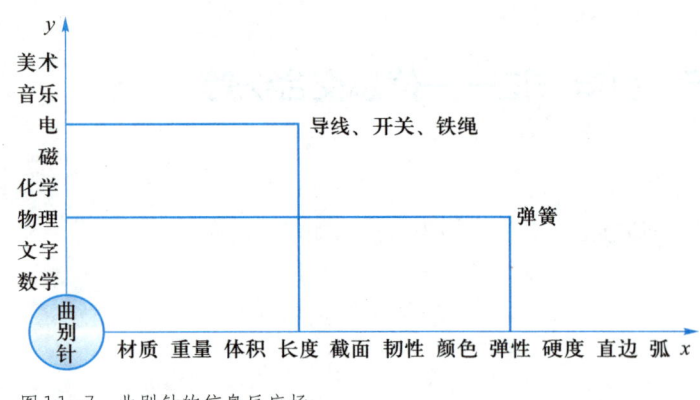

图11-7 曲别针的信息反应场

线、开关、铁绳……

许国泰构思曲别针用途所采用的方法就是其独创的信息交合法，又称魔球理论。许国泰认为人的思维活动就是大脑对信息及其联系的输入反映、运行过程和结果表达，一切创造活动都是创造者对自己掌握的信息进行重新认识、联系的组合过程。因此，如果有一种方法能够有助于大量信息的产生和重组，那么这个方法就能有效地促进创新。

信息交合法就是一种在信息交合中进行创新的方法，也就是把物体的总体信息分解成两种或两种以上的要素，然后再将这些要素进一步分解成信息因子，把每一种要素及其信息因子以信息标的形式呈现，若干条信息标相交，构成信息反应场。每个轴上各点的信息因子可以依次与另一轴上的信息因子交合（或者是与其他物体分解出的信息标交合），从而产生新信息的方法。

2. 信息交合法的实施步骤

信息交合法的实施步骤一般分为以下五步。

第一步，确定一个中心，即确定所研究的对象，也就是零坐标（原点）。比如研究杯子的改进，就以杯子为中心（如图11-8所示）。

第二步，根据研究对象的需要列出标线（信息标），即根据需要将中心对象分解成两个或两个以上的信息因素。如将杯子分成功能、材料、形态结构3条信息标（如图11-9所示）。

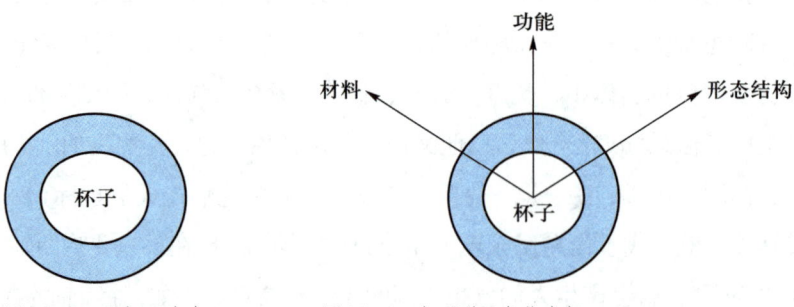

图11-8 以杯子为中心　　　图11-9 杯子的3条信息标

第三步，在信息标上注明信息因子，尽可能将每一条信息标上的信息因子罗列清楚。信息标是一个有方向的矢量，因此可以将信息因子按照一定的顺序（重要性、等级、时空等）排列在信息标上。如图11-10所示，可以将杯子的材料这一信息因素分成塑料、玻璃、木头、纸、金属、瓷等信息因子，杯子的功能这一信息因素分成携带、观赏、储存、盛载等信息因子，杯子的形态结构这一信息因素分为杯盖、杯体、杯把等信息因子，并将其罗列在对应的信息标上。

罗列完毕，可以继续将信息标上的信息点进一步细化，产生更多的信息，以便产生更多的信息交合。如图11-11所示，将杯子的形态结构这条信息标上的信息进行细化，杯盖可继续细化出卡口、盖边缘、盖形、盖冠、层次、出气孔等因子，杯体可进一步细化出杯底、杯沿、过滤网、杯套、杯带、杯子外侧、杯子内部等因子，杯把可细化出颜色、数量、位置、形状等因子。

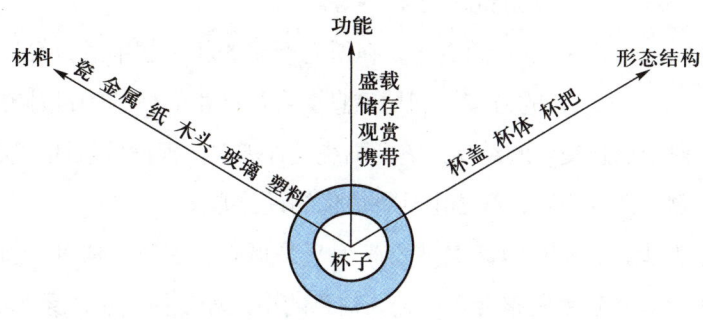

图11-10　杯子的信息因子

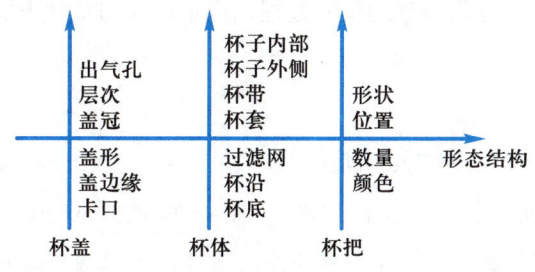

图11-11　杯子的信息交合

第四步，若干信息标及信息标上的信息点形成信息反应场，信息在信息反应场中交合，引出新信息。如图11-12所示，将杯把和储存两个信息交合在一起，可以产生开发一种杯把中放置茶包、汤匙等物件的杯子的想法；把纸和观赏交合在一起，可以联想到能否在杯子上加一些有用的信息，比如地图或数学公式，又或者直接将杯子和便笺纸结合在一起，做一个有记录功能的杯子。我们既

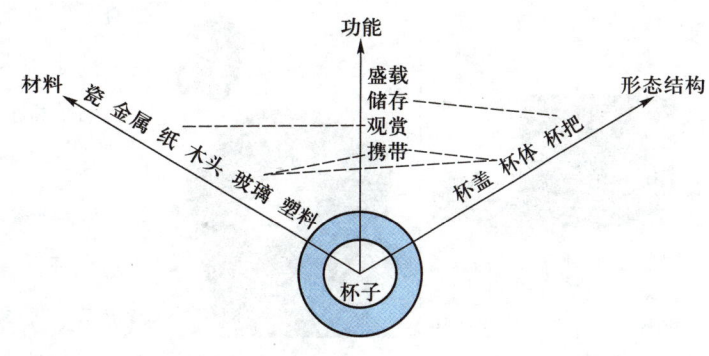

图11-12　杯子的信息反应场

可以两个信息交合，又可以多个信息交合，比如将玻璃、携带、杯体交合在一起，可以联想到能否开发一种玻璃内壁与塑料外壁，既透明、便携又安全、环保的杯子。信息之间可以随意交合，通过交合可以产生大量的信息。交合的结果有时是因人而异的，同一组信息交合产生的结果可以是多样的，其关键就在于通过信息交合使思路连续畅通，不致枯竭。

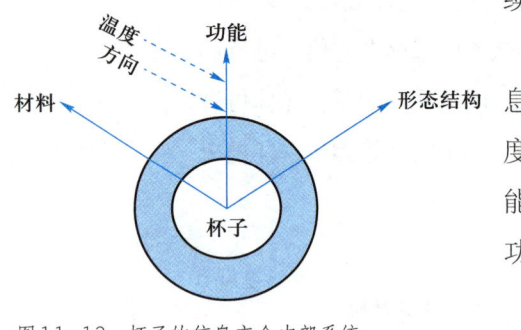

图11-13 杯子的信息交合内部系统

信息交合可以产生在一个系统内部，也可以将外部信息引入，以便产生更多新颖信息。如图11-13所示，将温度引入功能信息标，可以设计出一款带有自动测试水温功能的杯子；将方向引入功能信息标，可以设计带有指南针功能的杯子；等等。

第五步，在所有产生的新设想中进行筛选，寻找最优的方案。利用信息交合法产生的杯子的设计方案可以达到成百上千种，对于信息交合的结晶，需要围绕设计需求，根据可行性、实用性、美观性、科学性、创造性等原则，筛选出几种最优的设计方案。

通过以上五步，人们可以将某些看来似乎是孤立、零散的信息，通过相似、接近、因果、对比等联想手段整合在一起。信息的引入和变换会引出系列的信息组合。只有这种新的组合，才能打破旧习惯，改变旧结构，创造新结构。这是不同信息之间相互渗透、相互制约、互为因果的反应过程，也是对人的潜意识能力的开发。

【案例11-4】能打印的咖啡机

有设计师设计了一款能打印图案的咖啡机iCoffee（如图11-14所示），将咖啡机和打印机两个概念合二为一，只是普通喷墨打印机喷出的是墨水，而iCoffee咖啡机喷出的却是——奶！通过一个类似于打印机喷头的结构，iCoffee咖啡机可以在咖啡的液面上按照需要喷出若干的奶点，从而显现出特定的图案和文字。而这些图案和文字的来源除了咖啡机中有一些内存外，还可以通过蓝牙从顾客的手机上读取。以后，点咖啡的时候，将咖啡杯放入咖啡机对准点阵孔部件，设置好图案，就能把自己喜欢的图案或者文字"打印"在咖啡上面了。

关于咖啡机的改进，我们可以从咖啡机内部系统，比如咖啡机的功能、材质、外观等信息因素出发进行改良，也可以将外部信息引入，如把打印、蓝牙、Wi-Fi等因素组合到咖啡机的设计中，而打印机和咖啡机无论从功能还是原理上都是极不相同的，但正是这样一个跨界的、不易想到的组合却带来一款更为精致的咖啡机，体现了跨领域信息交合产生的巨大创新能力。

咖啡机 ＋ 打印机 ＝ 打印咖啡机

图11-14 能打印的咖啡机

与二维的形态分析法相比，多维的信息交合法对非逻辑思维要求更高，是逻辑思维与非逻辑思维共同作用的一种创新方法。列出标线及标注每条标线上的信息因子运用的是逻辑思维，而在信息反应场中运用信息交合产生新事物则需借助一定的非逻辑思维，尤其要借助想象、联想等方式产生新信息。

【思考与练习11-2】

本节中我们以曲别针和杯子为例，介绍了信息交合法的具体应用。请你以花盆为例，依次绘制出其信息标、信息因子、信息交合、信息反应场和信息引入，并提出最优的改进方案。

二、主体附加法

【案例11-5】谷歌眼镜的研发

眼镜的诞生原本是用来保护眼睛、矫正视力、增进视觉功能，或是遮挡阳光、装饰脸部轮廓的。而近年来随着谷歌眼镜的推出，却让眼镜的身份来了个华美变身。带上谷歌眼镜，你可以通过语音控制发送信息、拍照、视频通话、查看地图、位置签到、设置日历提醒、进行好友互动、上网冲浪和处理电子邮件，这款眼镜甚至将兼容新款太阳镜和各种视力矫正眼镜的功能。

谷歌眼镜是谷歌公司于2012年4月发布的一款增强现实穿戴式智能眼镜（如图11-15所示），其主要结构是在眼镜前方悬置一台微型摄像头和一个位于镜框右侧的电脑处理器装置，镜片上配备了一个头戴式微型显示屏，它可以将数据投射到用户右眼上方的小屏幕上，平行鼻托和鼻垫感应器横置于鼻梁上方，鼻托里植入电容。这款"眼镜"彻底打破传统眼镜"眼见为实"的功能，通过在眼镜结构上不断地附加电池、微处理器、相机、扬声器、麦克风、微型投影仪、棱镜等物质，成为人们获取各类信息、参与人际交流的强大工具。

图11-15　谷歌眼镜

1. 主体附加法的概念

主体附加法是以某一特定的对象为主体，增添新的附件，从而使新的物品性能更好、功能更强的组合方法。它以一种"锦上添花"的方式，在原本已为人们所熟悉的事物上，利用现有的其他产品或添加若干新的功能来改进原有产品，使产品更具生命力。

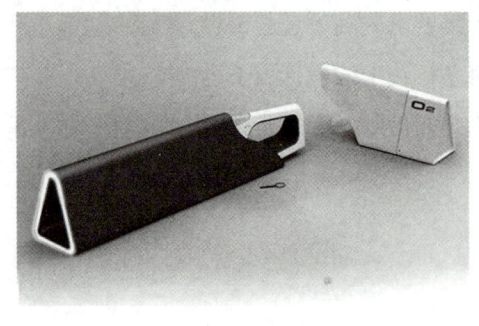

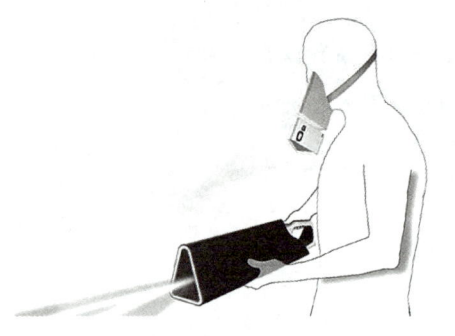

图11-16 二氧化碳灭火器

主体附加法的应用在生活中随处可见，比如带橡皮头的铅笔，安装了载物架、车筐、打气筒的自行车，带哨子的开水壶，加过滤网的杯子，有抽屉的笔筒，电扇加定时器，电冰箱加温度显示器，彩色电视机上附加遥控器，在摩托车后面的储物箱装上电子闪烁装置，含微量元素的食品，等等，这些都是主体附加法的成果。有些产品就是依靠主体附加法更新换代，实现技术上的突破。比如，手机最初只具有语音通话功能，后来逐渐附加了短信、拍照、录音、收音机、音乐播放、上网等功能。运用主体附加法，不仅能搞出"小发明"，也可以获得技术上较复杂的"大发明"，许多重要的合金材料，就是在添加试验中被发现的。

主体附加法是一种简单易行却又颇具成效的创意思考方法。许多物体往往只需稍稍增加一个配件就会产生意想不到的效果或解决一个很棘手的问题。如图11-16所示，设计师Chang Min-Chien仅在二氧化碳灭火器上增加了一个氧气罩，就解决了人们在浓烟滚滚的火灾现场容易窒息的问题，增加了灭火的安全性。

2. 主体附加法的应用形式

主体附加法通常有两种应用形式。

一种是不改变主体的任何结构，只是在主体上连接某种附加要素。如图11-17所示，在油炸类食品的碗上加装一个调料盒，既节省空间又方便人们蘸取调料品；在蜡烛里放置一盒火柴，让人们使用时易取易存。再比如，为了方便婴儿进食，解决食物过热导致婴儿不慎烫伤等问题，可以给小汤匙附加上温度计，设计成"温度匙"。

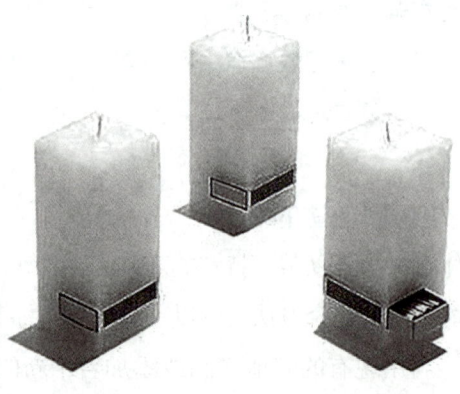

图11-17 主体附加第一种形式的应用示例

二是要对主体的内部结构进行适当的改变，使主体与附加物能协调运作，实现整体功能。例如，为了减小照相机的体积，有人将闪光灯移至照相机腔体内。这种组合不是将闪光灯与照相机主体简单地合二为一，而是将两种功能赋予一种新的结构形式——内藏闪光灯的照相机。又如图11-18所示，烤面包机是一种很常见的厨房电器，但是能够预知天气的面包机就不多见了。在烤面包机内部增加一个接收信息的装置，通过 Wi-Fi 与网络连接，就能获取当天的天气情况，然后烤在面包上，从而创造性地实现了信息传递和烤制功能的完美结合。

图11-18　烤面包机设计

3. 主体附加法的应用程序

运用主体附加法时可以参考以下程序。

第一，有目的、有选择地确定主体。比如，确定的主体为日常用的水杯。

第二，分析主体的缺点或对主体提出新的希望和功能。比如，水杯主要是用来盛水、饮水用的，我们希望能发明出一款可以改善水质的水杯，对身体起到间接的保健功能。

第三，根据实际需要确定附加物及组合的方案。比如，一位工程师采用主体附加的方式发明了一种磁化杯，这种杯子在杯底、杯盖上分别附加一块磁铁，水杯中的水被磁化，其溶解度和含氧量都有所提高。当人们饮用磁化水后，有利于体内循环系统垃圾、毒素的溶解和排除，从而促进人体新陈代谢，很好地起到保健作用。

主体附加法有时候也可以反过来运用，先确定附加的物件，然后寻找主体将其附加上去。可以尝试将一些简单的附加物附加到不同的主体上，看看会产生哪些神奇的效果。主体附加法既能产生有用的辅助功能，又可能带来无用的多余功能。例如，在洗衣机上附加定时器，增加的定时功能是有必要的，而在洗衣机上附加一个洗脸盆，对于绝大多数家庭来说则是多余的东西。因此，采用主体附加法进行创造时，不能盲目地附加，否则只会画蛇添足，产生不必要的负累。

【思考与练习11-3】

　　如今这个知识爆炸的时代，总有些新的概念、新的词汇在社会上流行。过去几年中，纳米就是这样一个几乎无人不谈的新名词。在日常生活用品中，从洗衣机到电冰箱，从饮水杯到鞋垫，诸多产品都被某些商家与纳米联系起来，仿佛人们一下子就进入了纳米时代，不管什么产品，若不是纳米的，好像就要马上淘汰出局一般。

　　请思考，以纳米添加剂为附加物，把它添到别的产品里会产生什么效应呢？

思考与练习11-3
参考答案

三、焦点法

焦点法是以特定的问题作为焦点，强制地把随机选出的要素结合在一起，以促使新的创意思路产生的创新方法，它是在综合强制联想和自由联想的基础上所形成和发明的。

焦点法的实质在于把几个偶然选择的对象的特征用于所要改进的对象，即焦点对象，从而摆脱心理惰性的束缚，形成新的组合结果。例如，如果偶然选择的对象为虎，而所要改进的对象（焦点对象）为毛笔，那么把虎的特征与毛笔结合起来，就形成新的组合："条纹状毛笔"（指虎皮的特征），"凶猛的毛笔"（指虎的本性特征），"巨齿獠牙的毛笔"（虎的牙齿特征），等等。

焦点法有两个要点：

第一，要以人们所感兴趣的问题焦点为突破口，激发联想，来解决陷于困境的创造、设计等思路，开拓工作。

例如，在设计某商品的广告时，往往会出现很难从该商品的形象和联想中萌发出独辟蹊径的设想的困境。这时，可以考虑一下人们所感兴趣的问题，诸如，"当前的话题""自己的希望""家庭琐事""季节感""博得人缘""适合形势的事件"等，然后以此为突破口，把它们全部与商品联系起来，就可以构思出商品的精彩广告。

第二，要从各个方面随机挑选与主体无关的因素，强制联想，如果需要，可进一步联想扩展，以引导创造思路。

焦点法的特点就是无限地进行联想，并且与特定的要素相结合。

焦点法的应用领域很广，从新产品的开发到设计广告乃至随笔和小说的写作等。

1. 焦点法的实施步骤

焦点法具体的做法，主要是持续地进行自由联想，并且巧妙地使联想与主题发生联系，至于联系的要素，应该选择能够使人们感兴趣的要素。

① 选择焦点。焦点就是你希望创新的事物，或者是准备推广的新产品、新技术、新思想，将其填入中心圆圈。

② 列举与焦点无关的事物或传统的产品、技术和思想。列举时可以从多方面、多角度罗列，尽量避免罗列与焦点事物相近的东西。将所选的内容逐一填入环绕焦点四周的小圆圈内。

③ 分别将中心圆圈与周围的小圆圈连接，得到多种组合方案。

④ 展开联想或采取头脑风暴法，对每种组合提出创造性设想。

⑤ 评价所有的设想方案，筛选出新颖实用的最优方案。

2. 运用焦点法的实例

焦点法是推敲具有某种特定要素的问题的方法，它可以形成千姿百态的设想。在新产品的开发、广告制作等方面，只要针对主题决定各种要素，就可以开始进行自由联想，相当有效。

【思考与练习11-4】

运用焦点法设计新型椅子。

第一步，指定椅子为创造对象，椅子就是思考的焦点，即思考过程中的不变项。

第二步，列举与椅子无关的事物或技术，例如灯泡等。

第三步，将作为焦点的椅子与灯泡等其他外围事物逐一相连。

第四步，对每种组合进行联想，例如椅子与灯泡联系，可以考虑设计的椅子种类为：玻璃制的椅子、球形椅子、螺旋插入组合椅子、电动椅子、遥控椅子、可发光椅子等。

对于每一想法还可以进一步展开联想，以球形椅子为例，球形—球形植物—花朵—花样式的椅子—花的香味—带香味的椅子—花的颜色—各种花朵图案和颜色的椅子……

第五步，从上述设计方案中选出新颖实用并且具有市场价值的椅子进行试制。

四、分解法

【案例11-6】可拆卸360°旋转插座

在传统的插座设计中，插座通常是固定不可拆卸的。但实际使用时某个空间可能仅需要用到一两个插座接口，而另外的空间可能需要用到更多的插座接口。人们只能根据特定需要购买特定大小的插座，用起来不够灵活多变，而且存在两个相邻的插座因为某个插座尺寸过大而无法同时使用的状况。如果把每一个插座进行分离，插座由一个一个分离状态的子插座组成，人们用到几个插座接口，就组合几个插座，并且每个插座都设计成立体且可自由旋转的，不就可以有效避免传统插座带来的困扰了吗？如图11-19所示，这款多功能旋转可拆卸插座打破了传统插座的设计局限，将壳体、电路板、连接头等进行分解，插座体由多枚可以360°旋转的不同类型插座构成，成为非常有创意的家居用品。

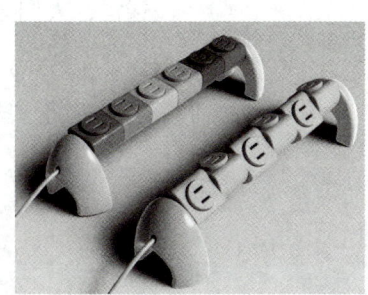

图11-19 可拆卸360°旋转插座

1. 分解法的概念

视频 11-4

分解与组合是两种互为逆向的创新方法，分解是通过对某一事物（原理、结构、功能、用途等）进行分解以求创新的方法；组合则是由两个或两个以上的技术因素组合在一起而形成的方法。分解并不仅仅是一个简单分离的过程，从什么角度加以分解有一定的技巧；组合也并非简单的堆砌和罗列，组合偏重于系统性和目的性，既要符合创新者的意图又要形成一个完善的体系。在具体的创新过程中，分解与组合往往同时使用，形成一种互补式的创新方法。

一般来说，在创新活动中，分解是组合的前提，新组合的诞生往往建立在对旧事物分解的基础上。比如，活字印刷术就是一种典型的建立在分解基础上的新组合。组合则是分解的目的，事物分解的首要依据就是为了实现更有效的组合。比如，多功能螺丝刀将刀头和刀把加以分解，刀头可以随意更换，这种分解就是为了实现多个刀头和刀把之间的有效组合，以便应对不同类型的螺丝。

分解法是一种将看似一个整体的事物（原理、结构、功能、用途等）经过巧妙的分割从而实现创新的方法。这里的分解并不是简单的拆分，而是有目的、有意义的分开，使一个整体成为相互独立的几个部分。有时候可以将其中不太合适的部分加以抽离，如手机就是在座机基础上抽离了机身，仅对听筒部分加以改造和完善形成的；有时候可以将其中有益的部分发展成独立的整体，脱离原来的母体单独存在，比如将电脑的硬盘从电脑中抽离出来，变成了现在可以独立使用的移动硬盘；有时候可以通过拆分实现不同部分更加有效的配合，比如将地板分解成小块，是为了实现地板块之间更加灵活的组合。

通常，人们会将一些事物理所当然地视为一个整体，但事实上，这些事物之所以是现在这个样子，往往出于一种偶然，而并非是经过严密论证的结果。换句话说，人们完全可以将这些事物加以拆解，结果往往出人意料。我们通常看到的钟表，时针、分针、秒针都是放置在一起的，如果将它们分开会产生什么效果呢？如图11-20所示，时针、分针、秒针被单独拆解出来，是不是会看得更清楚一些呢？再比如，我们平时常用的自行车大多是两轮的结构，如果从两轮自行车这个整体中拆解出一个轮子，则可以设计出独轮自行车。

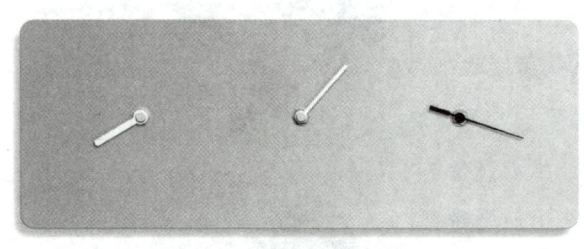

图 11-20 指针分开的钟表

分解法不仅有助于突破陈旧的观念和思维定势，也有助于拓展和建立不同事物之间的联系，增加事物之间变化的可能性。有些美妙的图画分解来看，就会发现其用以构图的基本图案元素少之又少，有些画家甚至仅用一个简单的图案元素，如圆点、三角形、直线，就能完成一幅巨制。因此，如果将一个完整的事物分解成一些简单的元素，那么就可以将这些元素再重新组合成另外的一种事物，这样就打通了事物之间的界限，带来新奇的变化。

比如，对于每天接触电脑的人来说，都需要一张电脑桌来摆放常用物品。可是你有没有想过让自己的桌子变得很酷呢？惠普公司就曾做过这样一个炫酷的电脑桌设计，如图11-21所示，惠普公司将其电脑包装盒分解成一张张长方形卡片，按照说明书就能组装成一个简易又环保的电脑桌。这个惠普纸板制作的电脑桌组装起来非常简便，可以承载66磅的重量，足够为普通用户提供办公场所。除了它一体式光滑的纸板顶外，额外的250个人形纸板板条则用来形成一个连锁蜂窝一样的结构，实现承重功能。通过对电脑包装盒进行分解再组合制作完成的桌子，看起来相当令人惊奇。

图11-21　环保电脑桌

分解法通过对局部的去除、置换和更新，将有助于增加事物的多效性和灵活性。为了增加事物的功效，人们常常会采取组合的策略，不断为事物增加配件。但实际上，有些组合是建立在分解的基础上的，往往要先将整体打破，选出需要增加或完善的部分，才能实现更好的组合。比如，高跟鞋是女性服饰中不可缺少的重要元素，不同风格的服饰需要搭配不同高度、不同样式的鞋。如果能有一双可以随意变换鞋跟高度的鞋子那就再好不过了，如图11-22所示，通过将鞋体与鞋跟分离，就能很容易地解决这个难题。

图11-22　鞋体与鞋跟分离

2. 分解法的操作步骤

分解法的操作比较简单，其基本应用步骤如下。

第一步，选取一个完整的事物作为对象。比如，以闹钟为例。

第二步，根据需要将对象进行分解。可以将闹钟分解成闹钟开关和闹钟主体两部分。

第三步，通过对分解的各个部分进行分割、抽离、删除、置换或改造形成新事物。比如，将闹钟开关和闹钟主体分开放置，将开关放在洗手间，闹钟响时就不得不起床到洗手间将闹钟关闭，这样有助于起早，避免赖床。

分解法的关键在于分解方式的选取，不同的分解方式将带来不同的效果。分解法的实质在于通过整体还原成部分的方式，重新审视部分对整体的意义及部分与部分之间的关系，通过部分的变换带来整体的改变。

【案例11-7】组分型创新方法在救生圈设计中的应用

救生圈是一种水上救生设备，我们常见的救生圈通常由软木、泡沫塑料等密度较小的轻型材料制成，外部包上帆布、塑料等。充分运用组分型创新方法，你能更好地设计出新式的救生圈，更好地帮助人们进行水上救生吗？比如，在距离比较近的海边游泳嬉戏时发现有人溺水，如何用救生圈进行施救？又比如，当人们不幸落水又一时得不到救援时，应该如何利用救生圈尽可能地减小体力消耗？再比如，有一批落水者散落在海面上需要救援，救生圈可以自动组合在一起吗？在这样的一些场景中，我们应该如何更好地设计救生圈？

结合本章内容，让我们一起来看看几款极富创造性的救生圈设计。

在有人溺水的场所，我们多么希望能扔个救生圈过去救人一命，但前提是我们能把救生圈准确地扔到溺水者身边，如果距离太远、力量有限，怎么办？为此，韩国设计师设计了一款遥控救生圈，如图11-23所示，这款救生圈内部设置有4个方向的螺旋桨，外设遥控器装置，在紧急情况下，即便人们不能将救生圈扔到溺水者身边，也可以继续通过遥控器控制救生圈移动的位置，帮助救生圈移动到溺水者身边。

当人们不幸溺水，长时间漂浮在水中等待救援时，多么希望能有一款救生设备能够帮助落水者改变身体的姿势，一方面尽可能地节省体力，延长等待救援的时间，另一方面防止因乏力从救生圈中滑落。设计师Chou Yi-Chun等人设计了一款坐式救生圈，如图11-24所示，救生圈的侧边有一根宽宽的带子，使用的时候，将带子放下，就能变成一个类似凳子一样的东西，让人相对轻松地"坐在"救生圈里，而不是双手张开去支撑自己的身体。这款设计非常适合用于船舶等水上设备，相较于传统救生圈，坐式救生圈可以减少等待救援者的体力消耗，提升成功获救的概率。

关于救生圈，还能怎样来设计呢？如图11-25所示，这是由众多设计师联手设计的一款名为"network tube"的概念救生圈，不仅外形设计上有很大的不同，功能上也有很大的提升。这个救生圈除了可以让落水者漂浮在水面上，它还拥有GPS定位功能，救生圈之间可以通过磁吸附的方式连接在一起。试想，散落在水面上的落水者如果有了这样一款救生圈，大家因救生圈的磁吸附功能挤在一起，不仅能提升彼此的士气，而且便于集中救援，增加了生存的机会。

图11-23 遥控救生圈

图11-24 坐式救生圈

图11-25 磁力吸引救生圈

以上救生圈的创造性设计充分体现了组分型创新方法的应用。通过前面内容的介绍和学习，通过对案例的反推，你能总结出形态分析法、信息交合法、主体附加法、焦点法、分解法等组分型创新方法是如何应用在救生圈设计中的吗？你还能利用组分型创新方法继续寻找到更多救生圈设计思路吗？

本章部分四色
插图

【思考与练习11-5】

　　刀具是每个家庭必不可少的生活用品，但是对于有儿童的家庭来说，它又会成为很危险的工具。请运用组分型创新方法，设计出一款新型的刀具收纳装置，避免儿童接触，防止危险的发生。

思考与练习11-5
参考答案

第十二章 创新的程序化方法——TRIZ入门

你可以等待100年获得顿悟，也可以利用TRIZ理论15分钟解决问题。

——［苏联］根里奇·阿奇舒勒

最有效的解决办法

俗话说:"萝卜白菜,各有所爱。"当条件受限时,比如土地面积一定时,爱吃萝卜和爱吃白菜的人会产生矛盾,到底种什么好呢?常规的解决方案可能是萝卜白菜各种一半面积。这种解决方案就是传统设计中典型的折中法,结果是两个需求都只满足了一半,谁都没有达到完全满意。

一条马路要穿过校园,于是问题就出现了:怎样使所有通过该路段的司机全程都低速行驶呢?人们讨论后得出了两个方案:把这段马路全都画上"斑马"线,或者把该地段的道路改造成波浪形(Z字形)曲折道路。第一个办法花费很少,但是成效很差;第二个办法代价昂贵,但却相对牢靠。当然,最好的办法就是把两个方案的优点结合起来,使他们的缺点都消失,你有什么好办法?

产品设计中,我们经常会遇到类似种植萝卜白菜的矛盾,传统的解决方案就是折中法,结果我们的产品性能总是在低水平上徘徊。那么,有没有办法来得到更优的解决方案,从而将我们的产品整体提高一个水平呢?

答案是肯定的,那就是TRIZ(发明问题解决理论)。

萝卜有价值的是地下的部分,而白菜有价值的是地上的部分。TRIZ解决问题的思路是将有用的部分结合起来,去除无用的部分。如果种植一种兼具白菜叶和萝卜根的蔬菜,那么爱吃萝卜和爱吃白菜的两个需求均得到最大化的实现。2015年武汉生物工程学院生命科学与技术学院郭书奎老师的实验室里已经培育出了这种蔬菜,土地上是白菜叶,根部却长着萝卜。这是嫁接培育的新品种"萝卜+白菜",由于都是冬季受老百姓欢迎的蔬菜,郭老师还给它们起了个好听的名字叫"冬宝儿"(如图12-1所示)。

图12-1 "萝卜+白菜"

同样,运用TRIZ这种神奇的方法让我们来解决校园道路的问题,就使问题变得很简单了——在普通道路上画上扭曲的斑马线,使它看起来就像波浪路面上的斑马线一样,让司机们大脑中的条件反射精确地发挥着作用。这种方法达到了价格和效果的最优结合(如图12-2所示)。

感兴趣吗?让我们一起来揭开TRIZ这种神奇理论的面纱吧!

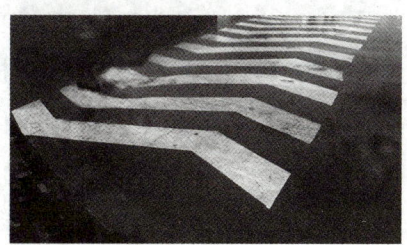

图12-2 Z形斑马线

第一节　TRIZ起源

一、何为TRIZ

视频12-1

TRIZ来源于"发明问题解决理论"（теории решения изобретательских задач）的俄文表述，它们的首字母缩写为"ТРИЗ"，把俄文转换成拉丁文（teoriya resheniya izobreatatelskikh zadatch）以后，就成为我们今天所看到的TRIZ。因此，TRIZ只是一个特殊缩略语，既不是俄文也不是英文。TRIZ的英文同义词为"theory of inventive problem solving"，缩写为"TIPS"。由此，不管是俄文的"ТРИЗ"，拉丁文的"TRIZ"，还是英文的"TIPS"，说的都是同一个意思——"发明问题解决理论"。TRIZ简单来说就是依据技术进化理论，指导人们循序渐进地进行创新思维的方法。它起源于苏联，曾作为苏联国家机密和专有创新技术，在军事、工业、航空航天等领域发挥着巨大的作用。苏联解体前，美国等西方国家惊诧于苏联在军事、工业领域的创造能力和创新奇迹，曾围绕TRIZ理论展开了长久的情报谍战。随着苏联解体，大批TRIZ大师和TRIZ研究者移居西方国家传播和发展相关学说，TRIZ受到了世界各国极大的重视，其研究和实践得到了迅速普及和发展。目前，TRIZ已应用于世界五百强的众多企业，以能够有效提升人们的创新能力和快速解决各行各业的技术与管理难题而蜚声全球。

国际著名TRIZ专家Savransky给出了TRIZ的定义：TRIZ是一种基于知识的、面向人的解决发明问题的系统化方法学，包含如下的内涵：

（1）TRIZ是种基于知识的方法。这种知识包括：① 解决发明问题启发式的知识，这些知识是从世界范围250万件专利中抽象出来的，在抽象过程中采用为数不多的基于产品进化理论的客观启发式方法；② 自然科学及工程技术中的效应知识；③ 技术问题领域的知识，包括技术本身及与该技术相似或相反的技术。

（2）TRIZ是面向人的方法，而不是面向机器的。TRIZ理论本身是基于某系统分解为有益和有害功能的实践，这些分解取决于人对问题和环境的认识，其本身就有随机性。类似计算机这样的机器在问题解决过程仅起一种支持作用，为处理这些随机问题的设计者们提供一定的工具和方法，而不能完全代替人的作用，人的中心地位得到完全肯定。

（3）TRIZ是系统化的方法。运用TRIZ解决问题的过程就是一个系统化的、方便应用已有知识的过程。

（4）TRIZ是发明问题解决理论。TRIZ研究人类进行发明创造、解决技术难题过程中所遵循的科学原理和法则，并将这些原理和法则用于解决实际设计工作中所遇到的新问题。

二、TRIZ的诞生和发展

TRIZ理论由苏联科学家根里奇·阿奇舒勒（G.S.Altshuller，1926—1998）创立，始于1946年。最初，他从20万份专利中筛选出符合要求的4万份作为各种发明问题的最有效的解，然后从中抽象出了解决问题的基本方法，这些方法蕴含着人类进行科学研究和发明创新背后所遵循的客观规律，可以普遍适用于新出现的发明问题，帮助人们获得这些发明问题的最有效的解。后来，在阿奇舒勒的领导下，由苏联的研究机构、大学、企业组成的TRIZ研究团体分析了世界近250万份高水平的发明专利，极大地充实了TRIZ的理论和方法体系。

扩展阅读12-1
阿奇舒勒的传奇人生

1956年，阿奇舒勒在《心理学问题》杂志发表了他的第一篇文章——《发明创造心理学》，文中讨论了发明创造力理论的发展问题并提出以下观点：

① 问题解决方法的关键在于对系统矛盾的发现与排除；

② 问题解决方法的策略可通过分析最重要的发明专利而得到；

③ 问题解决方法的策略必须得到技术系统发展规律的支持。

1961年，阿奇舒勒出版了第一本有关TRIZ理论的著作《怎样学会发明创造》，文中提出了如下观点：

① 有15 000对技术矛盾，运用发明的基本原理后可以相对容易地解决；

② 存在无数的发明任务，但任务的类型却很少；

③ 存在典型的系统冲突和确认这些冲突的技术步骤。

1969年，阿奇舒勒出版了他的新作《发明大全》。在这本书中，他为读者提供的40个创新原理成为解决复杂发明问题的第一套完整的法则。至此，TRIZ的核心理念已经确立，这是TRIZ在发展起点上就不同于其他发明方法学的最与众不同之处。

在以后的时间中，阿奇舒勒毕生致力于TRIZ理论的研究，并于1970年创办了一所进行TRIZ理论研究和推广的学校，培养了很多TRIZ应用方面的专家。在阿奇舒勒的领导下，由苏联的研究机构、大学、企业组成的TRIZ研究团体，分析了世界近250万份高水平的发明专利，总结出各种技术发展进化遵循的规律模式，以及解决各种技术矛盾和物理矛盾的创新原理和法则，建立了一个由解决技术实现创新开发的各种方法、算法组成的综合理论体系，并综合多学科领域的原理和法则，最终建立起较为完善的TRIZ理论和方法体系。

苏联解体后，TRIZ理论传入其他国家，在欧洲、美国、日本、韩国等世界各地得到了广泛的研究与应用。在俄罗斯，TRIZ理论已广泛应用于众多高科技工程（特别是军工）领域；欧洲以瑞典皇家工科大学（KTH）为中心，集中十几家企业实施了利用TRIZ进行创造性设计的研究计划；日本从1996年开始不断有杂志介绍TRIZ的理论方法及应用实例；以色列也成立了相应的研发机构；美国有诸多大学相继进行了TRIZ技术研究……世界各地有关TRIZ的研究咨询机构相继成立，TRIZ理论和方法在众多跨国公司得以迅速推广。

经过半个多世纪的发展，TRIZ理论和方法已经发展成为一套解决新产品开发实际问题的成熟的理论和方法体系，并经过实践的检验，为众多知名企业和研发机构创造了巨大的经济效益和社会效益。20世纪90年代末，TRIZ理论引入中国，天津大学牛占文教授在《中国机械工程》上发表论文《发明创造的科学方法——TRIZ》，此后TRIZ理论逐渐得到国内诸多专家、科研机构及公司的重视。

第二节　TRIZ理论的基本思想

一、TRIZ理论的核心思想

阿奇舒勒经研究获得了以下三条重要发现：第一，类似的问题与解决办法在不同的工业及科学领域交替出现，即创新存在规律性；第二，技术系统进化的模式在不同的工程及科学领域交替出现，即"他山之石，可以攻玉"；第三，创新所依据的科学原理往往属于其他领域，即"拓宽思路、打破思维定势"。这三条发现构成了经典TRIZ理论的核心思想。

随着TRIZ理论的发展，学者们把现代TRIZ理论的核心思想归结为以下三个方面：

① 无论是一个简单的产品还是复杂的技术系统，其核心技术的发展都是遵循着客观的规律发展演变的，即具有客观的进化规律和模式。例如，手机从单色屏到彩屏，从按键输入到语音输入、触屏输入，从图形化界面到动画界面。

视频12-2

② 各种技术困难、冲突和矛盾的不断解决是推动这种进化过程的动力。即当一个技术系统的进化完成四个阶段后，必然会出现一个新的技术系统来替代它，如此不断地替代。如气垫船的进化过程是按照划艇→帆船→轮船→汽船→水翼船→气垫船不断进化的。

③ 最后，技术系统发展的理想状态是用尽量少的资源实现尽量多的功能。例如，手机从按键输入到触屏输入，实现了资源利用的最优化。

二、TRIZ的理论体系

TRIZ包含着许多系统、科学而又富有可操作性的创造性思维方法和发明问题的分析方法及解决工具。

经过半个多世纪的发展，TRIZ形成了9大经典理论体系：技术系统进化法则、最终理想解、40个发明创新原理、39个工程参数和阿奇舒勒矛盾矩阵、物理矛盾和分离原理、物场模型分析、发明问题的标准解法、发明问题解决算法（ARIZ）、科学效应和现象知识库。其中，应用39个工程参数、矛盾矩阵和40个发明创新原理来解决技术矛盾问题；应用分离原理来解决物理矛盾；应用物场模型和76个标准解，通过系统实施最小改变来解决问题；通过因果链分析来找出根源问题；应用S曲线分析和技术系统进化法则，可以预测下一代产品，实现渐进式创新或突破性创新；而对于相对比较模糊的问题，则可以采用ARIZ算法和功能导向搜索来寻求解决方案；如果问题的解决需要领域外知识，则可以借助科学效应与知识库来完成。现代TRIZ分析工具增加了功能模型与功能分析、因果链分析。

图12-3给出了TRIZ的理论体系。TRIZ的理论体系是以辩证法、系统论和认识论为哲学指导，以自然科学、系统科学和思维科学的分析及研究成果为支柱，以技术系统进化法则为核心思想，以技术系统（如产品）或技术过程（如工艺流程）、进化中的矛盾、解决矛盾的资源、进化的理想化方向为四大基本概念。TRIZ同时包括了解决工程矛盾问题和复杂发明问题所需的各种分析方法、解题工具和算法流程。

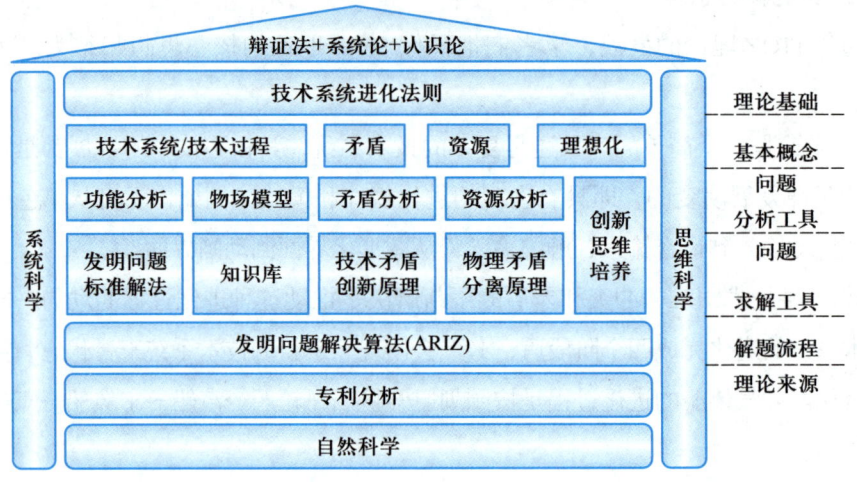

图12-3　TRIZ的理论体系

1. 技术系统进化法则

针对技术系统进化演变规律，TRIZ理论提出八个基本进化法则。利用这些进化法则，可以分析确认当前产品的技术状态，并预测未来发展趋势，开发富有竞争力的新产品。

（1）技术系统

技术系统由多个子系统组成，并通过子系统间的相互作用实现一定的功能，简称为系统。子系统本身也是系统，是由元件和操作构成的。系统的更高级系统称为超系统。例如，汽车作为一个技术系统，轮胎、发动机、方向盘等是汽车的子系统。而每辆汽车都是整个交通系统的组成部分，因此对于汽车而言，交通系统就是汽车的超系统。技术系统进化就是指实现系统功能的技术从低级向高级变化的过程。对于一个具体的技术系统来说，对其子系统或元件进行不断改进，以提高整个系统的性能，就是

视频12-3

技术系统的进化过程。

（2）技术系统进化S曲线

通过对大量专利的分析，阿奇舒勒发现技术的性能随着时间的变化规律呈S曲线变化，但进化过程是靠设计者推动的，新技术的引入使其不断沿着某些方向进化。TRIZ中的S曲线如图12-4所示，S曲线描述了一个技术系统的完整生命周期，图中横轴代表时间，纵轴代表技术系统的某个重要性能参数（如飞机这一技术系统中，飞机的速度、安全性等都是其重要的性能参数）。一个技术系统的进化一般经历4个阶段，分别是婴儿期、成长期、成熟期、衰退期，每个阶段都会呈现出不同的特点。

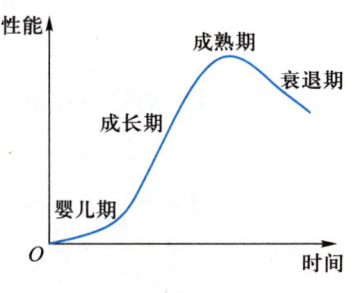

图12-4 技术系统进化S曲线

（3）技术系统进化法则

技术系统进化法则是技术系统为提高自身有用功能，从一种状态过渡到另一种状态时，系统内部组件之间、系统组件与外界环境间本质关系的体现。即技术系统与生物系统一样，也有一个进化发展的过程，并且这个进化发展过程具有一定的规律性，这些技术系统进化发展的规律就是技术系统进化法则。技术系统发展的不同阶段会出现不同的进化特征，结合技术系统进化的S曲线，技术系统进化法则如图12-5所示。

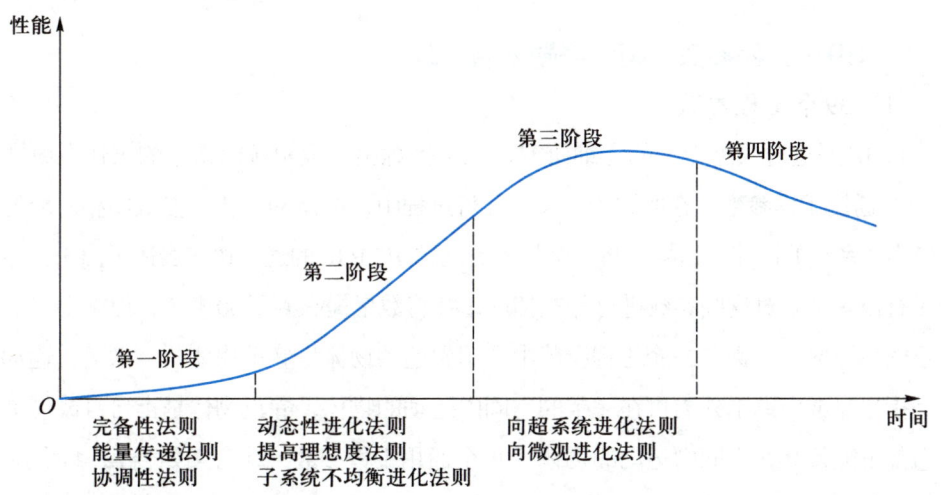

图12-5 技术系统进化法则

2. 最终理想解

TRIZ理论在解决问题之初，首先抛开各种客观限制条件，通过理想化来定义问题的最终理想解（ideal final result，IFR），以明确理想解所在的方向和位置，保证在问题解决过程中沿着此目标前进并获得最终理想解，从而避免了传统创新涉及方法中缺乏目标的弊端，提升了创新设计的效率。如果将创造性解决问题的方法比作通向胜利的桥梁，那么最终理想解就是这座桥梁的桥墩。最终理想解有四个特点：保持了原系统的优点、消除了原系统的不足、没有使系统变得更复杂、没有引入新的缺陷。当确定了待设计产品或系统的最终理想解之后，可用这四个特点检查其有无不符合之处，并进行系统优化，以确认达到或接近最终理想解为止。

【案例12-1】割草机改进

割草机在割草时发出噪声、消耗能源、产生空气污染，高速飞出的草屑有时会伤害到操作者。现在的任务是改进已有的割草机，解决噪声问题。

传统设计中，为了达到降低噪声的目的，一般的设计者要为系统增加阻尼器、减震器等子系统，这不仅增加了系统的复杂性，而且增加的子系统也降低了系统的可靠性。显然，这不符合IFR的四个特点中的后两个。

如果用IFR来分析问题，会得到截然不同的创新设计方案。

先确定客户需求是什么，客户需要的是漂亮整洁的草坪，割草机并不是客户的最终需求，只是维护草坪的一个工具，割草机具有维护草坪整洁的一个有用功能之外，带来的是大量的无用功能。从割草机与草坪构成的系统看，其IFR为草坪上的草始终维持一个固定的高度，为此就诞生了"漂亮草种"，这种草生长到一定高度就停止生长，割草机不再被需要，问题得到理想解决。

3. 39个工程参数和阿奇舒勒矛盾矩阵

（1）39个工程参数

TRIZ通过对大量专利的详细研究，总结提炼出工程领域内常用的表述系统性能的39个通用工程参数。在问题的定义、分析过程中，选择39个工程参数中相对应的参数来表述系统的性能，这样就将一个具体的问题用TRIZ的通用语言表述了出来。尽管现在有很多学者对这些参数进行补充拓展，并将数量提高到了50多个，但本书仍然只介绍核心的39个参数。39个工程参数中常用到运动物体与静止物体两个术语，运动物体是指自身或借助于外力可在一定的空间内运动的物体，静止物体是指自身或借助于外力都不能使其在空间内运动的物体。39个通用工程参数具体含义如表12-1所示。

表12-1　39个通用工程参数表

序号	名称	定义	类型
1	运动物体的重量	在重力场中运动物体所受的重力	A
2	静止物体的重量	在重力场中静止物体所受的重力	A
3	运动物体的长度	运动物体的任意线性尺寸，不一定是最长的	A
4	静止物体的长度	静止物体的任意线性尺寸，不一定是最长的	A

序号	名称	定义	类型
5	运动物体的面积	运动物体内部或外部所具有的表面或部分表面的面积	A
6	静止物体的面积	静止物体内部或外部所具有的表面或部分表面的面积	A
7	运动物体的体积	运动物体所占有的空间大小	A
8	静止物体的体积	静止物体所占有的空间大小	A
9	速度	物体运动的方向和位置变化的快慢	A
10	力	两个系统之间的相互作用，试图改变物体状态的任何作用	A
11	应力或压力	单位面积上的力	A
12	形状	物体外部轮廓，或系统的外貌	A
13	结构的稳定性	系统的完整性及系统组成部分之间的关系，磨损、化学分解及拆卸都降低稳定性	C
14	强度	物体对外力作用的抵抗程度	C
15	运动物体作用时间	运动物体完成规定动作的时间、服务期	B
16	静止物体作用时间	静止物体完成规定动作的时间、服务期	B
17	温度	物体或系统所处的热状态，包括其他热参数，如影响改变温度变化速度的热容量	A
18	光照度	单位面积上的光通量，系统的光照特性，如亮度、光线质量	A
19	运动物体的能量	能量是物体做功的一种度量	B
20	静止物体的能量	能量是物体做功的一种度量	B
21	功率	单位时间内所做的功，即利用能量的速度	A
22	能量损失	做无用功的能量	B
23	物质损失	部分或全部、永久或临时的材料、部件或子系统等物质的损失	B
24	信息损失	部分或全部、永久或临时的数据损失	B
25	时间损失	指一项活动所延续的时间间隔，改进时间的损失是指减少一项活动所花费的时间	B
26	物质或事务的数量	材料、部件及子系统等的数量，它们可以部分或全部、临时或永久地被改变	B
27	可靠性	系统在规定的方法及状态下完成规定功能的能力	C
28	测试精度	系统特征的实测值与实际值之间的误差，减少误差将提高测试精度	C
29	制造精度	系统或物体的实际性能与所需性能之间的误差	C
30	物体外部有害因素作用的敏感性	物体对外部或环境中的有害因素作用的敏感程度	B

序号	名称	定义	类型
31	物体产生的有害因素	有害因素将降低物体或系统的效率，或完成功能的质量	B
32	可制造性	物体或系统制造过程简单、方便的程度	C
33	可操作性	要完成的操作应需要较少的操作者、较少的步骤及使用尽可能简单的工具	C
34	可维修性	对于系统可能出现失误所进行的维修要时间短、方便和简单	C
35	适应性及多用性	物体或系统适应外部变化的能力，或应用于不同条件下的能力	C
36	系统的复杂性	系统中元件数目及多样性，掌握系统的难易程度是其复杂性的一种度量	C
37	监控与测试的困难程度	系统复杂、成本高，需要较长的时间建造及使用，监控或测试困难，测试精度高	C
38	自动化程度	系统或物体在无人操作的情况下完成任务的能力	C
39	生产率	单位时间内所完成的功能或操作数	C

注：参数类型中A为物理和几何参数（15种），B为消极参数（11种），C为积极参数（13种）。

（2）阿奇舒勒矛盾矩阵

阿奇舒勒通过对大量专利的研究、分析、比较、统计，归纳出了当39个工程参数中的任意两个参数产生矛盾时，化解该矛盾所使用的发明原理，这就是著名的40个发明创新原理。阿奇舒勒还将工程参数的矛盾与发明创新原理建立了对应关系，整理成一个39×39的矩阵，如表12-2所示，以便使用者查找。这个矩阵称为阿奇舒勒矛盾矩阵，矩阵的横轴表示希望得到改善的参数，纵轴表示改善相应参数引起恶化的参数，横纵轴各参数交叉处的数字表示用来解决系统矛盾时所使用发明创新原理的编号。

表12-2　阿奇舒勒矛盾矩阵简表

恶化的参数	改善的参数				
	32 可制造性	33 可操作性	34 可维修性	35 适应性及多用性	36 系统的复杂性
1. 运动物体的重量	27,28,1,36	35,3,2,24	2,27,28,11	29,5,15,8	26,30,36,34
2. 静止物体的重量	28,1,9	6,13,1,32	2,27,28,11	19,15,29	1,10,26,39
3. 运动物体的长度	1,29,17	15,29,35,4	1,28,10	14,15,1,16	1,19,26,24
4. 静止物体的长度	15,17,27	2,25	3	1,35	1,26
5. 运动物体的面积	13,1,26,24	15,17,13,16	15,13,10,1	15,30	14,1,13
6. 静止物体的面积	40,16	16,4	16	15,16	1,18,36

恶化的参数	改善的参数				
	32 可制造性	33 可操作性	34 可维修性	35 适应性及多用性	36 系统的复杂性
7. 运动物体的体积	29,1,40	15,13,30,12	10	15,29	26,1
8. 静止物体的体积	35		1		1,31
9. 速度	35,13,8,1	32,28,13,12	34,2,28,27	15,10,26	10,28,4,34
10. 力	15,37,18,1	1,28,3,25	15,1,11	15,17,18,20	26,35,10,18
11. 应力或压力	1,35,16	11	2	35	19,1,35
12. 形状	1,32,17,28	32,15,26	2,13,1	1,15,29	16,29,1,28
13. 结构的稳定性	35,19	32,35,30	2,35,10,16	35,30,34,2	2,35,22,26

注：由于39×39的矛盾矩阵太大，此处只列出部分简表。

4. 物理矛盾和分离原理

当一个技术系统的工程参数具有相反的需求，就出现了物理矛盾。比如说，要求系统的某个参数既要出现又不存在，或既要高又要低，或既要大又要小，等等。相对于技术矛盾，物理矛盾是一种更尖锐的矛盾，创新中需要加以解决。物理矛盾所存在的子系统就是系统的关键子系统，系统或关键子系统应该具有满足某个需求的参数特性，但另一个需求要求系统或关键子系统又不能具有这样的参数特性。分离原理是阿奇舒勒针对物理矛盾的解决而提出的，分离方法共有11种，归纳概括为4大分离原理，分别是空间分离、时间分离、条件分离和整体与部分的分离。

5. 物场模型分析

阿奇舒勒认为，每一个技术系统都可由许多功能不同的子系统所组成，因此，每一个系统都有它的子系统，而每个子系统都可以再进一步地细分，直到分子、原子、质子与电子等微观层次。无论大系统、子系统还是微观层次，都具有功能，所有的功能都可分解为两种物质和一种场（即三元素组成）。在物场模型的定义中，物质是指某种物体或过程，可以是整个系统，也可以是系统内的子系统或单个的物体，甚至可以是环境，取决于实际情况。场是指完成某种功能所需的手法或手段，通常是一些能量形式，如磁场、重力场、电能、热能、化学能、机械能、声能、光能等。物场模型分析是TRIZ理论中的一种分析工具，用于建立与已存在的系统或新技术系统问题相联系的功能模型。

6. 发明问题的标准解法

发明问题的标准解法是阿奇舒勒于1985年创立的，共有76个，分成5级，各级中解法的先后顺序也反映了技术系统必然的进化过程和进化方向，标准解法可以将标准问题在一两步中快速进行解决。标准解法是阿奇舒勒后期进行TRIZ理论研究的最重要的课题，同时也是TRIZ高级理论的精华。标准解法也是解决非标准问题的基础，非标准问题主要应用ARIZ来进行解决，主要思路是将非标准问题通过各种方法进行变化，转化为标准问题，然后应用标准解法来获得解决方案。

7. 发明问题解决算法

发明问题解决算法ARIZ（俄文词头，对应英文为algorithm for inventive problem solving）是发明问题解决过程中应遵循的理论方法和步骤，是基于技术系统进化法则的一套完整问题解决的程序，是针对非标准问题而提出的一套解决算法。ARIZ的理论基础由以下3条原则构成：ARIZ通过分析确定和解决引起问题的技术矛盾；问题解决者一旦采用了ARIZ来解决问题，其惯性思维因素必须被加以控制；ARIZ也不断地获得广泛的、最新的知识基础的支持。ARIZ最初由阿奇舒勒于1977年提出，随后经过多次完善才形成比较完善的理论体系，包括9大步骤：分析问题、分析问题模型、陈述IFR和物理矛盾、动用物场资源、应用知识库、转化或替代问题、分析解决物理矛盾的方法、利用解法概念、分析问题解决的过程。

8. 科学效应和现象知识库

科学原理，尤其是科学效应和现象的应用，对发明问题的解决具有超乎想象的、强有力的帮助。应用科学效应和现象应遵循5个步骤，解决发明问题时会经常遇到需要实现的30种功能，这些功能的实现经常要用到100个科学效应和现象。

许多文献把9大经典理论体系分成了3个组成部分：一是问题分析的基础理论，主要指技术系统进化法则；二是问题分析的工具，包括冲突分析、物场分析、ARIZ算法等；三是基于知识的工具，包括40个发明创新原理、39个工程参数和矛盾矩阵、分离原理、76个标准解法、科学效应和现象知识库等。基于知识的工具和分析工具的不同之处在于，基于知识的工具指出了解决问题的过程和系统转换方式，而分析工具只用于改变问题的描述。以技术系统进化法则为基础，通过应用分析工具对待解决技术系统问题进行分解分析，建立相应的问题模型，然后选择相应的解决问题工具来获取问题解决方案。

三、TRIZ 的解决问题模式

TRIZ 的解决问题模式如图 12-6 所示。一般来说，针对一个发明问题，如果采用试错法求解，就像走迷宫一样很难找到问题的解。对于某一特殊的发明问题，TRIZ 解决问题时先采用 TRIZ 分析工具，将特殊的发明问题转化为 TRIZ 标准问题，然后采用基于知识的 TRIZ 工具，找到 TRIZ 标准方案。一般来说，TRIZ 标准方案不是直接方案，需要经过联想、类比等创新思维和创新方法将标准方案从一般到特殊地映射到具体问题中，提出创新方案。如果创新方案不是理想的解决方案，需要重新将发明问题转化为标准问题，按照上面流程再进行一遍，直到找到满意的创新方案为止。

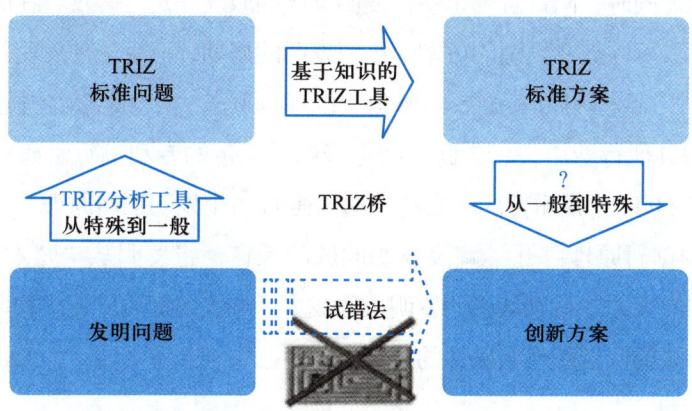

图 12-6　TRIZ 的解决问题模式

第三节　40个发明创新原理

一、40个发明创新原理的由来

阿奇舒勒对大量专利发明进行研究后发现，大约只有20%左右的专利才称得上是真正的创新，许多宣称为专利的技术，其实早已经在其他的产业中出现并被应用过。所以，阿奇舒勒认为如果跨产业间的技术能够更充分地交流，一定可以更早开发出优化的技术。同时，阿奇舒勒也坚信发明问题的原理一定是客观存在的，如果掌握这些原理，不仅可以提高发明的效率、缩短发明的周期，而且能使发明问题更具有可预见性。如果一个发明原理融合了物理、化学等科学，相应此原理将超越领域的限制，可应用到其他行业中去。为此，阿奇舒勒对大量的专利进行了研究、分析、总结，提炼出了TRIZ中最重要的、具有普遍用途的40个发明创新原理。

40个发明创新原理打开了解决发明问题的天窗，将发明从"魔术"推向科学，让那些似乎只有天才才可以从事的发明工作成为一种人人都可以从事的职业，使原来认为不可能解决的问题获得突破性的进展。

二、40个发明创新原理的内容

40个发明创新原理的具体名称和对应序号见表12-3，此序号与阿奇舒勒矛盾矩阵中的编号是互相对应的。

表12-3　40个发明创新原理

序号	原理名称	序号	原理名称	序号	原理名称	序号	原理名称
1	分割	8	重力补偿	15	动态特性	22	变害为利
2	抽取	9	预先反作用	16	不足或过度的作用	23	反馈
3	局部质量	10	预先作用	17	多维化	24	借助中介物
4	增加不对称性	11	事先防范	18	机械振动	25	自服务
5	组合	12	等势	19	周期性动作	26	复制
6	多用性	13	逆向作用	20	有效作用的连续性	27	廉价替代品
7	嵌套	14	曲面化	21	减少有害作用时间	28	机械系统替代

序号	原理名称	序号	原理名称	序号	原理名称	序号	原理名称
29	气压与液压结构	32	改变颜色	35	物理或化学参数改变	38	加速氧化
30	柔性壳体与薄膜	33	同质性	36	相变	39	惰性与真空环境
31	多孔材料	34	抛弃或再生	37	热膨胀	40	复合材料

1. 原理1：分割

① 将物体分割成独立的部分。如用个人计算机代替大型计算机、用卡车加拖车的办法代替大卡车、用烽火传递信息（分割信息传递的距离）、将大项目根据工作流程分解为子项目等。

② 使物体成为可组合的、易于拆卸和组装的。如组合式家具、利用快速拆卸接头将橡胶软管连接成所需的长度等。

③ 增加物体被分割的程度。如用软的百叶窗代替整幅大窗帘；电子线路板（PCB）表面贴装工作中所使用的锡膏，主要成分是粉末状的焊锡，提升焊接的透彻程度。

2. 原理2：抽取

① 将物体中"负面"的部分或特征抽取出来。如由于压缩机用于压缩空气会产生噪声，所以将嘈杂的压缩机放在室外。

② 只从物体中抽取必要的部分或特征。如用狗叫声作为报警器的警报声；使用录音机录制使鸟飞离机场的声音，而录制的声音是从鹰的叫声中分离出来的。

3. 原理3：局部质量

① 将物体、环境或外部作用的均匀结构变为不均匀的。如采用梯度变化的温度、密度或压力，而不用恒定的温度、密度或压力。

② 让物体的不同部分各具不同功能。如带橡皮擦的铅笔、带起钉器的榔头、多功能的工具（瑞士军刀）。

③ 让物体的各部分处于完成各自功能的最佳状态。如快餐饭盒中设置不同的区域来存放冷、热食物和汤。

4. 原理4：增加不对称性

① 将物体的对称外形变为不对称的。如引入一个几何特性来防止元件不正确的使用（如U盘插口、电插头的接地棒）；非对称容器或者对称容器中非对称的搅拌叶

片可提高混合的效率（工程搅拌机）；模具设计中，两边采用不同直径的定位销，以免混淆；非对称衣襟的衣服。

② 如果对象已经非对称，增加非对称的程度。如为增强防水保温性能，建筑采用多重坡屋顶。

5. 原理5：组合

① 合并空间上的同类或相邻的物体及操作。如网络中的个人计算机、并行处理计算机中的多个微处理器、水陆两用汽车、组合音响设备等。

② 合并时间上的同类及相邻的物体及操作。如摄影机在拍摄影像时同期录音、冷热水混合龙头、同时分析多项血液指标的医疗诊断仪器等。

6. 原理6：多用性

使物体具有复合功能以代替多个物体的功能。如牙刷的把柄内含牙膏；可移动的儿童安全椅，既可放在汽车内又可单独使用的儿童车；门铃和烟雾报警器组合；带电击器的手电筒；便携式水壶的盖子同时也是水杯。

7. 原理7：嵌套

① 把一个物体嵌入另一个物体，然后将这两个物体再嵌入第三个物体，依此类推。如俄罗斯套娃，嵌套量规、量具，可伸缩式物品（电视天线、教鞭、相机镜头、钓鱼竿），等等。

② 让某物体穿过另一物体的空腔。如可堆叠的塑胶椅、折刀和可伸缩刀等。

8. 原理8：重力补偿

① 将某一物体与另一能提供升力的物体组合，以补偿其重力。如救生圈、用氢气球悬挂广告牌等。

② 通过与环境（利用空气动力、流体动力或其他力等）的相互作用实现物体重力补偿。如直升机的螺旋桨（利用空气动力学）、赛车安装阻流板用来增加车身与地面的摩擦力等。

9. 原理9：预先反作用

① 事先施加反作用，用来消除不利影响。如在做核试验之前，工作人员佩带防护装置，以免受射线损伤；为了让司机看到路面上比例合适的交通提示文字，路面文字的书写形状都是"横粗竖细"；等等。

② 如果一个物体处于或将处于受拉伸状态，预先施加压力。如在步枪射击时必须预先用肩膀抵紧枪托，以此化解射击的后坐力；在灌注混凝土之前对钢筋预加应力；给畸形的牙带上矫正牙套；等等。

10. 原理10：预先作用

① 预置必要的动作、机能。如手术前将手术器具按所用顺序排列整齐、邮票打孔等。

② 在方便位置预先安置物体，使其在最适当的时机发挥作用而不浪费时间。如道路上转弯或出口的预先提示牌、手机设置单键拨号功能等。

11. 原理11：事先防范

采用事先准备好的应急措施补偿物体相对较低的可靠性。如胶卷底片上的磁性条可以弥补曝光度的不足，降落伞的备用伞包，图书中的防盗磁卡，应急楼梯，防火通道，汽车安全气囊，等等。

12. 原理12：等势

改变物体的动作、作业情况，使物体不需要经常提升或下降。如换汽车轮胎时，要用千斤顶把汽车一侧顶起到与车轴水平的位置，以方便装卸轮胎；汽车制造厂的自动生产线和与之配套的工具；训练有素的骆驼自动跪下，方便人骑乘；工厂中与操作台同高的传送带；方便轮椅通行的无障碍通道；为方便汽车维修设置的地槽；等等。

13. 原理13：逆向作用

① 用相反的动作替代要求指定的动作。如采用将内层物体冷冻的方法使两个套紧的物体分离，而不是传统的将外层物体加热的方法。

② 把物体（或过程）倒过来。如把杯子倒置从下边喷水来进行清洗、用"倒计时"的方法制订应对时间紧的工作计划等。

③ 让物体可动部分不动，不动部分可动。如加工时将工具旋转变为工件旋转、大型商场中的助步扶梯、健身房中的跑步机等。

14. 原理14：曲面化

① 将直线、平面用曲线或曲面替代，将立方体变成球体结构或椭圆体。如建筑中用拱和圆来提高建筑结构的强度、两表面间引入圆倒角以减少应力集中等。

② 使用滚筒及球状、螺旋状的物体。如千斤顶中螺旋机构可产生很大的升举力、

圆珠笔和钢笔的球形笔尖使书写流畅、在家具底部安装球形轮以利移动、古代用圆木运输重物等。

③ 改直线运动为回转运动，使用离心力。如洗衣机利用高速离心力甩干衣物上的水分等。

15．原理15：动态特性

① 自动调节物体，使其在各动作、阶段的性能最佳。如飞机中的自动导航系统、形状记忆合金、自调节海绵床垫等。

② 将物体分割成既可变化又可相互配合的数个组成部分。如装卸货物的铲车装卸货物时张开、铲车移动时铲斗闭合，折叠椅，笔记本电脑。

③ 使不动的物体可动或可自适应。如在医疗检查中使用的胃镜和结肠镜、可弯曲的饮用吸管等。

16．原理16：不足或过度的作用

如果所期望的效果难以百分之百实现，稍微超过或小于期望效果，会使问题大大简化。如大型船只在制造时往往先不安装船体上部的结构，以避免船只从船厂驶往港口的过程中受制于途中的桥梁高度，待船只到达港口后再安装上部的结构。

17．原理17：多维化

① 将一维直线运动的物体变为二维平面运动或三维空间运动。如螺旋楼梯可以减少占地面积等。

② 单层排列的物体变为多层排列。如多碟CD机、立体停车库、高层建筑等。

③ 将物体倾斜或侧向放置。如垃圾自动卸载车等。

④ 利用给定表面的反面。如在集成电路板的两面都安装电子元件等。

18．原理18：机械振动

① 使物体处于振动状态。如振动式电动剃须刀。

② 已振动的物体提高振动的频率。如磁振送料机、拉胡琴时的滑弦（琴弦振动频率变高、声音变尖）等。

③ 利用共振现象。如音叉（呈"Y"形的钢质或铝合金发声器）、超声波碎石机击碎胆结石、利用共鸣腔加热氢燃料实现火箭自动点火等。

④ 用压电振动代替机械振动。如高精度时钟使用石英晶体振动机芯。

⑤ 超声波振动和电磁场共用。如在电熔炉中混合金属，采用超声波使混合均匀；

超声波加湿器采用超声波高频振荡，将水雾化为$1\sim5\ \mu m$的超微水珠。

19. 原理19：周期性动作

① 用周期性动作或脉冲替代连续性动作。如特种车辆使用的闪烁警示灯、汽车发动机内的排气阀门、警车将警笛改为周期性鸣叫以避免产生刺耳的声音等。

② 已是周期性的动作，改变其运动频率。如用频率调音代替莫尔斯电码、可任意调节频率的电动按摩椅、使用AM（调幅）或FM（调频）或PWM（脉宽调制）来传输信息等。

③ 在脉冲周期中利用暂停来执行另一动作。如每五次胸廓运动进行一次心肺呼吸、打鼓的鼓点和套路等。

20. 原理20：有效作用的连续性

① 持续工作，使物体的各个部分能同时满载工作。如汽车在路口暂停时，飞轮或液压蓄能器储存能量，发动机在适当的功率下工作，以便汽车随时运动。

② 消除空闲或停止间歇性动作。如工厂里的"倒班制"，建筑或桥梁的某些关键部位必须连续浇筑混凝土。

21. 原理21：减少有害作用时间

减少危险或有害作业的时间。如为避免塑料受热变形而高速切割、用X射线拍片、照相用闪光灯、医学上的冷冻治疗等。

22. 原理22：变害为利

① 利用有害的因素得到有益的结果。如化工厂里废热发电、回收物品二次利用、处理垃圾得到沼气或者发电、各种疫苗利用细菌或病毒所产生的毒素来刺激人体产生免疫力等。

② 将有害的要素相结合变为有益的要素。如潜水氧气瓶中用氮氧混合气体，以避免只使用纯氧造成昏迷或中毒。

③ 增大有害性的幅度直至有害性消失。如森林灭火时用逆火灭火，即在森林灭火时，为熄灭或控制即将到来的野火蔓延，燃起另一堆火将即将到来的野火的通道区域烧光。

23. 原理23：反馈

① 引入反馈提高性能。如声控喷泉、自动导航系统、声控灯等。

② 若已引入反馈，将反馈反方向进行，或改变其大小或作用。如根据环境的亮度自行控制路灯照明系统；电饭煲根据食物的成熟度来自动加温或断电；为使顾客满意，认真听取顾客的意见，改变商场管理模式。

24. 原理24：借助中介物

① 使用中介物实现所需动作。如弹琴指套（拨子）。

② 把一物体与另一容易去除物暂时结合在一起。如饭店上菜的托盘、捆扎物品的包装绳等。

25. 原理25：自服务

① 让物体具有自补充、自恢复功能。如自补充饮水机、不倒翁玩具、汽车使用有修复缸体磨损作用的特种润滑油等。

② 灵活运用废弃的材料、能量与物质。如自动喷灌喷头的摆动或回转利用了水流的冲力、用食物和草等有机废物做肥料等。

26. 原理26：复制

① 用简单、廉价的代用品替代复杂、高价、易损、不易获得的物体。如虚拟现实系统。

② 用图像替代实物，可以按一定比例放大或缩小图像。如用卫星照片测绘替代实地考察、由图片测量实物尺寸、用B超观察胚胎的生长等。

27. 原理27：廉价替代品

用若干便宜的物体替代高价昂贵、耐久的物体，实现同样的功能。如用废钢炼钢，以减少原材料用量、降低成本；用废纸、破布或旧渔网等作为造纸原料；使用一次性的物品，如一次性餐具。

28. 原理28：机械系统替代

① 用光学或视觉、听觉、味觉、嗅觉系统替代机械系统。如洗手间红外感应开关、用声音栅栏替代实物栅栏（如光电传感器控制小动物进出房间）、在天然气中掺入难闻的气味给用户泄漏警告而替代机械或电子传感器等。

② 使用与物体相互作用的电场、磁场、电磁场。如为混合两种粉末，用电磁场替代机械振动使粉末混合均匀。

③ 用可变场替代恒定场、随时间变化的可动场替代固定场、随机场替代恒定场。

如早期的通信系统用全方位检测，而现在用特定发射方式的天线可以获得更加详细的信息。

④ 把场与场作用粒子组合使用。如磁性催化剂，用感应的磁场加热含磁粒子的物质，当温度超过居里点时，物质变成顺磁，不再吸收热量，达到恒温的目的。

29. 原理29：气压与液压结构

将物体的固体部分用气体或液体代替，如利用气垫、液体静压、流体动压产生缓冲功能。如气垫运动鞋减少运动对足底的冲击；减缓玻璃门开关速度的缓冲阻尼器；运输易损物品时常用的发泡保护材料；等等。

30. 原理30：柔性壳体或薄膜

① 使用有柔性的膜片或薄膜构造改变已有的结构。如在运动场地采用充气薄膜结构作为冬季保护措施；农业上使用塑料大棚种菜；医生使用薄膜手套防止感染。

② 使用柔性壳体或薄膜使物体与环境隔离。如用薄膜将水和油分别储藏、超市里包裹蔬菜和副食品的保鲜膜、野营时使用的帐篷等。

31. 原理31：多孔材料

① 使物体变为多孔或加入多孔性的物体。如泡沫金属、蜂窝煤、建筑非承重墙所用的空心砖等。

② 若物体已有多孔结构，利用孔结构引入有用的物质或功能。如用海绵储存液态氮、用竹炭清洁室内空气、将氢存储在多孔的纳米管中。

32. 原理32：颜色改变

① 改变物体及其周围环境的颜色。如在暗室中使用安全灯做警戒色、使用随温度改变颜色的示温涂料。

② 改变物体或过程及其周围环境的透明度或可视性。如在半导体制作过程中加入有色材料的同时将不透明的物体变成透明的，使技术人员可以容易地控制制造过程；随光线改变透明度的感光玻璃；确定溶液酸碱度的化学试纸。

③ 在难以看清的物体或过程中使用有色添加剂或发光物质。如充电电池的充电标示、利用紫外光识别伪钞、道路上施工人员的外衣可以在夜间发光等。

扩展阅读12-2
发明家诞生了

④ 通过辐射加热改变物体的热辐射性。如在太阳能电池板上使用抛物面镜来提高能量收集性能。

33. 原理33：同质性

把主要物体及与其相互作用的其他物体，用同一材料或特性相近的材料制成。如为减少化学反应，尽量使物体及包装材料一致；以金刚石粉粒作为切割金刚石的工具，切割产生的粉末可以回收；用汽油去除衣物上的油渍；用泥土混合肥料做成的花盆。

34. 原理34：抛弃或再生

① 采用溶解、蒸发等手段废弃已完成其功能的零部件，或改造其机能。如胶囊药物的可溶性外壳、火箭助推器在完成其作用后被逐级分离抛弃。

② 在工作过程中迅速补充消耗或减少的部分，或恢复其功能及形状。如剪草机的自锐系统、汽车发动机的自调节系统、自动铅笔等。

35. 原理35：物理或化学参数改变

① 改变物体的物理状态。如制作酒心巧克力时，先将酒心冷冻，然后将其在热巧克力中蘸一下；运输石油气时不用气态而是将气体液化以减少体积便于运输。

② 改变物体的浓度和黏度。如用液态的洗手液代替固体肥皂，可以定量控制使用，减少浪费。

③ 改变物体的柔度。如衣物柔顺剂可以让洗涤过的衣物更加柔软和蓬松，也可以消除静电；橡胶硫化可改变其弹性和耐用性。

④ 改变物体的温度或体积。如降低医用标本保存温度以备后期解剖。

36. 原理36：相变

利用物质相变时产生的某种效应。如相变储能，即利用低峰谷电能加热相变物质，使其吸收能量发生相变（如从固态变为液态），把电能储存起来，在没有电的时间里，又从液态恢复到固态，并释放出热能；也可以利用相变材料吸热特性做成降温服，即选择合适的相变材料加入衣料中，将这些材料包裹在直径平均500纳米的微型胶囊内放到衣物上，天气炎热时将热能吸收，转冷时放热，实现冬暖夏凉。

37. 原理37：热膨胀

① 使用热膨胀材料。如医用温度计就是利用水银的热胀冷缩特性进行温度提示的；当办公楼内起火时，自动喷淋系统顶端装有热敏溶液的玻璃泡就会因受热而胀裂，使水自动喷出。

② 组合使用不同热膨胀系数的材料。如热敏开关。

38．原理38：加速氧化

① 用富氧（浓缩）空气替代普通空气。如为延长水下呼吸时间，水中呼吸器内储存浓缩空气；火箭的液体燃料就是液态氧等材料。

② 用纯氧替代空气。如用纯氧—乙炔法进行更高温度的金属切割、用高压纯氧杀灭伤口的（厌氧）细菌、用高压氧舱治疗煤气中毒等。

③ 用臭氧替代离子化氧气。如臭氧溶于水中去除有机污染物等。

39．原理39：惰性与真空环境

① 用惰性环境替代通常的环境。如用氩气等惰性气体填充灯泡，以延长灯丝使用寿命；在汽车轮胎中填充氮气，提高轮胎行驶的稳定性和舒适性。

② 在物体中添加惰性或中性添加剂。如添加泡沫吸收声振动。

③ 使用真空环境。如白炽灯泡、真空包装食品以延长储存期、利用抽真空原理的吸尘器、利用太空的高真空和强辐射来实现生物变异和基因变异等。

40．原理40：复合材料

① 用复合材料替代均质材料。如混纺地毯有良好的阻燃性能，使用铝塑复合管作为暖气管道，用石英玻璃纤维来制作耐热防火材料（如防火服、隔热材料），玻璃纤维制成的冲浪板比木质板更轻、更灵活、更易于制成各种形状。

② 加入某种材料形成复合材料特性。如浇筑混凝土时加入钢筋形成钢筋混凝土、用植物纤维与废塑料制成的复合材料可替代木制产品做托盘和包装箱。

发明创新就是解决矛盾，而解决矛盾的常用原理就是这40个发明创新原理，设计者一旦掌握这些原理，就可以大大提高发明的效率、缩短发明的周期，而且能使发明过程更具有可预见性。

扩展阅读12-3
钻石生产公司
的技术难题

第四节　TRIZ原理的应用案例分析

一、物理矛盾解决案例

物理矛盾是对技术系统中的同一参数提出相互排斥需求的一种物理状态。物理矛盾是技术系统中一种常见的、更难以解决的矛盾。通常，物理矛盾会让人们感到左右为难，无所适从。例如：

同一块菜地，在同一时间，既要全部种白菜，又要全部种萝卜。

道路应该有十字路口，以便车辆驶向不同目的地；道路又应该没有十字路口，以避免车辆相撞。

自行车在使用的时候，体积要足够大，以方便人骑乘；在停放或携带其乘坐其他公共交通工具的时候，体积要小，以便不占用空间。

飞机的机翼应该尽量大，以便在起飞时获得更大的升力；飞机的机翼又应该尽量小，以减少在高速飞行时产生的阻力。

上述例子都可以归纳得出物理矛盾的概念。所谓物理矛盾，是指当一个技术系统中对同一元素具有相互排斥的（相反的或是不同的）需求时，就出现了物理矛盾。

阿奇舒勒提出可以使用4个分离原理来解决物理矛盾，包括空间分离、时间分离、条件分离和整体与部分的分离。

【案例12-2】土地爷的哲学

这是一个神话故事。

有一次土地爷外出，临行前嘱咐他的儿子替他在土地庙"当值"，并且一定要把祈祷者的话记下来。他走后，前前后后来了四个祈祷者。

一位船夫祈祷赶快刮风，以便乘风远航；

一位果农祈祷别刮风，避免把快成熟的果子刮下来；

一个种地的农民祈祷赶紧下雨，以免耽误播种的季节；

一位商人祈祷千万别下雨，以便趁着好天气带着大量货物赶路。

这下可难住了土地爷的儿子，他不知该怎么办才能满足这些人各自不同的要求，只好把所有祈祷者的话都原封不动地记了下来。

很快，土地爷回来了，看了儿子的记录，哈哈一笑说，别愁眉苦脸了，照我的办法做就是了，肯定能满足他们各自的要求。土地爷提笔写了四句话：

刮风莫到果树园，

刮风河边好行船；

白天天晴好走路，

夜晚下雨润良田。

如此一来，四个不同的祈祷者都如愿以偿、皆大欢喜。

其实，土地爷的儿子遇到的问题是物理矛盾，既想刮风又不能刮风，既想下雨又不能下雨，是同一个物理参数之间的矛盾，因而是物理矛盾。土地爷采用了空间分离和时间分离两个原理分别解决了这些问题，前两句话"刮风莫到果树园，刮风河边好行船"说的是风的空间分离，后两句话"白天天晴好走路，夜晚下雨润良田"说的是雨的时间分离。

【案例12-3】燃气灶的燃气输入控制

问题分析：

为了节约能源和满足不同的能量需要，在燃气灶工作时，希望燃气的输入量大小可控。需要加热锅具时，应加大燃气输入量，当锅是空的或锅不在灶台上时，应仅输入少量燃气，起保温或保持炉火燃烧的功能。而根据不同的使用条件，希望燃气的输入量可大、可小，就构成了物理矛盾。

原理应用：可应用条件分离原理来解决。

一项大小火自控装置的发明，巧妙地运用了条件分离原理解决了这个问题，如图12-7所示。当燃气灶上的锅被取走或锅内食物重量较轻时，移动杆受弹簧推力向上移动，移动杆上的控制孔与输气管道上的孔几乎封闭，燃气输入量就会变小。当锅内装有食物放在燃气灶上时，移动杆受到锅的压力使下移量增加，控制孔与主管上的孔口相通部分变大，输气量也随之变大。

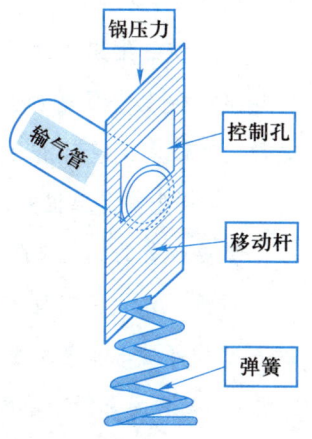

图12-7 燃气输入控制原理图

二、技术矛盾解决案例

技术矛盾是指技术系统中的两个子系统（参数）之间的相互制约关系，即当系统中的某一子系统（参数）得到改善的同时，导致另一子系统（参数）发生恶化所产生的矛盾。用符号可以表示为"A+，B−"，或"B+，A−"。比如，汽车发动机的功率增大，但是油耗量升高。发动机的功率和油耗量就构成了一对技术矛盾。

技术矛盾主要表现为：

① 将一种改进功能引入一个子系统中，导致另一个子系统产生有害功能，或恶化了系统中已存在的有害功能；

② 消除一个子系统的一种有害功能，削弱了另一个子系统的有益功能；

③ 一个子系统有益功能的增强或有害功能的减弱，会导致另一个子系统变得过于复杂。

TRIZ理论将导致技术矛盾的因素归纳为39个通用工程参数，建立了矛盾矩阵，并相应地给出了40个解决技术矛盾的发明创新原理。将技术系统存在的实际问题转化为技术矛盾以后，利用矛盾矩阵，就可得到技术矛盾所对应的发明创新原理。以这些发明创新原理为导向，就可以找到具体问题的相应解决办法。

【案例12-4】防弹衣研制

纤维织成的防弹衣用于保护人员免于遭受手枪子弹的袭击。纤维织成的防弹衣由于有多层纤维结构层，具有层叠式结构。纤维在结构层内相互以适当的角度定向排列。当结构层连接好后，所有的纤维都以相互垂直的方向定向排列。

问题分析：

为了使纤维织成的防弹衣具有足够的防护能力，防弹衣必须具有足够的厚度，但是增加防弹衣的厚度会使其重量增加、灵活性降低。此外，穿着这种厚厚的防弹衣也不能充分通风。换句话说，较厚的防弹衣穿着时不太方便，也不舒适。

1. 首先确定工程参数

需要改善的参数是防弹衣的厚度，即通用工程参数3：运动物体的长度；而恶化的参数是防弹衣的舒适性，即通用工程参数33：可操作性。以通用工程参数的描述来定义技术矛盾，即为运动物体的长度与可操作性之间的矛盾。

2. 查找阿奇舒勒矛盾矩阵

通过查找阿奇舒勒矛盾矩阵，得到 [15，29，35，4] 四个发明创新原理：

[15] 动态特性原理；

[29] 气压与液压结构原理；

[35] 物理或化学参数改变原理；

[4] 增加不对称性原理。

3. 发明创新原理的分析

通过分析增加防弹衣厚度与降低防弹衣穿着舒适性的技术矛盾，可选择应用发明创新原理 [4] 增加不对称性原理，将对称物体变为不对称物体，增加不对称物体的不对称程度；改变物体结构的平衡，减少部分材料用量，消除冗余部分，从而提高物体性能。

4.发明创新原理的应用

应用发明创新原理，使防弹衣的纤维呈不对称定向排列。每层纤维以相对于前一层作20°～70°范围的不同角度旋转，将各层纤维间制造成定向转动的排列形式。

沿子弹飞行方向排列的大部分纤维可以确保防弹衣在受子弹冲击的方向具有更高的强度。防弹衣的厚度和重量减小了。通过减小防弹衣的厚度提高了其舒适性，同时不会降低防弹衣的保护效果。

图12-8所示为一种不对称纤维结构的防弹衣。不对称纤维排列结构的防弹衣相对于纤维定向排列的防弹衣来讲，会使很大一部分纤维沿子弹飞行的方向定向，以保证防弹衣在受子弹冲击的方向具有更高的强度。在具有同等保护效果的情况下，防弹衣的厚度和重量减小了，其舒适性也得到了提高。

图12-8　不对称纤维结构防弹衣

【案例12-5】波音737整流罩的改型

问题分析：

波音737飞机为加大航程而加大了功率。为此，飞机引擎的面积也必须做相应的增加，以满足在加大功率的情况下引擎能获得更大的进气量。但随着整流罩尺寸的扩大，整流罩距离地面的间隙将会缩小，飞机起降的安全性就会降低。摆在面前的关键问题是如何改进引擎的整流罩，而不致降低飞机的安全性。

1．首先确定工程参数

首先，需要改善的参数是整流罩的面积，即通用工程参数5：运动物体的面积；而恶化的参数是整流罩的尺寸，即通用工程参数3：运动物体的长度。以通用工程参数的描述来定义技术矛盾，即为运动物体的面积与运动物体的长度之间的矛盾。

2．查找阿奇舒勒矛盾矩阵

通过查找阿奇舒勒矛盾矩阵，得到发明创新原理[14，15，18，4]：

[14]曲面化原理；

[15]动态特性原理；

[18]机械振动原理；

[4]增加不对称性原理。

3．发明创新原理的分析

将推荐的发明创新原理应用到飞机整流罩设计的具体问题上，可以发现发明创新原理[14，15，18]不适用于此问题的解决，因此，选择应用发明创新原理[4]增加不对称性原理。根据发明创新原理[4]的建议：将对称物体变为不对称物体；增加不对称物体的不对称程度。

4. 发明创新原理的应用

将飞机整流罩做成不对称的扁平形状，如图12-9所示，纵向的尺寸不变，横向尺寸加大。这样，飞机整流罩的面积虽然加大了，但整流罩与地面的距离仍保持不变，因而，飞机的安全性不会受到影响。

图12-9　不对称整流罩

第十三章 创新设计思维

能正确地提出问题就是迈出了创新的第一步。

——［美］李政道

汽车大王——亨利·福特的故事

亨利·福特是汽车发展历史中的重要人物。他出生在一个农民家庭，父亲希望他能继承农场，但是他却对于机械情有独钟。童年时候看到的蒸汽机车给他留下了深刻的印象，他被这种不用马车就能快速运输的景象所震撼，深信机械的力量是无穷的。虽然梦想很美好，但是现实对他却是残酷的。在他成年后的十几年里，社会经济不景气，他只能继承了家里的农场生意。

但是他渐渐产生了这样一个想法：设计一种纯机械运转的发动机来驱使比火车更小的运输工具，用于来往城际之间，连通更远的地方。这样，人们出门不再需要马或马车了，他们将"驾驶"这种"无马马车"代步。随着社会的进步和城市化的发展，马车的不便利性被放大，人们急需一种新的交通工具来帮助他们在较短时间内到达更遥远的地方。与此同时，亨利·福特对新交通工具的孜孜不倦的研究和发明，符合了人们的需求，他将汽车带入了大家的视野，名扬四海。

亨利·福特说过一句话："如果我最初问消费者他们想要什么，他们会告诉我'要一匹更快的马'。那么就不会有汽车的诞生了。"在设计的时候要结合社会的需求，有判断性地理解用户的需求，甚至帮助用户定义他们的需求，解决根本的矛盾，才能形成富有创意和洞察力的解决方案。

【思考与练习13-1】
设计一座桥。
当你接到"设计一座桥"的任务时，你是怎样理解这个问题的？怎样问"为什么？"

第一节　创新设计思维的概念

一、创新设计思维的定义

扩展阅读13-1
创新设计

创新设计思维是一种以用户为中心，通过协同合作的方式，依照一定流程，运用不同的方法解决复杂问题的方法论。通过对用户需求的洞察，敏捷地利用原理快速测试迭代，透过现象、本质去分析问题的根本原因，从而提出能改进问题的富有创意的解决方式。

简要来说，创新设计思维具有以下几个特点：以人为本，交互互动，协同合作，边做边测，敏捷开发，科学流程，千方百计。而这几个特点分别在创新设计思维的五个环节中得到体现，如图13-1所示，它们分别是同理心、下定义、头脑风暴、做模型和测试，即需要同理心去理解用户想要解决的问题本质，运用分析能力来对需要解决的问题下定义，利用头脑风暴产生尽可能多的解决思路，再以快捷的模型去测试方案是否匹配用户和市场。除了注重以用户为中心之外，创新设计思维也强调向实际市场需求提供解决方案，并且能在商业和技术中寻求出踏实的立足点。

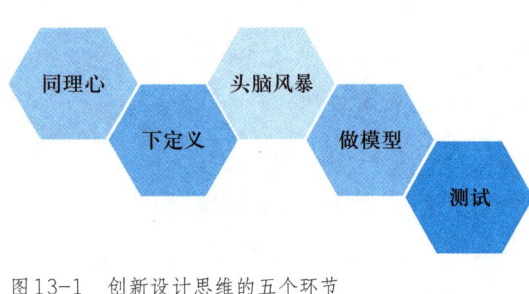

图13-1　创新设计思维的五个环节

二、创新设计思维和设计的区别

创新设计思维不仅仅是对于产品的样式、功能、外观的改变，而是通过一种流程化的做事方式，完成以用户为中心、兼顾科技和商业结合性的创新过程。因此可以从以下两点看出创新设计思维和设计这两个概念的差异。

从创新的发生之处来看，创新可能产生和发生在各个环节，不一定在产品本身的设计上，而是有可能扩大到用户需求的重新定义、商业模式的变革和科技的推陈出新上。与设计注重本身的样式、材质和交互等方向相比，创新设计思维产生创新的范围更加广阔，能够将创新的思维和方法应用到更多的领域中，比如用在商业和科技领域（见图13-2）。

图13-2　创新可能发生之处

从创新的过程来看，设计是对已经存在的需求进行问题解决的过程，而创新设计思维是对已经有的问题加以重新定义再解决问题的过程。以前的产品设计大部分属于设计的范畴，聚焦在产品的外观、样式、功能、包装等，其重点在于从现有产品存在的问题出发，找到解决方案。创新设计思维是站在终端用户的角度，发现用户的需求，满足用户体验，超越用户需求，发现问题，解决问题。也就是说，设计关注样式、功能和解决问题，而创新设计思维在这个基础上再发现问题并重新定义问题（见图13-3）。创新设计思维不仅仅是接受用户的需求，而是先去思考用户的需求到底是什么，再寻找解决方案。

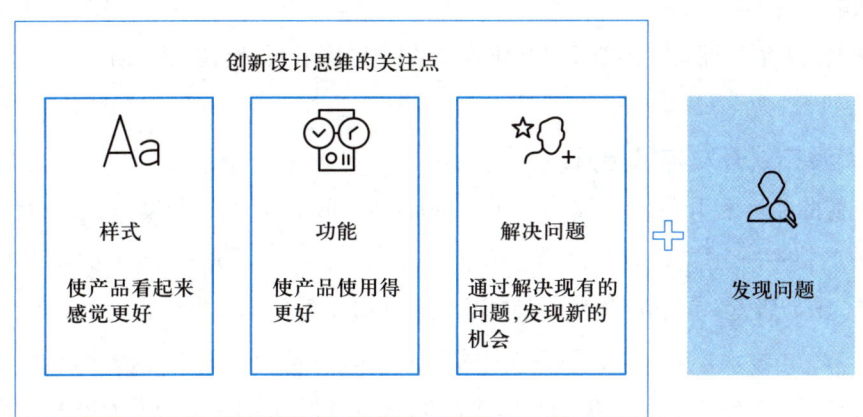

图13-3　创新设计思维的关注点

三、创新设计思维和设计思维的区别

创新设计思维是设计思维的扩展，它和设计思维的最大区别就是在设计的基础上。创新设计思维在解决问题时，希望人们首先忘掉现状，忘掉自己的身份和角色，以人为本地设计一个美好的、理想的未来，将设计的未来分为理想家、批评家和现实家的想法，然后再观察现状，研究从现在到未来的实现存在哪些瓶颈，是以目标为导向反向回溯，思考寻找需要什么样的资源、技术、战略和行动才可以实现美好的未来，获得的结果往往可能是颠覆性的创新。而设计思维强调的不是以现有问题为出发点，而是以用户为中心，寻找用户渴望的服务、内容或产品。总而言之，设计思维是站在客户角度寻找创新方案的思维模式，而创新设计思维是以人为本，寻找颠覆性创新方案的思维模式。在创新设计实践中往往需要将各个方面都结合起来，既有进步式的创新，又有颠覆性的创新。

四、创新设计思维的由来

从词语的来源而言，创新设计思维一词最早可以追溯到20世纪60年代，科学家在工程设计领域提出了这种思维方式，但是直至20世纪80年代它才引起更多的关注，被当作一种解决问题的流程和方法广泛传播。IDEO公司采用创新设计思维作为总的商业策略方法论，斯坦福大学接受其理论作为学生实践创意创新的一种方式。紧随这股风潮，越来越多的公司开始将创新设计思维应用到商业中，以帮助公司解决具有挑战性和高难度的命题。对于高等学校而言，创新设计思维被普遍用作帮助学生培养综合实践能力的方法论。

从理论发展史而言，创新设计思维理论的提出也符合社会技术和生产发展的逻辑。

1. 瀑布式开发与敏捷开发

最初的生产和开发流行瀑布式（waterfall development）的开发方式，也就是层进式地严格遵守预先计划的需求、分析、计划、执行步骤的一种开发方法（见图13-4）。比如研发一款新的手机，前期调研和策划就要用半年时间，之后进行所有决策的环节，再技术开发半年，最后设计和投入市场半年。但是，在这一年半内可能最初的市场需求已经改变，如果要做大的调整，需要非常大的成本和人力投入。对于开发商来说，这种像瀑布一样一层一层去打造产品的方法，是类似于成本高且犯错成本高的赌博性开发行为。

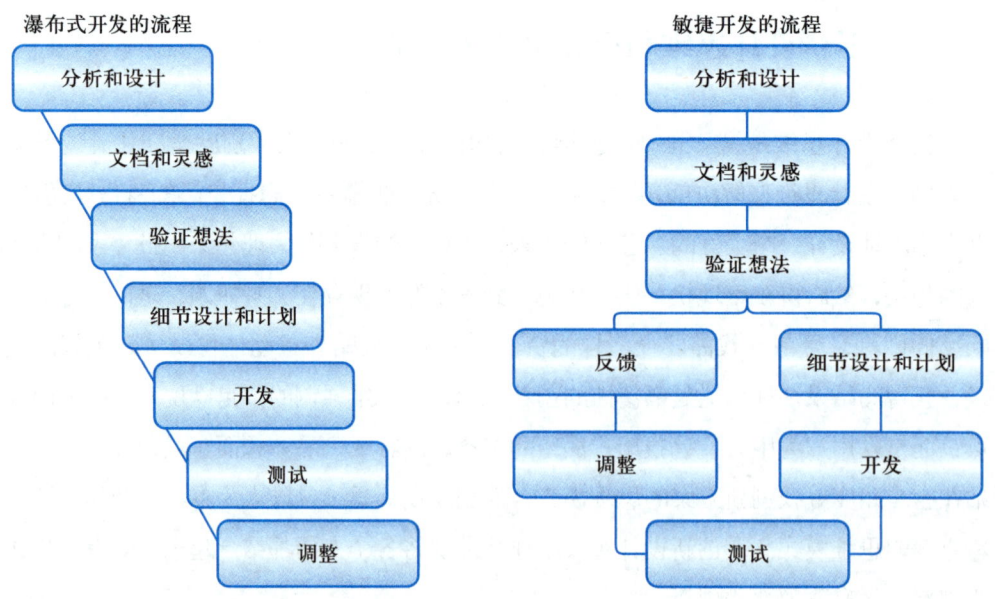

图13-4 瀑布式开发和敏捷开发的区别

对于当今社会而言，用户的行为和市场的需求缺口和以往相比呈现幂指数级的改变，为了适应变化莫测的市场需求，产品必须具备能够实时改变，并且修改成本小、惯性小等特点。

基于这方面的开发需求，创新设计思维提出用最小的成本试错法和越早试错离成功越近的理念，迎合生产开发的需求。如图13-4所示，在创新设计思维的敏捷开发流程中讲究制作模型，用最快捷和低成本的方式制作最小可行性产品（minimum viable product，MVP）来测试市场的需求，得到反馈和修正后，不断去迭代产品的版本，不断循环这个过程，直到匹配市场的需求。

2. 用户为主与用户为辅

在以往的开发中，很多公司都采用以人为主的方式，以自身出发为主再辅助采用用户的想法和意见，但是没有真正从用户的角度出发去思考其真实的需求。为此，创新设计思维强调从以下几个方面进行改变。

首先是团队，就是以项目团队制去开发而不是职责流动制。从公司运行情况来看，公司普遍是职位制：产品策划做需求的定位，技术人员做产品实现，设计做产品包装。明确的职责分工让各个成员只能了解自己所做的细小的部分，不能了解到全局的发展，难以从大局出发为项目进程提出调整的建议。创新设计思维强调让所有项目团队成员参与到整个研发和创新的过程中，了解项目的发展动态。

其次是用户，就是以用户真正的需求为出发点，而不是开发人员的假设需求点。在特定市场环境下，科学并且规模化地去探究用户需求是有难度的，相比之下，很多项目成员就采用臆想用户需求的方式来假设用户需求。这种做法直接导致很多需求成为伪命题，而产品本身就没有足够的市场空间去支持拓展。这就是以用户为主导和以用户为参考的开发模式的主要区别（见图13-5）。

用户的需求为中心，开发者的想法为辅助　　开发者的想法为中心，用户的需求为辅助

图13-5　以用户为主导和以用户为参考的区别

最后是产品，就是注重用户在使用产品时的体验而不是包装效果。在很多情况下，为了包装效果或者技术的便利，会牺牲用户的实际使用感受。而创新设计思维则强调使用产品的肢体触觉、视觉感官、使用的交互手势等都以用户的舒适度为主要考量标尺，去设计让人和产品友好相处的模式。

3. 设计发生在最后环节与设计日常化

在创新设计思维理念之前，创新设计发生在最后环节是指通常情况下设计只担当一个包装效果，在技术实现后美化产品以推向市场。而设计日常化是一个概念，指把设计当作一件日常的事情来对待，使得创新有可能发生在各个环节。

【案例13-1】育婴保温袋的发明

1. 背景

全球范围内，每年诞生2 000万名体重过低的早产婴儿，有超过100万名婴儿在出生后一个月内因缺乏妥善照顾而夭折，98%的夭折现象发生在发展中国家。

在印度、孟加拉国等国家，由于公立医院较少，幼小的婴儿在去往医院的长途跋涉中无法得到合适的照顾，或因为父母无法支付每天约130美元的婴儿保育箱使用费而去世。即使及时送医，也常有因保温箱操作不当而发生的夭折事件。

2. 创新过程

① 理解与观察

在分析命题后，设计思维创新团队来到孟加拉国的大型医院，与医生、护士交谈。通过对当地情况的观察，他们了解了婴儿保育箱（见图13-6）设计的背景，也发现了问题所在：虽然婴儿保育箱价格偏

高，但很多机构会向当地医院提供捐赠。即便如此，医院的婴儿保育箱却很少有婴儿使用。为了弄清原因，创新团队不仅询问了医生和护士，还来到附近村庄的家庭中调查。

② 洞察与需求定义

创新团队发现，由于交通不便，母亲们从家里到医院会花费大量时间，婴儿身体本来就很虚弱，经过4~6个小时赶到医院时可能已经去世了。

因此，设计一个更加便宜的婴儿保育箱没有意义，他们需要的是一种能够"帮助运输"的婴儿保育箱，比如直接在车上使用、不需要耗电的产品。

图13-6　婴儿保育箱

③ 构思与原型制作

创新团队进行头脑风暴，做出了100多个产品原型，最后选定了一个方案：睡袋式的婴儿保温袋，内部设置了一个蜡制的部件，可以方便加热，并为婴儿持续保温。

④ 测试与迭代

团队回到村庄，为村民演示婴儿保温袋的产品原型。通过对母亲们使用体验的调研，创新团队发现设计中还存在一些看似不起眼、实则非常重要的问题。例如，有些婴儿个头很小，妈妈无法看到婴儿保温袋里孩子的脸，就会担心孩子是否呼吸正常。

通过反复沟通与改进，团队最终了解了当地用户的使用方式及真实顾虑，进一步完善了婴儿保温袋的设计。

3. 创新成果

最终，斯坦福大学设计思维创新团队成功研发了便携式的育婴保温袋（见图13-7）。

比起传统的婴儿保育箱，育婴保温袋的使用更简单、安全，只需要间歇性地充电，一次充电使婴儿的体温维持在37 ℃长达46小时。

保温袋的价格大约是25美元，仅是传统婴儿保育箱的1%。

除此之外，这种育婴保温袋还能反复使用，也符合环保理念。

图13-7　便携式育婴保温袋

五、创新设计思维的原则

1. 以人为主

创新设计思维强调从用户角度出发去理解问题，但同时也帮助用户重新"定义"问题。尤其在创新具有超前想法的产品时，大多数情况下用户的需求比较模糊，所以这就是创新设计思维中所强调的帮助用户去定义产品需求。比如说用户想要到另一个城市去，需求是一匹马。我们就可以分析用户的深层次需求其实是快捷移动，然而快捷移动不一定要一匹马，可以是一辆车或者一架飞机，但是我们最终可能建议乘坐火车，因为最终建议应综合考虑财力的可能性、城市技术原因、用户的深层次需求及问题解决的本质。

在考量用户需求时，要综合考虑客户的身份、文化背景、性格、购买能力、心智模式、使用情感、价值取向，利用同理心来理解他人的痛点，选择最适合的模式。

2. 解决问题

在创新设计思维中，会考虑用不同的方式去沟通和理解用户，用表现力强的材料，甚至可能是颜色鲜艳的玩具来表现原型产品。从表现形式而言，似乎整个过程中有玩乐的性质，但是从本质而言，创新需要在有创新氛围的空间内产生，小组式的交流有助于更好地理解对话背后的内涵，用户角色扮演有助于帮助创新者将心比心地去理解使用环节中各个细节，而色彩能够有效地激发创意。在这些看似形式纷繁的背后，遵循着人们认知习惯、设计逻辑、交流原则等规律，即为了高效产出创新解决方案而尽可能多地使用不同的工具。

3. 协同创新

协同的第一层内涵指组成人员的跨背景。很多公司和高校项目团队实践创新设计思维的想法时，都需要将不同知识和技能的人混合在一个项目中。越是多样性的组成成分，在合作时越有可能产出创新的想法。因为每个人的知识体系重合度低，思维方式的差异会使彼此间容易激发出新的思路。

协同的第二层内涵指团队协作创新。团队成员保持在同一层级上沟通和交流想法，角色不同但彼此尊重，鼓励每个成员提出建设性意见，从而实现协同创新。

4. 迭代试错

每次都只做出最小可能性产品去测试想法，不浪费资源做超出的功能或者美化。具体的思路在于每次只测试一到两个可能性，层级化地去修改产品，直到产品最终匹配预期和需求。在这个过程中会借助目标用户参与，从这些真正有需求和可能产生未来购买行为的用户那里，可以得到非常多的借鉴意见。这种与早期采纳者的交流，能够让创新团队根据用户的痛点和热情引发更深层次对于产品的定位。

5. 视觉呈现

在创新设计思维的各个环节中注重能够让人快速理解的表达方式。在创新工具中频繁使用到的便签就主张每个想法精简到一张纸上，以便快速让人了解。在很多情况下，绘画也是一种所见即所闻的快速信息传播方式，甚至在语言不通的情况下，借助图像也能建立起跨语言的交流。

6. 不批判

在对新想法的探索过程中不可避免会产生矛盾，一个好的团队氛围不是为了人际关系或者平和气氛去规避和拒绝矛盾，而是在想法分歧时保持尊重的态度去思考想法本身的优劣。每个团队成员的知识背景不同，立场角度各异，要以内容为导向做出合适的决策。

7. 快速模型

制作模型时应当快而且"丑"。要求快速的原因在于，迅速地制作模型才能迅速地验证一个想法，而以反馈为导向的解决方式能够实现多次去验证和修改的可能性。至于模型要制作得"丑"是因为，模型的基本目的是将脑海中的一个想法表达到二维的平面世界、三维的立体世界，甚至带有时间维度的四维空间，其背后所要达成的目标就是具象化想法，将抽象的"丝"和"茧"具象为可感、可摸、可闻、能产生情感和使用评价的物体。因此模型能映射想法即可，过多地花时间在修饰和美化产品本身的行为，都会使创新者对模型产生情感，难以剔除不合适的想法。因此，越快越简陋（当然是能表达想法的简陋）才能保证模型能辅助想法并被快速验证。

创新设计思维的七大原则（见图13-8）是根据实践总结的，能够辅助创新设计思维更好落地的准则，通过对这些原则和其背后理论的深层理解，也能更好地掌握创新设计思维的精髓。

图13-8　创新设计思维的原则

六、创新设计的思维模式

从思维的角度而言，同理心需要用细腻的感性思考去体会用户的痛点，用逻辑思维去定义解决问题的出发点与立足点，用发散思维去探索尽可能多的想法，再用视觉化思维去动手制作最小可行性产品，用技术和商业思维去验证想法，进行快速改进和迭代方案。总体而言，就是从感性思维、线性思维到发散思维的扩散，再向产品思维的雕琢，继而用逻辑思维收尾（见图13-9）。

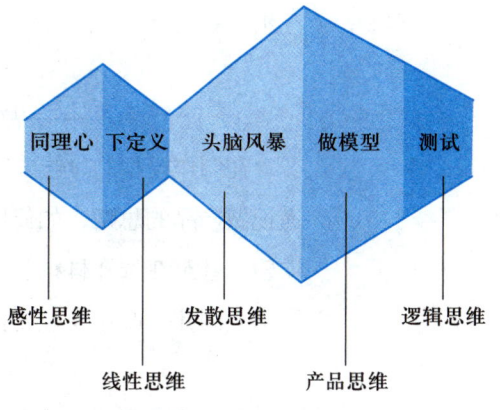

图13-9　创新设计的思维模式

1. 感性思维——同理心

感性思维是指用将心比心的方法去理解用户的心理。同理心环节的目的是理解问题和用户的需求，因此在这个环节极为需要感性思维的应用，以换位理解用户遭受的痛点和不便利的因素。从基础层次而言，要了解问题症结所在，明白用户需求和使用习惯等事实性的因素，从而对事件有整体的把握。从第二层次而言，就是注意用户的情绪、处境、身份认同、性格、心智模式等因素，理解用户行为模式、情感需求、容忍限制和倾向习惯。从第三层次而言，就是去破译和定义问题，通过综合分析问题，定义解决问题的切入点。

2. 线性思维——下定义

线性思维是指将事物归纳到直观的层次。下定义的目的在于给问题找寻一个可以解决的立足点，从而可以直观地了解问题的大小和本质。解决问题的立足点不同，解决方案也会截然不同。比如某小区要建新的超市，如果问题是货品少，解决方案可能是大型贩卖式超市；如果购物装运不便利，解决方案可能是网上订购送货到家的超市；如果购物时间不灵活，解决方案可能是24小时营业超市。因为针对要解决的问题，所要满足的需求可能会有很多，线性思维能够帮助做出直观的取舍，清晰地反映出解决问题最重要的出发点。

3. 发散思维——头脑风暴

发散思维是指用放射的方式对一个问题形成多个想法。头脑风暴这个环节需要尽可能多地寻找思路，因此发散思维能帮助形成想法。对于已经明确的问题立足点，团队成员爆发性地寻找解决方案，尽可能探索各个方面的可能性，来形成可能的解决方案。

4. 产品思维——做模型

在制作模型的时候，需要用最快捷、低成本的方式去表现想法，所以要时时刻刻谨记做产品的思路，如何用视觉化的形式来表达一个产品，让用户产生好奇心和购买欲望。甚至在选择材料、规格、风格时都要考虑到技术制造、生产成本和商业价值的因素。因此，制作模型要把想法当作一种解决思路，多方面思考产品的表现形式。

5. 逻辑思维——测试

测试环节需要去验证想法的可行性，因此要应用逻辑思维去反复测试，从而得到有效反馈并加以改进。想法本身的逻辑严谨性、用户的接受程度、技术的操作性和商业变现能力也会在这个环节被考量到。因此，严谨的逻辑思维能够对于问题有充分的认识，从大局看事物，从细节看环节的衔接。

第二节　创新设计思维的核心流程

一、同理心

1. 定义

简单来说，同理心就是利用移情、将心比心的方法去了解用户的需求和想法，并且理解问题，尽一切可能站在用户的角度看待问题。

【案例13-2】宝洁公司的尿布计划

宝洁公司善于在理解用户的需求方面做出巨大的努力。当他们需要对尿布产品做出商业调整时，他们在8个国家访问了6 000个家庭，重点关注于产品如何能够帮助组成一个完美的家庭。在这个过程中他们发现，他们生产的一次性尿布相比于传统尿布更能帮助新生婴儿在夜间更好地睡眠，而这个痛点正是新生婴儿的父母最为关注的。在这个基础上，他们又研发了用摄像头检查婴儿睡眠质量的项目，从而打消了父母对这个问题的顾虑。

从这个意义上来讲，宝洁公司能够理解目标用户的焦虑，并且为用户的不便利做出产品上的调整，赢得了用户的喜爱和商业上的成功。

2. 分类

同理心通过交互方式可以分为三种方式。

观察式。采用这种方式，团队成员单纯去观察和记录用户的行为、心情、使用习惯等一系列因素。方法包括间接、直接、系统化、片面、远程等。在这个过程中，就算使用同样的工具也可能会采取非常多的方式，如使用摄像机记录：可以给几个目标用户每人一台摄像机，让他们拍摄记录自己在使用某产品时重要的瞬间；也可以在常见的公共地点安装摄像机，记录下某个时间段内的用户的使用规律和模式。在使用这种方式时要把用户放在一个大的背景中去看待，不仅仅是使用某服务时的场景，并且是使用前后的各种行为一起记录，充分考虑环境和用户群体的特征对于产品的影响因素。

体验式。体验式指的是研究团队和用户一起参与到使用过程中，进行一些交互。最常见的方法有采访法、焦点小组法、问卷调查等。通过设计引导性问题进行提问和了解访谈用户的想法，通过一些问答的形式来获取典型用户对于产品的反馈。

浸入式。浸入式指的是调查团队把自己当作用户去体验过程。常见的方法有角色扮演法，即扮演某一类典型用户，模拟表演他们的性格和行事方式，来预测他们对产品的可能反应。这种方法有助于帮助创新团队摆脱预设假定，对用户的体验感同身受。

3. 关键要素

了解用户的需求和想法，主要应当从设计的主题和用户与产品之间的联系来统筹考虑，这时观察的关键要素见表13-1，关键要素之间的关系见图13-10。

表13-1　同理心环节观察的关键要素

要素	关注点
用户	系统性地去考虑一个人的背景、知识、文化、年龄等众多要素，并且把用户放在不同的场景中去理解
产品	考量在某种特定环境中使用产品时用户是否会有理解困难、主要使用到的功能如何、产品是否能适应当时场合等问题
服务	对待不同用户时的服务是否会有差别
交互	观察用户在使用产品时的用户体验如何，产品的物质特征是否能给用户带来舒适的使用感受，产品的价值是否能给用户带来好处，仔细去体会人和物有可能发生的一切接触
反应	考察用户在没有指引和告知下的反应能够反映出产品的一些本质特征
活动	查看用户的反应和使用心情，以及动作是否连贯，是否能在技术和商业上站得住脚
环境	特定的使用环境对于人和产品的影响也会不同

4. 典型工具——移情图

（1）定义

移情图是一种帮助小组理解目标用户的工具，可以利用典型用户建立不同的移情图，如图13-11所示。

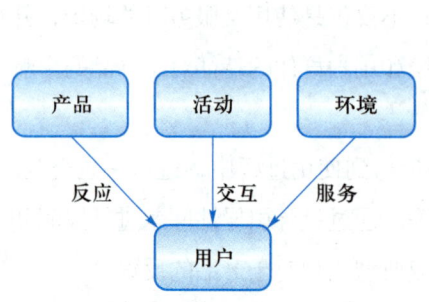

图13-10　同理心环节关键要素之间的关系

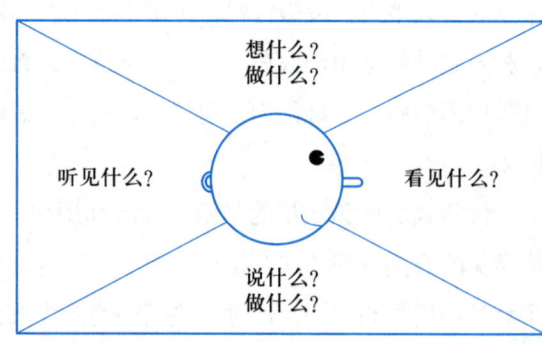

图13-11　移情图

（2）条件

成员：3～10人的小组。

时间：20分钟左右。

道具：便笺纸，画布，笔。

操作：第一，在画布中对应位置填写典型用户的想法；第二，分析用户的行为是什么；第三，分析用户的情感是什么；第四，区分不同的用户在想法、行为、情感方面的差异。

（3）目的

理解用户的语言、行为和感受的差异性。语言有时候具有修饰性和遮掩性，通过这个工具可以帮助团队了解真正的用户需求。比如，采访发现用户一致觉得洗碗机实用并想要购买，但是从行为和情感的描述看，却能反映用户对于洗碗机的真实购买可能性低。因此，了解到洗碗机的定位有待改进。

5. 应用技巧

在同理心的环节中和用户的交谈是一个不可避免的环节，以下是一些和用户交流的技巧。

保持连贯。大多数情况下，保持用户行为的连贯和自然，有益于查看产品使用方式中的不合理设置。

提前准备。在正式开始前，对于问题和流程有所设计，这样有助于考虑到变量的因素，更好地控制结果。

记录过程。可以用摄像、录音等工具来辅助记录，现场注重用户的直观反应，利用辅助工具帮助回馈和反复分析。

建立联系。和用户有简单的问候和互动，有助于用户放松紧张的心情，更投入地进入到活动环节，避免因为用户紧张、抗拒等心理带来的数据不准确。

关注障碍。注意观察用户使用不连贯，或者体验不佳的地方，这些都极有可能是改造的切入点。

找寻规律。通过对一定数量用户的观察，可以抽象出在一定前提下的规律。

给予案例。在与用户沟通的时候，可以多使用比喻、类比等方式，帮助用户想象和理解抽象的问题。

无知心态。不要假设自己知道答案，用无知的心态最大限度地去理解用户的出发角度和立场。

寄情于景。将人物和产品的变化放在场景中去思考逻辑关系。

二、下定义

扩展阅读13-2
日本7-11便利
店简介

1. 定义

将问题具象定义到可以用几句话描述团队的任务、要解决的问题和要解决到什么程度等。简单地说就是了解要解决什么问题。不同的项目会有非常多的限制条件和认知需要，但是总的来说，在团队开始集思广益前要梳理对问题的认知。

这一环节仍然要做到以人为本，具体来说可以用三种不同层次的方法去了解所要认知的用户需求的深度和广度。

首先，考虑人的情感需求。根据马斯洛需求层次理论，人的需求是分为不同等级的，有温饱之生理需求，有保障私有财产的安全需求，有对于亲密关系的需求，有对于群体中被尊重的需求，以及对于个人价值和影响力实现的需求。在这些需求之中，不难看到绝大多数情况人们对于情感有着强烈的需要，而一个好的产品必然是情绪的延伸，要考虑到用户的情感需求。

其次，以初生的眼光看待问题，不批判。古人云：子非鱼，焉知鱼之乐。每个人的需求不同，所要求的侧重点也不一样。因此，在对待他人的需求时，要用初生的眼光去看待。如婴儿脱离母亲的怀抱会紧张而哭泣，人们不会觉得婴儿的诉求很无能，反而能体谅一个生命基本的脆弱。

最后，要用动词来描述问题。在大多数情况下人们不知不觉会用名词去描述需求。比如，上中学的孩子向妈妈要一辆摩托车，其实这个名词背后诉诸的需求却是更快地移动，用自行车也能代替。因此，将描述事物的名词转变成一个动词，往往更能表现一种深层次的需要。名词表示一种解决方案，但动词表示的是解决需求，代表了各种可能性。比如从北京到上海，如果用名词，"火车"就是最后的解决方案，但如果用"运输"，就有可能是飞机、汽车、马车等可能性。

2. 典型工具——问题解决语句（problem solving statement）

（1）介绍

通过用户、需求和洞见三个角度探索用户要解决的问题是什么。

（2）条件

人员：3~7人。

时间：20分钟。

工具：便签，笔，白板。

（3）说明

首先，具体描述用户的特性。其次，思考他们的需求。切记这个需求要符合所描述的典型用户的性格，在这个基础上去思考符合其性格的需求。

例如，对于一个青少年而言（见图13-12），吃健康的食品不符合他们的首选喜好，这是理所应当的答案。通过对用户的了解，将用户更细致到刚刚搬进新学校的13岁女孩，就更突出了用户的性格和身份特征，更容易去感知用户背景下的选择模式，因此，有可能吃午饭时被其他青少年接受才会更符合她的喜好（图13-13）。在做完这两个选项之后，洞见指的是更深层次的需求，大多是除了刚性需求之外，情感、安全、社交、权力观、成就感等需求。通过这样的探索，能够更好地把握极端的需求，从而把设计的中心重视到功能本身，去细致考量功能的实质和适用度。

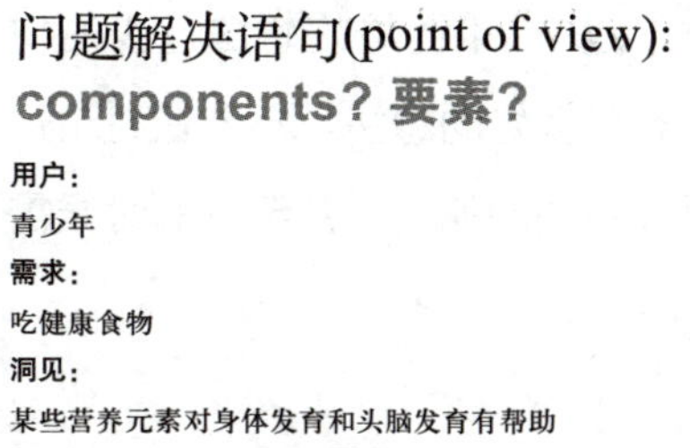

问题解决语句(point of view):
components? 要素?

用户：
青少年
需求：
吃健康食物
洞见：
某些营养元素对身体发育和头脑发育有帮助

图13-12　问题解决语句

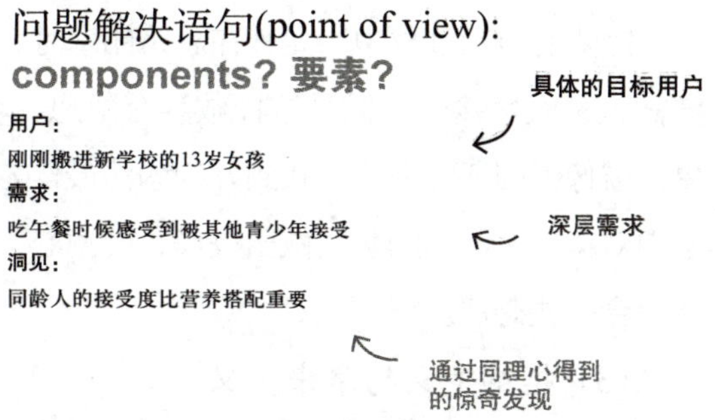

问题解决语句(point of view):
components? 要素?

用户：
刚刚搬进新学校的13岁女孩　　具体的目标用户
需求：
吃午餐时候感受到被其他青少年接受　　深层需求
洞见：
同龄人的接受度比营养搭配重要
　　通过同理心得到的惊奇发现

图13-13　问题解决语句——正确示范

（4）操作

第一，详细描述用户的特征；第二，根据特殊用户的性格填写需求；第三，在这个基础上综合考量洞见是什么；第四，整合所有的信息，得出一个语句；第五，得出问题解决语句，类似于（怎样的）用户，有（什么）需要，由于（什么样的）洞见。

三、头脑风暴

1. 定义

头脑风暴就是一种通过快速发散思维集思广益，以产生创意想法的创新方法。通常由小组合作效果会更佳。

2. 作用

在针对问题搜集新类型的解决方案时非常有效。能够帮助团队中的每一个人更好地看待问题，保持在同一认知程度。在思路闭塞、方式陈旧的时候能够很好地帮助激发创意的解决思路，能够帮助建立团队的创新氛围和平等自由的团队默契。

3. 难点

（1）团队思考与独立思考

在使用大多数的头脑风暴方法时鼓励先独立思考，再和团队交流。这样做的原因是为了保证每个人能够充分利用自己的知识体系得出独特的思路，再进行分享和交流。这样做能够防止大家被先发言的想法所左右，陷入团队思考中，把思路的方向局限在一个狭窄的空间。

（2）有了不错的想法就停止与足够多的好想法

团队的讨论过程中，尤其在思路闭塞时，第一个提出的不错的想法就会像甘泉一样被大家欣然接受，但是这样做具有隐患，容易造成太快决策而好的想法过少的现象。就像爱因斯坦说的，找到好的想法最佳方法就是有更多好的想法。不要在讨论过程中对第一个不错的想法做出决策，要耐心去等待更多想法的涌现，甚至有的时候需要整合一些想法。

（3）拒绝主义与拿来主义

拒绝主义指的是面对新奇和陌生的点子，惧怕尝试非熟知的事物而急于否定。在团队中每个人的思维和训练有所不同，例如面对抽象未知，受过设计训练的人就可能会有更多的接受度，然而习惯性解决问题的人就会希望落实到能执行解决的层面，在巨大的差异下，就需要团队避免过快地否定一个想法，而是综合思考可能性。另一个极端方向就是拿来主义，所有的想法都被采纳，不加以筛选和区别，没有批判性思维的审视。因此，既要有对新奇的宽容，又要用理智去加以辨别取舍。

（4）过少的队员与过多的队员

当参与头脑风暴成员过少的时候，容易造成想法过少，难以在互相聆听和交流下激荡出新的创意。同样，如果团队成员人数过于庞大，则容易分散注意力，导致流程时间延长。

4. 典型工具——635方法

（1）介绍

635方法是一种用结构性开展集思广益的头脑风暴方法，利用6个组员分别每次在5分钟之内写下3个想法再交换，一共进行6次这样的流程。

（2）条件

人员：6个人左右。

工具：纸，笔，白板，一张大的桌子。

（3）操作

第一，6个参与者在一定主题下每次写下3个想法，在5分钟内把纸传递给下一个人；第二，每个人可以在阅读其他人想法的基础上产生新的点子，在5分钟内再次写下新的3个点子；第三，一共进行6轮，直到每个组员拿到自己原来的纸张。第四，每个人花一定时间阅读后，分享自己那张纸上好的点子；第五，进行投票，选出团队喜好的几个想法。

（4）说明

最好有人计时，在时间的压力下能激发更多的想法。同时，需要有人引导团队去使用此方法，并且给予每个人足够的独立思考时间，不要在过程中讨论。另外，把想法和要解决的目标时刻谨记，可以写在每个人的纸上，借以提醒问题的出发点是什么。

扩展阅读13-3
创新工具的演
练

【思考与练习13-4】

请用635的方法，和你的小组成员一起重新设计每天起床的流程，目的是可以更人性化、高效地开启一天生活。

5. 原则

头脑风暴的原则包括：多角度思考；追求想法的数量；视觉化想法；每次只讨论一个主题，保持专注和讨论的深度；在其他的想法上激发和构建新的想法；围绕话题；鼓励大胆的想法；结构化点子，并加以整理和分类筛选。

四、做模型

1. 介绍
快速地用工具做出想法的模型，在这个过程中发现新的想法和改进策略。

2. 常见工具

扩展阅读13-4
做模型常见工
具图例

网页和APP设计：通常利用线框图来表现产品的基础元素摆设方式，然后利用纸张快速地彩绘表现交互的过程，以便于让用户体验操作流程是否连续。

产品设计：产品设计可以用各种方式表现，比如乐高玩具、彩绘、彩色陶土、折纸、简易三维模型等。另外，可以用三维表达，通过快速的呈现可以看出在二维平面层次时候设计的不到位之处，加以改进。

系统/模型：四格漫画、角色扮演、视频、音频、照片等。一般偏向没有具体事物的设计，可以通过用纸笔描画类似于四格漫画类型的操作流程来更好地加以解释，目标是能够利用这些将抽象的物体具象化，方便理解。

3. 原则
尽可能利用现有的一切材料以不同形式来表现想法；保持模型的快速和简单，不要花过多的时间在美化上，以防止对于想法产生太多的依赖情愫难以割舍；尽可能地体现技术逻辑或者商业可能性。

五、测试

1. 定义
验证已有想法的可能性、得到反馈并且加以改进的过程。

2. 关键要素
测试的要点在于寻找一切可能性让目标用户和专家参与到产品的反馈过程中。通过真正有支付可能性的客户的参与，可以了解到产品变现的可能性和客户的使用体验，探索市场的切入策略。另外，和专家及有经验的人讨论有助于在某个领域得到更加深刻的洞见和启发。

3. 典型工具

针对不同类型的产品，相应的测试方法也很不一样。常用的方法是利用仿真模型的反应。例如在测试产品的定价可能性时，可以制作网站页面，设置不同价位的产品，即使没有真正的产品成形，也可以通过查看用户的点击情况了解用户可能希望浏览的部分，并且记录用户的采访信息，培养产品的早期接受用户。又如将产品放在相关的展览上，查看有多少用户咨询信息，同时可得到用户的年龄划分类型的验证。

4. 应用技巧

增加真正的目标客户参与的数量；区分不同测试的倾向性，向各个层面验证想法；多和真正的目标用户接触；在真实的商业平台上测试市场的反应。

第三节　创新设计思维案例

创新设计思维是一种强调解决问题，以人为本，平衡商业与技术可能性的方法论。下面针对新生儿黄疸的问题，展示两种产品是如何运用创新设计思维的理论来解决问题的。

一、问题背景介绍：新生儿黄疸

扩展阅读13-5
新生儿黄疸的
改进治疗方案

新生儿黄疸是指未满月（出生28天内）的新生儿由于胆红素代谢异常，引起血中胆红素水平升高，而出现以皮肤、黏膜及巩膜黄染为特征的病症，是新生儿中最常见的临床问题。常用的治疗方法光照疗法，是降低血清未结合胆红素简单而有效的方法。目前国内最常用的方法是蓝光照射。将新生儿卧于光疗箱中，双眼用黑色眼罩保护，其余均裸露，用单面光或双面光照射，持续2～48小时（一般不超过4天）。可采用连续或间歇照射的方法，至胆红素下降到7 mg/dL以下即可停止治疗。

二、解决方案一

1. 基本信息

团队：DtM（design that matters）团队。

合作者：越南MTTS制造公司。

历时：1年。

生产：越南。

营销：主要在亚洲的发展中国家、撒哈拉以南非洲地区和加勒比地区。

2. 发现的问题

在使用蓝光设备时，由于设备紧张，医疗人员经常会把两个婴儿放在一个设备中，导致两个婴儿都照射不均匀。并且他们发现以往的灯只安装在顶部，但是有时新生儿的母亲会把毯子放置在婴儿身上，阻隔了照射治疗。

3. 实践的过程

同理心和下定义：

团队和医疗专家一起研究当下普通的照射设备，通过长时间地录像和记录使用情况，他们发现新生儿过多时护士往往只能把婴儿们放置在一个照射设备中共同使用，然而这种情况增加了交叉感染的可能性。

通过观察新生儿的母亲和新生儿的互动，他们发现当新生儿的母亲看到自己刚出生的孩子要裸露地躺在一起，会在婴儿身上盖毯子来取暖。但是当光源从顶部照射时，蓝光就被阻隔了，妨碍了治疗。然而，考虑到母亲的这种行为是带着天性的普遍现象，他们决定设计既符合母亲天性又能够保证治疗效果的产品。

头脑风暴和做模型：

团队测量了婴儿的普遍大小和治疗设备的尺寸，设计了只能放置一个婴儿的设备，并且通过监测光源的反射和放置角度，在模型阶段测试了比较适合的光源。

他们在制作灯的时候，不仅仅把灯安放在顶部，还放置在了设备底部，因此就算母亲忍不住给婴儿盖毯子，光源也能保证照射。为此他们进行了各种测试，保证亲子互动的自然进行，并且治疗可靠。

测试：

在模型制作完成后，他们与各种可能参与的人员交谈，在与制造商交流中发现顶灯和底灯同时安装容易造成设备过热，为此他们进行了调整，解决了灯源过多而散热不畅的情况。

4. 解决方案

在技术上，多角度的灯源保证了照射均匀，单独的婴儿箱杜绝了交叉感染的可能性。从操作上来说，友好的使用方式保证了母子的情感交流。在维护上，放置了外部电源，包括浪涌抑制和电压调节，消除了发展中国家供电不稳定的隐患，并且延长了产品的整体寿命。

5. 结果

截至2015年，这些设备已经在18个国家使用，拯救了超过22万名新生儿的生命，影响范围超过50万名新生儿。

三、解决方案二

1. 基本信息

团队：D-rev团队。

合伙人：凤凰医疗系统。

历时：2年。

生产：印度。

营销：东非、东南亚和拉丁美洲。

2. 发现的问题

在一些发展中国家，由于医疗设备不足、供应电量不稳定、产前护理不足、医疗资源不足等原因，使得出生在贫困家庭的新生儿因治疗拖延或者治疗不足够留下后遗症。D-rev团队发现现有的医疗蓝光照射灯价格高、灯泡容易损坏，难以满足需求。因此他们采用LED灯替换传统的蓝光灯泡，提高了5年的使用寿命，并且单台设备费用从3 000美元降低到400美元，扩大了设备的使用范围。

3. 实践的过程

同理心和下定义：

为了能够从用户的角度理解痛点，团队派出了大量人力到目标国家和医院去做实地的访谈，尽可能地和所有愿意交谈的医生沟通，询问痛点。他们的目标是做出"价格能让人承担的，能够辐射全世界的产品"。

在与医生沟通的时候他们发现，即使再简陋的医院也愿意采购值得信赖的、看起来更专业的产品，因此在保留价格低廉的愿景下，需要保持仪器的专业水准。

在与生产商沟通的时候他们发现，生产商和经销商还是需要技术水平低并且维修方便的产品。而且很多时候由于市场的因素，经销商没有余力把产品卖给最有需求的贫困地区医院，而是卖给有强大支付能力的医院。因此有必要改善商业模式。

头脑风暴和做模型：

在明确了问题之后，团队准备使用LED灯作为主要光源。在尝试了不同类型的LED灯的耐用性之后，他们最终采取了一种能快速安装、性能稳定、光照强烈的产品。在产品的外观上，创新在于使用了更少的元素，使得材料更轻巧。

测试：

在制作产品模型后，团队进行了测试，测试对象包括制造商、医院、护士和婴儿，测试内容包括内部的使用逻辑、技术操作和使用舒适度。经过几轮迭代后，团队再次回到目标国家，倾听第一线的使用人员对于产品的使用感受。

4．解决方案

在器材上，价格更便宜，性能更加稳定，便于组装、运输和维修。

在商业模式上，采取信用制，鼓励经销商卖设备给最需要的医院，让更多真正有需求的医院能够使用该产品。

在渠道上，与凤凰医疗系统合作，依靠强大的营销网络，并且和印度最大的医疗制造商合作，扩大生产的可能性。

5．结果

第一个正式版本在2012年推出，几年后推出第二个版本，用户覆盖东非、东南亚和拉丁美洲。

四、总结

对于相同的问题，即相同的蓝光照射解决方案，两个不同的团队通过对用户不同的切入视角而产生了完全不同的切入点和最终成果。由于团队的规格、目标、资源和人员不同，即使都运用了创新设计思维，但是在不同角度做出了令人惊艳的产品。

相同点：从结果上看，最终的产品都兼顾了设计、商业和技术三方面的权重，为现实社会解决问题。从切入点看，两者都是以人为本，尽可能多地去了解不同相关者的意见和需求。从需求匹配度看，两者都做到了深入了解问题，咨询各方的想法和专长，从系统层面了解问题。从设计角度看，二者都考虑到产生购买行为的医院对于医疗器械外观的要求，从而兼顾了购买者和使用者都舒适的平衡点。

差异点：一个团队在商业模式上创新，降低了生产和运输的成本，技术上的优势保障了稳定的长期使用，并且在供应商关系上以奖励制度来保证整个大环境的系统中最有需求的穷困地区也能得到帮助。另一个团队在产品上有很大的创新，照顾了人性的情感需求，并且在满足需求的前提下将治疗阻碍转化成更好的治疗形式。不同需求的满足，体现了产品本身传达的价值取向和开发团队的情怀。

两者都在创新设计思维的各个环节上花费了很多心思，也得到了很好的效果，非常值得借鉴。

参考文献

[1] 冯林，张崴. 批判与创意思考[M]. 北京：高等教育出版社，2015.

[2] 辽宁省普通高等学校创新创业教育指导委员会. 创造性思维与创新方法[M]. 北京：高等教育出版社，2013.

[3] 罗玲玲. 创造力理论与科技创造力[M]. 沈阳：东北大学出版社，1998.

[4] 傅世侠，罗玲玲. 科学创造方法论[M]. 北京：中国经济出版社，2000.

[5] 张崴，冯林. 创造力：发展与测评[M]. 北京：高等教育出版社，2016.

[6] 吉尔福特. 创造性才能：它们的性质、用途与培养[M]. 施良方，沈剑平，唐晓杰，译. 北京：人民教育出版社，
2006.

[7] 波诺. 横向思维[M]. 金佩琳，袁立春，李桂山，等，译. 北京：东方出版社，1991.

[8] 赵惠田，谢燮正. 发明创造学教程[M]. 沈阳：东北工学院出版社，1987.

[9] 罗玲玲. 创意思维训练[M]. 2版. 北京：首都经济贸易大学出版社，2015.

[10] Kirkton B M. Adaptors and Innovators: Problem-Solvers in Organization[C]. Readings in Innovation, Center for
Creative leadership printed the U.S.A, 1992.

[11] 格林伯格. 爱因斯坦：创造力的鉴赏家[J]. 美国科学新闻（中文版），1979（21）：19.

[12] 傅世侠. 创造[M]. 沈阳：辽宁人民出版社，1985.

[13] 杭志. 执着的追求，奇妙的研究艺术——记国家一等发明奖获得者高歌[J]. 工程师论坛，1986（4）.

[14] 李以渝. 两面神思维与太极思维——论东西方思维方式的互补[J]. 求是学刊，1992（01）：59-63.

[15] 博赞. 思维导图宝典[M]. 卜煜婷，陆时文，译. 北京：化学工业出版社，2014.

[16] 白虹，任中原. 思维风暴[M]. 北京：中国华侨出版社，2014.

[17] 博赞. 职场思维导图：完美计划无限发展[M]. 姚翠丽，鸣时，译. 北京：外语教学与研究出版社，2006.

[18] 博赞 T，博赞 B. 思维导图[M]. 叶刚，译. 北京：中信出版社，2009.

[19] 博赞. 思维导图：磨砺社交技能的10种方法[M]. 张鼎昆，徐克茹，译. 北京：外语教学与研究出版社，2005.

[20] 陈资璧，卢慈伟. 你的第一本思维导图操作书[M]. 长沙：湖南人民出版社，2012.

[21] 上律·指南针司法考试命题研究中心. 国家司法考试第一思维导图（2015版）[M]. 北京：中国政法大学出版社，
2014.

[22] 博赞. 思维导图：唤醒创造天才的10种方法[M]. 周作宇，张学文，译. 北京：外语教学与研究出版社，2005.

[23] 朱瑞富. 创新理论与技能[M]. 北京：高等教育出版社，2013.

[24] 王思悦，王群，严奎星. 发明创造应用学[M]. 济南：济南出版社，2009.

[25] 胡家秀，陈峰. 机械创新设计概论[M]. 北京：机械工业出版社，2005.

[26] 李淑文. 创新思维方法论[M]. 北京：中国传媒大学出版社，2006.

[27] 胡珍生，刘奎林. 创造性思维学概论[M]. 北京：经济管理出版社，2006.

[28] 北京创造学会. 创造创新五百问[M]. 北京：民主与建设出版社，2005.

[29] 张武城. 创造创新方略[M]. 北京：机械工业出版社，2005.

[30] 刘莹，艾红. 创新设计思维与技法[M]. 北京：机械工业出版社，2004.

[31] 莫勇波，张李敏. 成功者之剑：创新密码[M]. 北京：人民邮电出版社，2015.

[32] 戈登. 综摄法：创造才能的开发[M]. 林康义，王海山，唐永强，等，译. 北京：北京现代管理学院，1986.

[33] Gordon W J J. On Being Explicit About Creative Process: Synectics[J]. The Journal of Creative Behavior, 1972, 6(4): 295—300.

[34] 罗玲玲. 建筑设计创造能力开发教程[M]. 北京：中国建筑工业出版社，2003.

[35] 陈晓南，杨培林. 机械设计基础[M]. 2版. 北京：科学出版社，2012.

[36] 阿奇舒勒. 创新算法：TRIZ、系统创新和技术创造力[M]. 谭培波，等，译. 武汉：华中科技大学出版社，2008.

[37] 阿奇舒勒. 创新40法：TRIZ创造性解决技术问题的诀窍[M]. 黄玉霖，范怡红，译. 成都：西南交通大学出版社，2015.

[38] 刘训涛，曹贺，陈国晶. TRIZ理论及应用[M]. 北京：北京大学出版社，2011.

[39] 沈世德. TRIZ法简明教程[M]. 北京：机械工业出版社，2010.

[40] 孙永伟，伊克万科. TRIZ：打开创新之门的金钥匙 I[M]. 北京：科学出版社，2015.

[41] 王亮申，孙峰华. TRIZ创新理论与应用原理[M]. 北京：科学出版社，2010.

[42] 赵敏，张武城，王冠殊. TRIZ进阶及实战：大道至简的发明方法[M]. 北京：机械工业出版社，2015.

[43] 沈萌红. TRIZ理论及机械创新实践[M]. 北京：机械工业出版社，2012.

[44] 陈光. 创新思维与方法：TRIZ的理论与应用[M]. 北京：科学出版社，2011.

[45] 赵新军. 技术创新理论（TRIZ）及应用[M]. 北京：化学工业出版社，2004.

[46] 檀润华. TRIZ及应用：技术创新过程与方法[M]. 北京：高等教育出版社，2010.

[47] 阿奇舒勒. 哇！发明家诞生了：TRIZ创造性解决问题的理论和方法[M]. 黄玉霖，范怡红，译. 成都：西南交通大学出版社，2015.

[48] 张士运，林岳. TRIZ创新理论研究与应用[M]. 北京：华龄出版社，2010.

[49] 陈芬森. 发明问题解决理论述评[J]. 科技成果管理与研究，2010(8)：52-54.

[50] 侯光明，李存金，王俊鹏. 十六种典型创新方法[M]. 北京：北京理工大学出版社，2015.

[51] 陶国富. 创造心理学[M]. 上海：立信会计出版社，2002.

[52] 奥斯特瓦德，皮尼厄. 商业模式新生代[M]. 王帅，毛心宇，严威，译. 北京：机械工业出版社，2011.

[53] 代尔夫特理工大学工业设计工程学院. 设计方法与策略：代尔夫特设计指南[M]. 倪裕伟，译. 武汉：华中科技大学出版社，2014.

[54] 鲁百年. 创新设计思维：设计思维方法论以及实践手册[M]. 北京：清华大学出版社，2015.

[55] 马丁，汉宁顿. 通用设计方法[M]. 初晓华，译. 北京：中央编译出版社，2013.

[56] 陈劲，郑刚. 创新管理：赢得持续竞争优势[M]. 3版. 北京：北京大学出版社，2016.

郑重声明

高等教育出版社依法对本书享有专有出版权。任何未经许可的复制、销售行为均违反《中华人民共和国著作权法》，其行为人将承担相应的民事责任和行政责任；构成犯罪的，将被依法追究刑事责任。为了维护市场秩序，保护读者的合法权益，避免读者误用盗版书造成不良后果，我社将配合行政执法部门和司法机关对违法犯罪的单位和个人进行严厉打击。社会各界人士如发现上述侵权行为，希望及时举报，本社将奖励举报有功人员。

反盗版举报电话　（010）58581999　58582371
反盗版举报邮箱　dd@hep.com.cn
通信地址　北京市西城区德外大街 4 号
　　　　　高等教育出版社法律事务部
邮政编码　100120

读者意见反馈

为收集对教材的意见建议，进一步完善教材编写并做好服务工作，读者可将对本教材的意见建议通过如下渠道反馈至我社。

咨询电话　400-810-0598
反馈邮箱　gjdzfwb@pub.hep.cn
通信地址　北京市朝阳区惠新东街4号富盛大厦1座
　　　　　高等教育出版社总编辑办公室
邮政编码　100029

防伪查询说明

用户购书后刮开封底防伪涂层，使用手机微信等软件扫描二维码，会跳转至防伪查询网页，获得所购图书详细信息。

防伪客服电话
　（010）58582300